콜레라는 어떻게 문명을 구했나

콜레라는 어떻게 문명을 구했나

존 퀘이조 지음

황상익 최은경 최규진 옮김

메디치

들어가며

'혁신breakthrough'. 이 단어는 읽는 이의 관점에 따라 부풀려진 헤드라인처럼 진부할 수도 있고, 때로는 예쁘게 포장된 선물처럼 매력적일 수도 있다. 우선 이 점에 양해를 구하며 글을 시작해야겠다. 혁신이라는 단어를 보고 떠오르는 이미지는 각각 다를 테지만, 당신은 이 혁신이 무엇을 말하는지 궁금할 것이다. 암 치료법? 손쉬운 다이어트? 장수 비결? 하지만 이 책은 그런 종류의 책이 아니다. 당신이 의학의 10가지 위대한 혁신을 떠올릴 수 있다면 앞서 언급한 양해는 불필요할 것이다. 안타깝게도 이 책에서 언급할 혁신들에 다이어트 비법이나 장수 비결은 포함되어 있지 않다. 하지만 그것이 무엇이든 다음 세 가지 핵심적인 범주에 속한다면 그것은 충분히 중요하게 기억될만한 사건일 것이다. 1) 수많은 생명을 구하고 건강을 향상시켰으며 고통을 경감시킨 것, 2) 의술을 변화시킨 것, 3) 세계에 대한 관점을 변화시킨 것. 이 중 마지막 범주는 간과되기 쉽다. 모든 의학적 혁신은 당신의 건강과 의사들의 업무에 커다란 변화를 주지만, 그 가운데 극소수만이 세계에 대한 우리의 관점을 근본적으로 바꾸며 '우리는 왜 병에 걸리며 어떻게 죽는 걸까?', '우리는 어떻게 생겨나며 무엇이 우리와 외부 세계를 연결하는 걸까?' 같은 질문들에 대해 새로운 해답을 준다.

앞으로 다루게 될 10가지 혁신은 말 그대로 매우 혁신적이며 사람들의 인식을 뚜렷하게 변화시켰다. 질병이 사악한 악령이나 분노한 신 때문이 아니라 자연적인 원인에 의해 발생한다는 것, 어떤 종류의 가스를 흡입하면 통증 없이 환자를 치료할 수 있다는 것, 어떤 장치가 몸속의 사진을 찍을 수 있다는 것을 오늘날 우리는 당연하게 받아들이지만 당시에는 대다수의 사람들이 이러한 이야기를 믿으려 하지 않았다. 그러나 마침내 그 사실을 받아들일 수 있게 되었을 때 세계는 변화했다.

평론가들은 종종 이러한 10대 혁신을 비판한다. 한 가지 발견이 고통과 질병 그리고 사망에 얼마나 큰 영향을 미쳤는지를 객관적으로 측정하기는 어렵기 때문이다. 물론 10대 혁신이 지나치게 단순하다는 비판은 수용할 수 있다.

마지막 도약을 가능하게 한 작은 전진들이 쌓이고 쌓여서 위대한 발견을 더욱 매혹적으로 만들었다. 이 책은 작은 전진들을 기리며 이들이 어떻게 10가지 기념비적인 발견에 이르렀는지를 보여줄 것이다. 그러니 계산 빠른 천재가 이룬 손쉬운 성공에 관한 이야기를 기대하지는 마시길. 사실 의학의 역사상 가장 위대한 혁신들은 예측 불가능한 인간사와 감정의 콜라주로 점철되어 있다. 한 가지 발견을 위해 얼마나 많은 이들이 실패와 좌절을 이겨냈는지 알면 놀라지 않을 수 없다. 그리고 그 수많은 발견이 우연한 행운에서 비롯된 것을 알게 된다면 더욱 놀라게 될 것이다. 알렉산더 플레밍이 페니실린을 발견하기까지 겪었던 무수한 우연의 일치는 무신론자들의 신념까지 뒤흔들 정도이다. 놀랍게도 혁신을 이루었던 이들 중에 대다수가 자신의 작업이 훗날 주요한 혁신으로 이어질 수 있다는 사실을 거의 알아채지 못했다. 스위스 의사 프리드리히 미셔가 1869년에 DNA를 발견한 것이 좋은 예로, 그 뒤로 과학자들이 DNA의 역할을 알아내기까지는 70년이 걸렸다.

진리를 추구하는 과정에서 나타나는 무지는 용서할 수 있지만, 위대한 발견을 비웃는 자에게 공감하기는 어렵다. 그들은 두려움과 고정관념 때문에 낡아빠진 믿음과 전통에서 벗어나지 못했다. 1800년대 초반 존 스노우와 이그나즈 젬멜바이스가 실행한 세균 이론에 대한 선구적인 작업을 받아들이지 못한 것부터 그레고르 멘델의 유전 법칙을 무시하고 냉대한 것까지 여기에 속하는 예는 매우 많다. 당시 한 유명한 과학자는 10년에 걸친 멘델의 작업을 시작도 못한 것이라며 비아냥거렸다. 의학상의 위대한 발견들은 오랫동안 지속된 잘못된 세계관의 근간을 뒤흔들 만큼 용기 있는 사람들이 이룩한 것이다. 그리고 마침내 그러한 발견들이 받아들여지고 기반이 견고해지면 세계는 이전과 매우 다른 모습을 띠게 된다.

아직 질문은 남아 있다. 왜 하필 이 10가지 혁신을 언급하는 것일까? 만약 당신이 이에 관해 다른 의견을 지녔고, 시간적 여유도 있다면 구글에서 의학의 혁신을 검색해 보기 바란다. 다행스럽게도 내 작업은 〈영국의사협회지British Medical Journal〉에서 수행한 2006년의 여론조사 덕분에 한

결 수월했다. 〈영국의사협회지〉는 구독자들을 대상으로 1840년 창간 이후 가장 위대한 의학적 혁신을 추천받았다. 이에 1만 1천 명 이상이 응답했으며, 투표를 통해 15가지를 선정했다.

15가지 혁신에 들어가지 못한 것으로는 플라스틱, 철제 침대, 탐폰, 비아그라, 복지국가처럼 의학과 관계가 멀어 보이는 것에서부터 혈액 검사, 심방세동기, 항응고제, 인슐린, 간호사, 말기환자 요양처럼 의학적으로 매우 전문적인 것까지 다양하다. 이들을 제치고 최종적으로 선정된 15가지는 특별하며 호기심을 불러일으키는 항목들이었다.

1) 위생(정화된 물과 쓰레기 처리) 2) 항생제 3) 마취 4) 백신 5) DNA 구조 발견 6) 세균 이론 7) 경구피임약 8) 근거 중심 의학 9) 영상 의학(엑스선 등) 10) 컴퓨터 11) 경구수액 요법(구토와 설사로 잃은 수분 보충) 12) 흡연의 위험성 13) 면역학 14) 클로르프로마진(최초의 항정신약) 15) 조직 배양.

영국의사협회지가 선정한 베스트 15는 훌륭하지만 의학 혁신에 관한 최종 결론이 되기는 어렵다. 1999년 미국 질병통제센터CDC가 발행하는 〈치사율 및 이환율 주간 보고MMWR〉가 선정한 목록은 미국에서 1900년부터 1999년까지 일어난 10대 공중보건 성과를 보여준다. MMWR은 순위를 매기지는 않았으나 백신이나 감염성질환 통제 등 영국의사협회지가 선정한 목록과 유사한 항목도 있었고 자동차 개량, 작업장 안전, 안전하고 건강에 도움이 되는 식품, 심혈관 질환 및 뇌졸중, 담배의 해악에 대한 인식 등 그 밖의 타당한 항목도 있었다.

영국의사협회지와 질병통제센터의 목록은 내가 10대 혁신을 선정하는 데 영향을 끼쳤다. 하지만 두 가지 모두 히포크라테스의 업적을 포함한 1840년 이전의 혁신을 제외했다는 한계를 가지고 있다. 덧붙여 나는 영국의사협회지가 선정한 클로르프로마진 발견을 마음을 치료하는 의학이라는 더 넓은 범주에 포함시켰다. 9장에서도 언급했듯이 이 혁신은 의학 역사상 가장 주목할 만한 10년 가운데 한 시기인 1948년부터 1950년대를 다룬다. 이 시기에 과학자들은 인간에게 커다란 영향을 미치는 4가지 주요한 정신질환(정신분열증, 조울증, 우울증, 불안)의 치료제를 개발했다.

10대 혁신을 어떤 기준으로 선정했냐고 물을 수도 있다. 예를 들어 많은 이들이 의학적 혁신과 다양한 기술적 업적(MRI, 레이저, 인공 신체 부속물), 외과적 업적(장기이식, 암 제거술, 성형수술) 또는 기적의 약물(아스피린, 화학요법, 콜레스테롤 강하제) 등을 연관시킨다. 이들 각각의 범주에 속하는 수많은 예를 제시할 수 있지만 내가 앞에서 언급한 기준을 생각하면 그 어떤 것도 10대 혁신에 속하지 않는다. 사실 영국의사협회지의 베스트 15 가운데 위생과 경구수액 요법이 단순한 기술에 속한다는 점은 특기할 만하다. 하지만 예를 들어 지난 25년 동안 경구수액 요법으로 개발도상국에서 5천만 명의 어린이가 생명을 건진 것으로 추정되는 것에서 알 수 있듯이 두 가지 모두 생명을 구했다는 측면에서 공헌한 바가 매우 크다.

같은 측면에서 어떤 사람들은 이 책에 실린 10가지 혁신 가운데 대체의학의 재발견과 같은 몇 가지에 대하여 반대 의사를 표명하기도 한다. 이 책의 리뷰를 거절한 〈뉴잉글랜드 의학저널New England Journal of Medicine〉의 전직 편집장은 그 이유로 "대체의학이라는 것은 없다. 오직 실제 효과가 있는 의료적 수단과 그렇지 않은 것만 있을 뿐이다."라고 밝히기도 했다. 나는 그의 입장을 이해는 하지만 동의하지는 않는다는 점을 정중히 밝힌다. 대체의학을 옹호하거나 반대하는 양쪽 모두의 입장이 있고 나는 그중 몇 가지를 제10장 전통으로의 복귀에서 합리적으로 다뤘다. 더 넓은 관점에서 모든 요소들을 고려한다면, 다시 말해 인간 역사의 모든 부분을 다루는 매우 큰 캔버스를 그려야 한다면 대체의학을 포함하는 편에 서는 것이 올바르다고 생각하기 때문이다.

대체의학을 포함시키는 것에 대해 가장 간단한 설명은 대체의학과 과학적 의학 사이에 파트너십이 형성되고 있으며, 최근 두 의학 전통의 장점에 입각한 새로운 치유 철학이 탄생했다는 사실이다. 급속하게 형성 중인 통합의학이라는 새로운 분야는 대체의학과 과학적 의학 양쪽에 속한 의료인들에게 지지를 받고 있다. 또한 대체의학은 과학적 의학의 방법론이 결여되어 있음에도 서구의 과학적 의학 모델을 접하지 않은 수많은 사람들의 건강과 영혼에 긍정적인 효과를 안겨 주었다. 끝으로 가장 중요할 만한 점은 비주류 의학에 대한 편협한 관점은 의학의 역사를 통해 얻은 교훈들을 무시한다는 것이다. 이것은 윌리엄 하비의 혈액순환 이론, 라엔넥이 발명한 청진기의 가치, 두창에 대항하는 제너의 백신, 세균 이론, 멘델의 유전 법칙, 수술 시 에테르의 가치, 페니실린으로 박테리아 감염을 억제할 수 있다는 생각 등을 거부한 사람들이 우리에게 역설적으로 가르쳐 주는 교훈을 무시하는 것이다.

이 정도면 내 논점이 전달되었으리라 본다.

의학의 10대 혁신을 다루면서 가장 좋았던 것은 의사, 과학자, 환자, 일반 민중 등 각계각층의 이야기를 들을 수 있었다는 것이다. 이들의 이야기는 자연이 깊숙이 숨긴 비밀이 느닷없이 드러났을 때의 경악과 불신에서부터 새로운 도구가 환자를 고통과 죽음에서 구해낸다는 걸 발견했을 때의 안도와 희열에 이르기까지 다양한 반응을 이끌어낸다. 그러나 이야기들은 언제나 다음과 같이 어떻게 인간 정신이 지식의 한계를 새롭고도 놀라운 방향으로 넓혀나갔는지를 보여준다.

- 히포크라테스는 멜리보이아의 청년을 비롯한 수많은 환자를 세심하게 관찰한 후 임상의학을 세웠다. 이 청년은 과음과 방탕한 성생활로 서서히 죽어갔다.
- 이그나즈 젬멜바이스는 휴가에서 돌아온 뒤 절친한 친구가 당시 여성들만 걸린다고 믿었던 질병으로 사망했음을 알게 되었다. 그는 그 뒤에 수많은 생명을 구하게 되는 통찰을 얻었다.
- 1800년대 초 실험용 가스를 흡입한 청년들은 놀이와 장난에 심취했다. 이들은 자신들의 경험이 훗날 마취의 발견으로 이어질 것을 알지 못했다.
- 벤자민 제스티라는 농민은 에드워드 제너가 백신을 발견하기 20년 전에 자신의 가족들을 목초밭에 모아 곱사등이와 노파들의 이야기를 근거로 두창을 예방하는 백신을 접종했다.

자신들의 노력이 수백만의 생명을 구하고 세계관을 변화시킬 것을 상상하지 못했던 이들의 이야기는 읽는 것만으로 가슴이 뭉클해진다. 얄궂게도 우리는 오늘날에도 뉴스나 검색을 통해 새로운 발견을 알게 되는 지적 어둠 속을 헤매고 있다. 지난 2세기가 아니라 지난 2년 동안의 진정한 혁신이 무엇이었는지 아무도 자신 있게 말할 수 없다. 어쩌면 새로운 암 치료법, 손쉬운 다이어트 방법, 불로장생법 등에 관한 내

일의 발견이 그것일 수 있다. 이 책에는 세월의 시험을 이겨낸 10가지 혁신이 있다. 이것들이 없었다면 우리는 미래를 예측하는 호사를 누릴 수 없었을 뿐만 아니라 어쩌면 이 세상에 태어날 수도 없었을 것이다.

차례

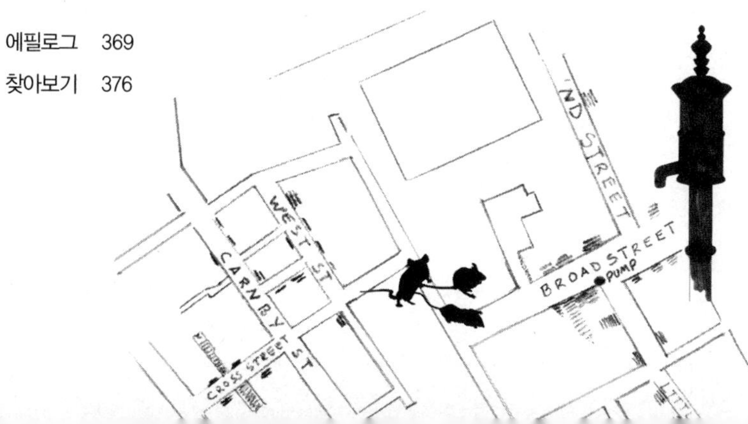
ND STREET
WEST ST
CARNBY ST
CROSS STREET
BROAD STREET
PUMP

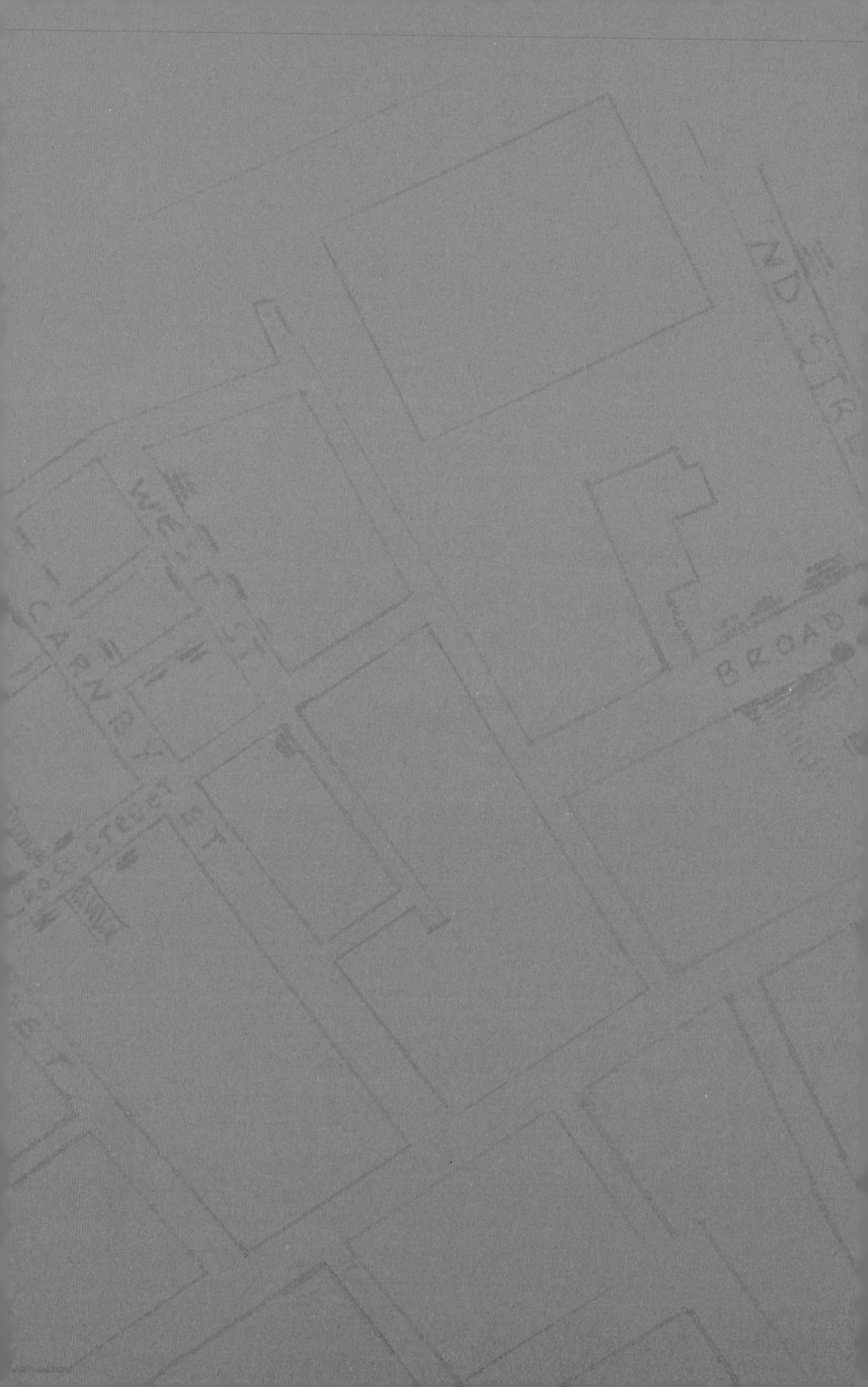
BROAD

1장

세계 최초의 의사

히포크라테스와 의학의 발견

"신성병은 다른 질병들보다 더 신성한 것으로 보이지는 않는다. 이 또한 자연적인 원인을 가지고 있다. 사람들이 질병을 이해할 만한 능력이 부족했기 때문에 이러한 신성 개념이 유지되었다. 내가 보기에 이 병을 처음에 신과 연관 지었던 사람은 그저 마법사나 돌팔이였다. 이들은 신성을 본인들의 무능력에 대한 핑계로 활용했다."

맑고 투명한 에게 해에 위치한 그리스의 섬 코스Kos는 110킬로미터의 황금빛 해안으로 둘러싸여 있는 섬으로, 병에 걸린 사람이나 건강한 사람 모두에게 지상에서 가장 쾌적한 장소 가운데 하나로 손꼽힌다.

도데카니소스제도를 이루는 열두 개의 섬 중 하나인 코스는 아테네에서는 남동쪽으로 320킬로미터, 터키 서남부 해안으로부터는 10킬로미터 떨어져 있다. 곳곳에 싱그러운 녹지대가 자리한 코스 섬은 길고 좁으며, 남부 해안의 그리 높지 않은 산 두 개를 제외하고는 섬 전체가 평평하다. 그리고 이 섬 남동부에 있는 작은 마을은 고대의 주거지로, 코스 섬의 마법과 의학이 시작된 곳이다.

코스 섬의 역사는 섬을 이루는 비옥한 토양과 풍부한 지하수에서 시작된다. 마을을 찾는 사람들은 종려나무, 상록수, 소나무, 재스민 등이 무성하게 우거진 광경과 선홍색, 분홍색, 주황색 등 형형색색으로 피어난 무궁화를 보고 놀란다. 하지만 그들이 코스 섬의 진정한 모습과 2500년이 된 유산을 발견하기 위해서는 조금 더 여행을 해야 한다.

먼저 서쪽을 향해 마을 밖으로 10리(4킬로미터)를 걸으면 무성한 수풀 속에 숨겨진 비탈길을 발견할 수 있다. 그 비탈길을 오르다 보면 언덕 모양으로 이어진 고대의 광대한 폐허를 지나게 되는데, 그 광경에 현혹되어서는 안 된다. 호기심을 잠시 접어두고 계속 비탈길을 오르다 보면 머지않아 정상에 이르게 된다. 이제 발걸음을 멈추고 봉우리에 서서 눈앞에 보이는 세상이 나뉜 것을 둘러보라.

눈앞에 펼쳐져 있는 에게 해의 숨 막히는 광경을 바라보며 해변의 신선한 공기를 들이마시면 이 작은 섬의 영혼과 두 세계가 만나는 곳의 미스터리를 느낄 수 있을 것이다. 우선 '내부' 세계는 이 광경을 바라보고 있는 당신 자신이다. 혈액과 골격, 감정과 마음으로 단단히 싸인 당신의 육체 말이다. 또 다른 세계인 '외부' 세계는 당신을 둘러싼 물질세계의 모든 것이다.

두 세계가 그저 존재하기만 하는 것이 아니라 한 곳에 공존할 수도 있다는 가능성을 당신이 생각할 수 있다면 그것은 축하할 만한 징조다. 당신이 마침내 코스 섬에 육체적으로, 그리고 형이상학적으로 도착한 것이기 때문이다. 왜냐하면 이곳은 세계에서 최초로 합리적인 의사가 탄생했으며 삶과 죽음, 건강, 질병 그리고 의료 행위와 치유가 시작된 곳이기 때문이다.

아스클레피온Asklepieion은 고대의 종합의료시설로, 치유의 신전을 뜻하는 그리스 보통명사다. 그러나 코스 섬의 아스클레피온 신전은 다른 신전들과 같지 않다. 비록 오늘날은 벽이 무너지고 바스러져 지붕 없는 방과 기둥만 남아 있을 뿐이지만 당시에는 온갖 질환과 상해를 입은 환자들이 모여 최선의 치료를 구하던 치료 기관이었다.

만약 당신이 기원전 5세기에 질환이나 상해로 고통받다가 이곳을 찾았다면, 몇 날 몇 주에 걸쳐 진단, 상담, 치유 등 병의 경과에 따라 나누어진 4개의 테라스에 올랐을 것이다. 그곳에서는 간단한 휴식 이외에도 넓은 욕탕에서 목욕, 향수와 오일 등을 이용한 마사지, 정신과 신체 운동, 그리고 고대 정령들의 위로 등 여러 가지 치료를 받았을 것이다.

아, 그리고 한 가지가 더 있다. 당신이 기원전 460년에서 377년 사이에 아스클레피온에 들렀다면 세계 최초의 의사가 치료해 주는 혜택 한 가지를 더 받을 수 있었을지도 모른다. 그 의사는 의술을 창조한 것으로 칭송될 뿐만 아니라, 2천 년이 넘도록 그의 통찰력은 영향력을 발휘하고 있다.

우리는 대부분 히포크라테스(Hippocrates, 기원전 460~377 무렵)가 누군지 알고 있지만 그가 정확히 어떤 사람인지에 대해서는 잘 모른다. 그의 이름을 들으면 가장 먼저 '의학의 아버지'라는 단어가 연상되고 그와 동시에 그 유명한 '히포크라테스 선서'가 떠오른다. 히포크라테스 선서란 의사가 올바르게 행동하기 위한 윤리적 지침과 관련이 있는 선서다. 여기서 한 가지 주의할 것이 있는데, 히포크라테스는 발음이 비슷한 히포크러시(hypocrisy, 위선)와는 관련이 없다는 것이다. hypocrisy는 그리스어 'hypokrisis'에서 나온 말로, 역할을 맡는 것이라는 뜻 외에 오늘날 흔히 쓰이듯이 사기꾼을 지칭한다.

히포크라테스는 어떤 사람이었을까, 그리고 그는 어떻게 '의학의 창시자'라는 명예와 더불어 '의학의 아버지'라는 칭호를 얻을 수 있었을까?

개인의 위대함을 평가하는 방법이 그들이 거둔 '혁신'을 다른 것들과 어떻게 비교할 수 있을지를 묻는 것은 아니다. 그보다는 많은 혁신들 가운데 어느 것이 비교할 만한 업적을 가진 것인지를 생각해 보아야 한다. 실제로 히포크라테스는 많은 업적을 이루었고, 그의 그러한 노력은 그가 세계 최초의 의사로 불리기에 충분하다.

히포크라테스는 질병이 초자연적인 것 또는 악마의 힘에서 비롯된 것이 아니라 자연적인 원인에 의해 발생한다는 사실을 인식했고, '임상의학'과 '환자-의사 관계'를 창안했다. 또한 그는 2500년 동안 영향력을 미친 행동 강령인 히포크라테스 선서를 만들었으며, 의료 행위를 배관 작업이나 지붕 수리와 같은 평범한 노동과 달리 존경받는 전문직으로 격상시켰다. 덧붙여 그는 생각과 감정이 심장이 아닌 두뇌에서 비롯됨을 밝히는 등 의학의 여러 분야에서 획기적인 진전을 이루었다.

기원전 440년 무렵 참지식을 갈망하는 젊은 의사 히포크라테스는 자신의 고향인 코스 섬과 지금의 터키 남서부인 육지 사이를 가르는 좁은 해협을 건넜다. 육지에 도착한 그는 80킬로미터 북쪽에 위치한 이오니아Ionia 지방에 이르렀다. 밀레토스 시에 도착한 그는 당시의 유명한 철학자 아낙사고라스(Anaxagoras, 기원전 500~428 무렵)를 만났다. 아테네 사람들에게 철학을 소개한 것으로 유명한 아낙사고라스는 달빛은 태양빛을 반사한 것이라는 사실을 최초로 발견한 사람이기도 하다. 둘이 나눈 대화는 흥미로웠다. 히포크라테스는 치유의 신이자 아폴론의 아들인 아스클레피오스의 후손으로 알려져 있었다. 반면 아낙사고라스는 종교적 전통에 구애 받지 않는 인물로, 기원전 450년에는 태양이 신이 아니라고 주장하다가 투옥되기도 했다. 이 주장은 코스 섬 내 다른 의사들의 분노를 샀지만 젊은 히포크라테스의 흥미를 자극했고, 히포크라테스는 대화를 나누기 위해 아낙사고라스를 초대하게 된 것이다.

수많은 최초라는 수식어가 히포크라테스를 지칭하는 데 쓰이고 있지만 그의 가르침에서 핵심을 이루는 한 가지는 오늘날 종종 잊히거나 간과되고 있다. 아마도 이와 같은 망각은 히포크라테스의 의학 교육 방식이 오늘날의 방식과 비슷하면서도 상반된다는 역설적인 특성에서 비롯되었을 것이다. 종종 망각되고 있는 그 가르침이란 무엇일까? 질문에 대답하기 전에 히포크라테스, 그리고 그의 역사상 위치에 대해 공부할 필요가 있다.

히포크라테스의 탄생 19대로 이어진 의사 집안과 세 가지 일급 전설

CAT, MRI, PET, SPECT 등 복잡하고 현란한 장비들로 가득 차 있고 일상적인 것에서부터 치명적인 것에 이르기까지 온갖 약이 존재하는 오늘날의 첨단 기술 속에서 우리는 현대 의학에 상당한 신뢰를 가지고 있다. 우리는 환자들이 현대식 기술의 산물인 선과 튜브들이 연결된 위생적인 병상에 누워 있다는 사실에 안도한다. 당신이 기원전 5세기로 돌아가 질병으로 쓰러져 희미한 등잔불이 어둠을 밝히고 있는 방에서 사제가 주문을 외우는 소리에 깨어났다고 생각해 보라. 아마도 당신은 두려움과 불신에 압도당해 꼼짝하지 못할 것이다. 히포크라테스 또한 비슷한 감정을 느꼈을지도 모른다.

기원전 460년 코스 섬에서 태어난 히포크라테스가 자란 세계는 이와

같았다. 지금의 많은 의사들처럼 히포크라테스 또한 여러 대에 걸쳐 의술을 행한 의사들 가운데 하나다. 처음에 그는 아버지와 할아버지인 헤라클레이데스Heracleides, 그리고 유명한 스승에게서 의술을 전수받았다. 그러나 이것은 매우 겸손한 표현으로, 그의 가족은 반신半神 아스클레피오스까지 이어지는 적어도 19대 이상의 의술 계보를 가진 의술 집안이었다고 한다. 이러한 점으로 미루어볼 때 의학에 관한 히포크라테스의 초기 관점은 종교 치유자와 사제들의 오랜 전통에 영향을 받았을 것이다. 만약 당신이 의과대학 입학원서에 치유신의 19대 후손이라고 적는다면 그것은 평가에 나쁜 영향을 미칠 수도 있고 반대로 유리한 조건으로 작용할 수도 있다. 어쨌든 분명한 것은 몇 가지 점에서 고려 대상이 될 것이라는 점이다.

히포크라테스의 생애에 대해 누구나 받아들일 수 있는 구체적인 내용은 놀랄 만큼 적다. 히포크라테스가 썼다고 여겨지는 엄청난 양의 저서가 남아 있고, 대략 60편의 저작이 《히포크라테스 전집Corpus Hippocraticum》으로 알려져 있지만 이것이 히포크라테스 개인의 저작인지 아니면 그가 죽은 뒤 그를 따르던 제자들이 윤색한 것인지는 여전히 중요한 논쟁거리다. 그럼에도 역사가들은 문서를 비교, 분석해서 히포크라테스와 그가 이룬 성취에 대해 믿을 만한 설명을 만들어냈다.

전설인지 실화인지 확실하지는 않지만 히포크라테스에 관한 세 가지 재미있는 이야기가 있다. 이 중 절반만 진실이라고 해도 이는 히포크라테스의 자자한 명성이 코스라는 작은 섬을 넘어 많은 지역으로 뻗어 나갔다는 것을 알려준다.

첫 번째이자 가장 유명한 이야기는 기원전 430년 펠로폰네소스 전쟁 때로 거슬러 올라간다. 스파르타의 공격을 받아 파괴된 직후 아테네 시에는 역병疫病이 돌았다. 히포크라테스와 그를 따르는 추종자들은 아테네인들을 돕기 위해 아테네로 향했다. 히포크라테스는 오직 대장장이들만이 역병에 걸리지 않은 사실을 보고 이는 그들이 일하는 장소의 건조하고 뜨거운 공기와 관련 있을 것이라 추론했다. 그는 즉석에서 아테네 시민들에게 집집이 불을 피워 공기를 건조하게 하고 시체를 태우며 물을 끓여 마시라는 처방을 내렸다. 그러자 역병은 퇴치되었고 아테네는 역병에서 해방되었다.

두 번째 이야기는 신체 질환뿐 아니라 정신질환까지 넘나드는 히포크라테스의 놀라운 진단 능력을 보여준다. 아테네 역병 이후 마케도니아 왕 페르디카스Perdiccas는 히포크라테스의 평판이 높음을 알고 히포크라테스에게 누구도 진단하지 못한 자신의 괴로운 증상에 관해 도움을 청했다. 히포크라테스는 이에 응하여 마케도니아로 가서 왕을 알현했다. 왕을 진찰하던 중 히포크라테스는 페르디카스가 자기 아버지의 애첩인 필라Phila라는 아름다운 소녀가 곁에 있을 때마다 얼굴이 붉어지는 것을 간파했다. 추가 조사를 통해 그는 페르디카스가 필라와 함께 자랐으며 언젠가는 그녀와 결혼하기를 꿈꿨다는 사실을 알아냈다. 그 꿈은 페르디카스의 아버지가 소녀를 첩으로 삼으면서 산산이 조각났다. 그러나 아버지가 사망하면서 필라에 대한 페르디카스의 모순된 감정이 되살아났고, 그를 병들게 하는 원인이 된 것이다. 이후 왕은 히포크라테스와 계속 상담을 하면서 치유되었다.

세 번째는 그리스와 페르시아의 전쟁에서 히포크라테스의 충성심을 보여주는 이야기다. 이때 히포크라테스의 명성은 매우 높았는데 그리스의 적인 페르시아의 왕 아르탁세르세스Artaxerxes 는 히포크라테스가 페르시아로 와 페르시아인들 사이에 유행하는 역병을 퇴치해 주기를 요청했다. 왕은 각종 선물을 주고 자신과 동등한 부를 누리게 해 줄 것을 약속했다. 그럼에도 불구하고 히포크라테스는 이를 정중하게 거절했다. 왕의 고통은 이해하지만 국가의 적을 돕는 것은 양심에 어긋나기 때문이었다. 왕은 코스 섬을 파괴하겠다고 공언했지만 아르탁세르세스 왕이 뇌졸중으로 사망하면서 실현되지는 않았다.

의학의 창조에 관한 탐구를 위해서는 이와 같은 전설은 한 쪽에 밀어 두고《히포크라테스 전집》의 여러 문헌에 나타난 히포크라테스의 성취를 살펴보는 편이 더 나을 것이다. 역사학자들은 전집을 이루는 문헌들이 진짜인지 가짜인지 논쟁하면서 충분히 주의만 한다면 우리가 이 영역을 계속 탐구할 수 있음을 보였다. 히포크라테스의 '의학의 창조'는 여섯 개의 이정표로 나누어 볼 수 있다.

고대 도시 밀레토스에서 히포크라테스와 아낙사고라스가 나눈 대화는 기록으로 남아 있지 않지만 젊은 의사가 자기 가문의 의학 전통, 반신半神과 미신, 사제 치유자 등의 의학 전통에 대해 질문했을 것임을 상상하기란 어렵지 않다. 히포크라테스가 당시의 신정주의神政主義 전통을 완전히 부정한 것은 아니다. 그는 단지 의학과 건강에서 또 다른 진실을 볼 수 있다고 생각했다. 아낙사고라스의 명성과 철학은 코스 섬까지 달했고, 히포크라테스 역시 그에게 배움을 얻고자 했다. 도시 근교의 나무 그늘에 앉아 히포크라테스는 다음과 같이 요청했다.

"선생님은 저의 배경과 전통에 대해 아실 것입니다. 아낙사고라스 선생님, 이제 제게 말해 주십시오. 선생님의…."

이정표 1

진실에 가까워지기 질병에는 자연적인 원인이 있다

"나에게 이 병은 다른 병들보다 더 신성한 것으로 보이지 않는다. … 사람들이 무지와 경이로움 때문에 이 질병의 원인을 신적인 것으로 보는 것이다."

히포크라테스, 《신성병(神聖病)에 대하여》, 기원전 420~350년

히포크라테스 시대에 질병의 원인으로 가장 널리 받아들여졌던 설명은 무척 간결한 것이었다. 그 당시 모든 질병의 원인은 처벌이었다. 어떤 잘못된 행동이나 도덕적 잘못에 대해 신이나 악령이 질병을 통해 자신들의 정의를 구현한다는 것이다. 질병에 걸린 사람은 구원 받거나 치료를 하기 위해 근처의 아스클레피오스 신전을 방문하기도 했다. 신전에서는 사제들이 주문과 기도를 해주거나 희생물을 통해 병을 치료했다.

히포크라테스는 처음으로 이 원칙을 바꾸었다. 그는 자기 자신을 아스클레피오스의 사제나 그들의 신정주의적 전통과 거리를 두었고, 질병은 자연적 원인에 의해 발생하는 것이지 신에 의해 생기는 것이 아니라고 주장했다. 히포크라테스 전집 가운데 한 권인 《신성병에 대하여》의 인용구만큼 히포크라테스의 관점을 집약해 보여주는 문구는 없다. 간질에 관해 최초로 기록한 책이기도 한 이 책의 제목은 간질 발작이 신의 신성한 손에 의해 유발된다는 당시의 믿음을 잘 보여준다. 히포크라테스는 사람들이 그들이 알고 있는 전통과 다르게 생각할 것을 진심으로 바랐다.

"이것(신성병)은 나에게 다른 질병들보다 더 신성한 것으로 보이지 않는다. 이 또한 다른 질병들처럼 자연적인 원인을 가지고 있다. 사람들

이 무지와 경이로움 때문에 이 질병의 원인을 신적인 것으로 보는 것이다. 왜냐하면 이 질병이 다른 질병들과 같지 않기 때문이다. 그리고 질병을 이해할 만한 능력이 부족하기 때문에 이러한 신성 개념이 유지되었다. 내가 보기에 이 병을 최초로 신과 연관 지었던 사람은 그저 마법사나 돌팔이들이었다. 이들은 본인들의 무능력에 대한 핑계로 신성을 활용했다. 이들은 이 병이 신성한 것이라고 주장함으로써…."

우리는 위 문구와 또 다른 비슷한 문구에서 단지 질병의 자연적 원인에 관한 히포크라테스의 관점뿐 아니라 그가 돌팔이라고 부르는 사람들에 대해 가지고 있는 경멸을 볼 수 있다. 히포크라테스는 이러한 관점으로 자기 자신의 능력을 활용해 초자연적인 것으로 여겨진 질병을 합리적이고 자연적인 세계로 내려놓기 위해 분투했다.

이정표 2

바보야, 문제는 환자야 임상 의학의 탄생

"그 환자의 증상은 전율, 구역질, 불면, 갈증이고 … 환자는 의식이 혼미하지만 차분하고 정돈되었으며 조용했다."

히포크라테스, 《역병 3》, 기원전 420~350년

'임상 의학'이란 개념에는 오늘날 좋은 의술 행위로 간주되는 것 대부분이 포함된다. 이 개념은 환자의 병력을 상세하게 묻고 조심스러운 신체 검진을 통해 증상을 기록하고 진단하고 치료하며 그에 대한 환자의 반응을 평가하는 것 모두를 포괄한다. 히포크라테스 이전의 의료 행위자들은 이런 세세한 부분에 별로 관심을 기울이지 않았다. 그보다는 개별 환자의 고통과 비애에 집중했고, 모든 병에 통용되는 한 가지 치료법을 택하는 경향이 있었다. 환자들은 전혀 개별화되지 않은 형식에 치우친 치료를 받았다. 히포크라테스는 이러한 진료 방법을 변화시켰고 임상 의학의 기술과 과학을 정립시켰다.

어떻게 한 사람이 임상 의학을 발명할 수 있었을까? 어떤 사람들은 히포크라테스가 코스의 아스클레피오스 신전에 전해져 오는 길고도 흥미로운 전통으로부터 그의 임상적 관점을 형성했다고 말한다. 질병에서 회복된 환자들은 그들이 받은 치료에 대한 기록을 여러 대에 걸쳐 신전에 남겼고 이는 다른 환자들의 치료에 유용한 자료가 되었다. 이 설명에 따르면 히포크라테스는 이들 기록을 섭렵하고 그것을 체계적인 지식으로 만들어 임상의학의 전통을 확립하였다.

그보다 히포크라테스와 그의 추종자들이 오랫동안 많은 환자와 상호 작용한 결과 임상 기술이 발전했다라는 설명이 더 적절할 것이다. 이러한 임상 기술을 가장 잘 보여주는 전형적인 예는 그의 저서 중 하나인 《역병 3》에 기록되어 있다. 그리스식 덕성(인간관)과는 동떨어진 멜리보이아Meliboea의 젊은이에 대해 히포크라테스는 "과도한 음주와 성적 탐닉으로 인해 오랜 기간 열이 났다. … 그의 증상은 전율, 구역질, 불면, 갈증이다."라고 기술했다. 도덕적 절제가 부족한 이 젊은이의 사망에 관한 기술은 임상적 관찰 기술을 보여주는 것으로 오늘날의 의과 대학생들이 모범으로 삼기에 적절하다.

"제1일: 환자의 장에서 많은 양의 굳은 대변이 체액과 함께 배출되었다. 그날 이후 다량의 물기 많은 녹색 분비물이 배출되었다. 소변은 마르고 양이 적었으며 나쁜 색을 띠었다. 호흡은 긴 간격으로 깊게 이루어졌다. 상복부의 무기력한 긴장은 양쪽 옆구리까지 번져 있었다. 가슴

두근거림은 지속되었다. … 제10일: 환자는 의식이 혼미하지만 차분하고 정돈되었으며 조용했다. 피부는 마르고 긴장되어 있었다. 대변의 양이 엄청났으며 마르거나 칙칙하고 기름기가 많았다. 제14일: 모든 증상이 악화되었다. 두서없이 말을 내뱉으며 의식이 혼미해졌다. 제20일: 의식이 없으며 뒤척이고 있다. 소변이 나오지 않으며 적은 양의 체액만 남아 있다. 제24일: 사망했다."

환자 개인이 보이는 증상에 집중한 이와 같은 임상적 관찰을 통해 히포크라테스는 의학을 악령과 허식의 어둠에서 예리한 관찰과 사고의 밝은 빛으로 격상시켰다. 임상적 관찰을 히포크라테스가 창조했다는 주장의 근거이다. 만약 질병이 자연적인 원인을 가지고 있다면 증상을 원인에 대한 증거로서 상세히 관찰하지 않았겠는가? 더욱이 개별 환자에게 초점을 맞추는 것은 오늘날 우리가 바람직한 의학의 또 다른 핵심으로 꼽는 환자-의사 관계를 향한 길을 여는 것이기도 하다.

이정표 3

세월의 시험을 이겨낸 윤리 강령

"나는 내가 가진 능력과 판단력을 최선으로 활용하여 환자의 이익을 위해 치료할 것이다. 나는 이 능력을 남을 해치거나 잘못되게 하는 데 사용하지 않을 것이다."

히포크라테스, 《선서》, 기원전 420~350년

모든 고전 가운데서도 《히포크라테스 선서》는 어떤 사람들에게는 성경 다음의 권위를 지니는 것으로 여겨지기도 한다. 《히포크라테스 선서》는 오랜 역사를 통해 의사들의 행동 강령으로 받아들여졌으며, 오늘날에도 많은 의료인들에게 꾸준히 영향을 미치고 있고 학술 논문과 대중 잡지에 올바른 의료 행위를 위한 윤리 강령으로 인용되고 있다.

히포크라테스 선서

한 페이지 분량의 글로 이루어진 《히포크라테스 선서》는 의사들의 맹세로 시작된다.

의사 아폴론과 아스클레피오스, … 그리고 모든 남신과 여신이 나의 증인이 되리라.

이 맹세는 선서를 유지하는 계약이 된다. 이어지는 내용에서 의사들은 다음과 같은 다양한 윤리적인 행동 기준을 지킬 의무를 지게 된다.

- 내 스승을 부모와 똑같이 대접할 것이며 의술에 관한 지식을 내 자식들에게 전수할 것이다.
- 누가 요청하더라도 치사량에 이르는 약물을 주지 않을 것이다.
- 자유인이든 노예이든 여성이나 남성의 유혹을 포함한 부적절한 행동이나 타락한 행동에 스스로 참여하지 않을 것이다.
- 환자의 삶에 관해 무엇을 보고 듣든 나의 직업 행위와 관련이 있든 없든 비밀을 엄수할 것이다.

몇몇 전기는 히포크라테스가 자신의 도제徒弟들에게 제자로 받아들이기 전에 선서에 맹세하라고 요구했을 것으로 추정하지만 현재 우리가 알고 있는 선서의 기원은 불분명하고, 시대를 지나면서 여러 문명에 부합되게 여러 차례에 걸쳐 다시 쓰여졌을 가능성도 있다. 어떤 경우든 선서는 히포크라테스가 윤리와 올바른 의료 행위에 관해 유일하게 남긴 말은 아니다. 《역병》에서 그는 자신의 가장 잘 알려진 경구를 적었는데, 이 경구는 아마 오늘날에도 의사들이 수술실에 들어가기 전 소명의식을 북돋을 수 있는 경구일 것이다.

"질병에 관하여 두 가지를 행하라. 돕거나, 최소한 해는 끼치지 마라."

이정표 4

역할 수행하기 의료 행위의 전문화

"의사는 청결해야 하고 잘 차려입어야 하며 향기로운 향수를 발라 어떤 경우에라도 의심을 사지 않도록 해야 한다."

히포크라테스, 《의사》, 기원전 420~350년

21세기를 살면서 기원전 5세기에 의사들이 일상적으로 어떻게 의료 행위를 시행했을지 상상하기란 쉽지 않다. 사제들의 주문, 공식적으로 인정받지 못한 치료제를 들고 다니는 다양한 떠돌이 치유자들이 현재의 기준에 비추어 매우 느슨한 형태로 의료 행위를 했을 것이라고 가정하는 편이 합리적일 것이다. 히포크라테스는 다양한 책과 저술을 통해 당시의 의료 행위를 변화시켰다. 그는 의료 행위를 평범한 노동에서 엄격한 기준을 가진 전문직으로 격상시켰고, 의학의 모든 영역에 관해 조언했다. 예를 들어 모든 사람이 의료 행위에 적합하지는 않다는 점을 책 한 구절에서 환기시켰다.

"누구든 의학을 진실로 이해하고자 한다면 다음을 갖추어야 한다. 천

부적 재능, 교육, 공부를 위한 적합한 장소, 아동기부터의 훈육, 근면성, 시간. 무엇보다 천부적 재능이 필요하다. 만약 재능이 없다면 모든 것이 허사다."

다른 글에서 히포크라테스는 의사가 성공적으로 의료 행위를 수행하기 위해 지녀야 할 육체 및 성격상의 특징을 다음과 같이 기술했다.

"의사가 권위를 갖기 위해서는 자연이 의도한 대로 건강하고 살이 올라야 한다. … 다음으로 의사는 청결해야 하고 잘 차려입어야 하며 향기로운 향수를 발라 어떤 경우에라도 의심을 사지 않도록 해야 한다."

그리고 다른 글에서 히포크라테스는 자만심의 위험에 대해 경고한다.

"의사는 환자를 끌 목적으로 사치스러운 머리 장식을 하거나 향수를 진하게 뿌리는 것을 피해야 한다."

무엇보다 의사는 처신에 유념해야 하고 적절한 범위 안에서 기쁨을 표현해야 한다.

"의사는 겉보기에 신중하지만 냉혹하지 않은 표정을 지녀야 한다. 냉혹함은 완고함과 사람을 싫어하는 인상을 줄 수 있다. 그러나 한편으로 웃음을 조절하지 못하거나 과도하게 기쁨을 표현하는 사람은 저속한 것으로 여겨진다. 이러한 모습도 반드시 피해야 한다."

오늘날 환자에 대한 히포크라테스의 마음가짐에 안심하지 않을 환자가 있을까?

"환자의 방에 들어가야 할 경우 들어가기 전에 무엇을 해야 할지 알고 있어야 한다. 방에 들어간 뒤에는 앉는 태도, 신중함, 예의, 권위를 갖춘 처신, 간결한 말투, 침착함, 문제에 대한 대응, 그리고 문제에 직면할 때의 냉정함 등에 유념해야 한다."

히포크라테스는 가끔 의사의 말에 귀를 기울이지 않는 환자를 만났을 때에 대해서도 다음과 같이 조언한다.

"환자의 행동에 꾸준히 주의를 기울일 필요가 있다. 그들은 처방한 약을 먹었다고 거짓말을 할 수도 있다. 그리고 그 물약을 먹지 않았기 때문에 끝내 죽음에 이르기도 한다."

근엄하고 단호한 조언에도 불구하고 그 바탕에는 히포크라테스의 선한 의지가 깔렸음이 틀림없다.

"환자에게 즐겁고 조용하게 용기를 북돋아 주어라. 어려운 상황에 부닥친 환자의 관심을 돌려라. 한편으로는 환자를 냉정하고 엄격하게 꾸짖고 다른 한편으로는 환자를 배려하고 사려 깊게 위로하라."

마지막으로 사례비라는 민감한 문제에 관해 그는 온정적이었다.

"사례비를 미리 정하려 해서는 안 된다. 나는 이러한 행동이 불러일으킬 불안이 환자에게 해로울 것으로 생각한다. 살려낸 환자를 책망하는 것이 위험한 상황의 환자에게 돈을 뜯어내는 것보다 낫다."

그리고는 자비로운 영혼을 드러냈다.

"환자의 생업이나 경제 상태를 고려하라. 어떤 경우에는 무료로 의료 행위를 베풀고, 그에 대한 감사의 빚을 기억해 내게 하라."

이정표 5

불가사의한 전집 60권의 책과 의학 최초의 풍성한 유산

"기쁨과 유쾌함, 웃음, 재미뿐만 아니라 슬픔, 고통, 불안과 눈물의 원천이 다른 곳이 아니라 뇌에 있다는 사실을 알아야 한다."

히포크라테스, 《신성병에 대하여》, 기원전 420~350년

우리가 히포크라테스 의학에 관해 아는 대부분은 히포크라테스 전집을 통해서 얻은 것이다. 대략 60권의 저술로 이루어진 전집은 내부(마음과 신체)와 외부(환경), 그리고 그 두 세계가 만나는 지점(식이와 호흡)까지 건강의 모든 측면을 다루고 있다.

오늘날 우리가 알고 있는 전집은 불과 500년 전인 1526년 판으로, 그 이전 2천 년 동안 전집이 어떠했는지를 설명하는 데는 많은 문제가 따른다. 몇몇 역사학자는 저작물들이 우선 코스 섬의 학교 도서관 유적에서 복구된 뒤, 기원전 280년 무렵 알렉산드리아 대도서관(무세이온)에서 집대성된 것으로 추측한다.

우리는 이 전집에 대해 그밖에 무엇을 알고 있는가? 난처하게도 내용이나 저술 스타일, 연대가 뒤섞여 있고 관점이 모순되는 경우가 많아 이 저술들은 히포크라테스 전후에 살았던 여러 저자가 썼을 것으로 추측된다. 한편 이들 글 가운데 어느 것도 히포크라테스와 분명하게 연결되지는 않지만 대부분은 아마도 기원전 420년에서 350년 사이, 그의 생애 동안 쓰였을 것으로 생각된다. 흥미로운 점은 내부적 통합성이 없음에도 불구하고 저술들이 합리성에 대한 믿음과 마법이나 미신에 대한 비난이라는 한 가지 중요한 주제를 공유하고 있다는 사실이다.

왜 역사학자들이 전집에 관해 개괄적인 설명을 하기 어려워하는지를 이해하려면, 다음과 같이 책의 제목이 매우 다양하다는 사실을 떠올리면 된다. 사람의 본성, 호흡, 영양, 경구, 치아, 공기 물 그리고 장소, 질병에 걸리는 것, 관절, 질병과 예절, 머리 외상, 아이의 특성, 여성의 질병 등. 그리고 형식과 스타일, 내용도 매우 다양하여 쉽게 기억할 만한 문장(《치아》)에서 통찰력 있는 의학적 관찰(《신성병에 대하여》)과 질병의 단순한 목록(《질병에 대하여》)까지 존재한다.

그럼에도 불구하고 이들로부터 우리는 히포크라테스와 그 추종자들이 해부학에 관해 당시로써는 놀라울 만큼 정확하게 이해하고 있다는 점을 알 수 있다. 이러한 해부학 지식은 아마도 전쟁 시의 부상병 관찰과 동물을 해부해 본 경험에서 나왔을 것이다. 당시에는 인체 해부가 금지되지는 않았지만 받아들이기 어려운 것으로 여겨졌다. 실제로 당시 저술들은 비유에 크게 의존하였다. 예를 들어 안구는 랜턴에, 위장은 오븐에 비유되었다. 그럼에도 해부학적 · 임상적 관찰이 매우 정확했기 때문에 그들은 역사적으로 의사와 외과의들에게 존경받을 수 있었다.

전집에서 가장 흥미로운 점은 현재 우리는 당연하게 여기지만 당시에는 비약적인 발전으로 여겼던 부분이다. 히포크라테스가 《신성병에 대하여》에서 언급한 주장이 가장 좋은 예일것이다. 히포크라테스는 《신성병에 대하여》에서 생각과 감정은 뇌에서 나오는 것이지 당시의 믿음처럼 심장에서 나오는 것이 아니라고 주장했다.

"기쁨과 유쾌함, 웃음, 재미뿐만 아니라 슬픔, 고통, 불안과 눈물의 원천이 다른 곳이 아니라 뇌에 있다는 사실을 알아야 한다. 이 장기를 통해 우리는 생각하고, 보고, 듣고, 추한 것과 아름다운 것을 구별한다. … 같은 장기를 통해 또한 우리는 미치거나 의식이 혼미해지고 공포나 공황, 불면과 몽유병에 괴로워한다."

현대 의사들에게도 인상적인 해부학적이고 임상적인 기술은 머리의 외상과 관절 변형에 관한 것이다. 예를 들어 어떤 이들은 히포크라테스의 저서 《머리 손상에 대하여》가 근대 신경외과의 발판이 되었다고 주장한다. 이 저서는 두개골의 구조와 두께, 모양, 성인과 아동의 두개골의 조직과 유연성 차이 등 두개골의 해부학에 관한 상세한 논의로 시작된다. 그 후 열상 골절, 함몰 골절, 두개골 봉합선 위의 상처 등 두개골 외상의 여섯 가지 특수한 종류를 설명한다. 그 외의 상세한 기술 또한 머리 외상에 관한 히포크라테스의 임상 경험을 드러낸다. 특정한 두개골 골절에 관해 설명하면서 "발견하기 쉽지 않을 정도로 좋은 상태여서 … 이 기간 동안 환자에게 유용할 것이다."라는 언급 등이 좋은 보기다.

《관절에 대하여》에서도 마찬가지로 그의 세밀한 의학적 감각을 발견할 수 있다. 이 저서에서 히포크라테스는 척추 만곡과 손상 복구를 비롯한 척추 질병을 다루는 기술에 관해 설명하고 있다. 흥미로운 것은 척추 손상을 다루기 위해 개발된 히포크라테스 테이블이다. 실제로 이 테이블은 의사가 압력을 가하여 척추의 변형을 복구하도록 환자를 끈으로 묶어 놓는 테이블로 현재도 활용되고 있다. 그에 따라 많은 사람들이 히포크라테스를 현대식 정형외과 테이블의 선구자로 여긴다.

하지만 히포크라테스 의학에서 가장 흥미로운 것은 건강 유지와 질병 치료에 관한 히포크라테스의 관점으로, 이는 신체와 환경의 본질을 이해하는 데 매우 중요하다. 즉 신체는 서로 관련 없는 여러 부위의 단순한 결합이 아니라 전체로서 다루어져야 한다는 것이다. 이 관점은 균형의 개념과 밀접한 관련이 있다. 히포크라테스는 여러 저술에서 균형을 각기 다른 방식으로 묘사했지만 기본적인 관점은 건강은 신체 내부의 힘이 균형을 이룰 때 얻어진다는 것이며, 내부나 외부의 힘이 균형을 잃을 때 질병이 생긴다는 것이다. 그러므로 의사가 환자를 치료할 때의 목표는 불균형을 찾아내어 바로잡는 것이다.

현대 의학의 관점에 따르면 부정확하지만 가장 잘 알려진 히포크라테스의 이론 가운데 하나가 균형 개념이다. 이 이론에 의하면 점액, 황담즙, 흑담즙, 혈액의 네 가지 체액이 신체를 순환한다. 개인의 건강이나 병적 상태는 이들 체액 사이의 균형과 불균형 정도에 따라 결정되고, 이 체액들은 겨울, 봄, 여름, 가을의 4계절, 그리고 물, 불, 흙, 공기 자연의 네 원소와 관련이 있다.

비록 체액 이론은 현대 의학의 인체 병태생리학 교과서에서 사라졌지만 이러한 관점은 현대 의학이 설명하는 것보다 깊은 형이상학적 뿌리를 가지고 있다고도 볼 수 있다.

아낙사고라스는 자신의 철학에 대해 논의하자는 히포크라테스의 초대에 조용히 응하고 지팡이를 들었다. 그는 조용하고 사려 깊게 이야기하면서 원과 선을 이용해 흙바닥에 자신의 생각을 그려나갔다.

"우주에 있는 물질은 자르지 않는 한 둘로 나뉘지 않는다."

그는 잠시 멈춰 히포크라테스가 따라오는지를 보았다. 그는 따라오고 있었다.

"또한 한편"

철학자는 계속했다.

"모든 물질은 모든 사물에 들어 있다. 그리고 모든 물질은 모든 사물의 일부를 포함한다. 어떤 것도 그 자체가 되지 않는 한 나뉠 수 없으며 최초에 그랬듯이 현재도 함께 있다."

이정표 6

두 세계는 어떻게 만나는가 의학의 전체론적 접근

"의사가 자신의 임무를 행하고자 할 때 자연에 대해 진지하게 탐구하는 것이 필요하다. … 환자가 무엇을 먹고 마시는지, 평소 습관이 어떠한지, 그리고 각각이 개인에게 어떤 영향을 미치는지."

히포크라테스, 《고대 의학에 대하여》, 기원전 420~350년

아낙사고라스의 철학과 히포크라테스 의학에 깔린 전체론적 관점을 연결 짓는 것은 비약이 아니다. 어떤 설명에 따르면 히포크라테스는 고대 도시 밀레토스에서 아낙사고라스를 만난 지 얼마 되지 않아 이 철학자의 물질과 무한성에 관한 이론을 배웠으며, 곧 인간의 건강이 자연환경과 떨어질 수 없다는 관점을 발전시켰다고 한다. 맞든 틀리든 간에 이 이야기는 히포크라테스 의학의 핵심을 형성하는 근본적 통찰을 강

조하고 있다. 특히 질병에 관한 그의 처방과 의학 및 건강 유지에 관한 일반 이론에서 이러한 통찰을 발견할 수 있다. 히포크라테스는 개인의 고유한 신체 또는 체질이라는 내부 세계와 환경이라는 외부 세계의 중요성을 말하면서 두 세계가 만나는 지점을 강조하고 있다.

그렇다면 두 세계는 어디서 만나는가? 환자의 관점에서 그리고 환자가 자신의 건강을 유지하는 범위에서 보면, 적어도 세 군데에서 내부(신체)와 외부(환경)가 만난다. 음식(식이), 신체 움직임(운동), 공기(호흡)가 그것이다. 히포크라테스는 이들 요소를 자주 강조했고, 특히 의학에 관한 전체론적 관점을 논할 때 더욱 중요하게 다루었다. 물론 궁극적인 목표는 균형을 유지하거나 복구하기 위해 이들 요소를 활용하는 것이다. 예를 들어 식이와 운동과 관련하여 히포크라테스는 《섭생 1》에서 의사는 환자 개개인의 체질을 이해할 뿐 아니라 그들의 삶에서 식이와 운동의 역할을 이해해야 한다고 조언하고 있다.

"인간의 섭생에 관해 올바르게 쓰고자 하는 사람은 먼저 전체로서의 인간의 본질에 관해 지식과 안목을 가져야 한다. 그리고 우리가 먹고 마시는 음식과 식수가 가지고 있는 힘을 알아야 한다. … 그러나 사람은 운동을 하지 않으면 식이요법만으로 건강을 유지할 수 없다. 음식과 운동은 상반되는 성질을 가지고 있지만 함께 건강을 만들어낸다."

히포크라테스는 다른 저서에서 식이를 사혈과 약물 등 당시의 다른 치료법과 구분할 수 없는 것으로 간주했다. 예를 들어 그의 저서 《섭생》은 각각의 음식이 가지고 있는 다양한 성질들을 기록했고, 《고대 의학에 대하여》에서는 음식이 가진 온갖 힘에 관해 기술했다.

히포크라테스는 또한 종종 공기와 호흡의 중요성에 관해서도 주장했는데 《호흡 4》의 "생애 자체가 변화 과정이기 때문에 인간의 모든 활동은 잠정적이다. 그러나 모든 살아 있는 생명체가 숨을 내뿜고 들이마시기 때문에 호흡만은 지속적인 것이다."라는 기술이 그것이다. 다른 저서에서 그는 "지능을 공급하는 것은 공기다. … 공기를 얻는 정도만큼 신체가 지적인 활동에 관여하기 때문이다. … 사람이 숨을 들이마시면 공기는 우선 두뇌에 가게 되고 그곳에 공기의 본질적 요소와 그것을 포함하는 지능을 남겨둔 채 신체 나머지로 퍼져 나간다."라고 썼다.

비록 환경에 관한 히포크라테스의 이론은 21세기의 첨단 기술로도 검증하기 어렵지만 그 개념의 밑바닥에는 전체론적 믿음의 고리가 있다. 각각의 계절이 건강과 질병에 핵심 역할을 수행한다는 것을 설명할 때도 그는 지역적 차이, 따뜻하고 차가운 바람, 물의 성상 등에 관해 논했다. 심지어 그는 도시가 향해 있는 방향도 중요하게 고려해야 한다고 주장하며 《공기, 물, 그리고 장소》에서 다음과 같이 기술했다.

"의사는 낯선 도시에 도착했을 때 바람과 해돋이와 관련된 환경을 생각해야 한다. … 의사는 물의 특성, 주민들이 늪지대의 부드러운 물을 마시는지, 높은 암반 위의 딱딱한 물을 마시는지, 아니면 소금기 있고 변비를 잘 일으키는 물을 마시는지 가능한 한 철저하게 살펴보아야 한다."

마지막으로 의학에 대한 합리적 접근과 초자연적 힘에 대한 비난에도 불구하고 히포크라테스가 무신론자가 아니었다는 사실에 주목할 필요가 있다. 아스클레피오스 가문의 전통에 대한 존경에서 비롯되었든 그의 다른 철학적 측면인 직관에서 나온 것이든 히포크라테스는 종교적인 힘이 건강을 지키기 위해 필요한 전제임을 믿었다.

히포크라테스가 의학에 기여한 정도를 완전히 이해하는 사람은 오늘날 매우 적지만 우리는 그가 의학의 전체론적 접근의 창시자임을 잊어서는 안 된다. 사실 이 전체론은 서양 의학과 동양 의학 모두를 포괄한다. 전체론은 다음의 것들을 중요하게 여긴다.

- 합리적 사고와 자연적 원인
- 건강과 질병의 개별적 특성
- 식이와 운동, 환경의 중요성
- 윤리와 공감의 가치
- 종교적인 힘에 대한 존중

과거, 현재, 그리고 미래를 위한 히포크라테스

"환자들은 이름 없는 사람들이고 … 그들의 회복은 전자 인공두뇌 조종실과 비슷한 병실에서 이루어진다."

– 오르파노스 Orfanos, 2007년

실존 인물 히포크라테스는 2천 몇백 년 전에 사라졌지만 그의 업적, 즉 그를 '의학의 창시자'로 기억하게 하는 그의 저서들과 가르침은 21세기에도 여전히 살아 숨쉬고 있다. 의과대학생들은 그의 선서를 인용하고, 내과의와 외과의들은 그의 해부학적 · 임상적 관찰에 찬사를 보내고 그의 통찰력에서 영감을 얻는다.

그리고 누군가는 고대 의학과 21세기 현대 의학 사이에 연결이 거의 없다고 생각하는 사람들에게 현재 우리가 어디에 있고 어디로 향하고 있는지를 살펴보아야 한다고 말할 것이다. 최근 그리스 로데스Rhodes 섬에서 열린 의학 콘퍼런스에서 히포크라테스의 역사와 업적을 재평가하는 개막 강연이 있었다. 강연자는 그리스와 로마 의학의 번성 이후 그 의학 지식이 중세 이슬람에서 보존, 발전한 뒤 다시 서구사회로 전해지면서 의학의 모습이 변화하기 시작했다고 언급했다. 그리고 르네상스부터 도시화, 산업화까지 4세기를 거친 뒤 19세기와 20세기에 걸쳐 의학이 분자화되면서 의학은 개별 환자에 대한 일상적이고 동정적인 돌봄으로부터 테크놀로지, 경제, 비즈니스 중심적인 병원 행정으로 강조점이 이동했다고 언급했다.

"환자는 이름 없는 사람이 되었다."

2006년 유럽 피부비뇨기과 아카데미에서 콘스탄틴 오르파노스Constantin Orfanos는 이렇게 말했다. "수술적 처치는 단지 행정 절차로서 간략한 코드 넘버로 기록된다. 응급환자와 중환자의 회복은 전자 인공두뇌를 조종하는 방과 같은 병실에서 이루어진다."

오늘날 많은 이들이 의학의 산업화와 비즈니스화를 방지하기 위해서는 고대 시대, 즉 오래전 에게 해의 작은 섬에서 비롯된 길고 긴 치유의 전통을 살펴보아야 한다고 여긴다. 우리는 전체론적이고 합리적이었으며, 임상 관찰에 뛰어났을 뿐 아니라 윤리, 공감, 그리고 종교적 힘에 대한 믿음도 가지고 있던 한 사람의 저술과 가르침을 재검토하는 것을 고려해야 한다.

히포크라테스는 지난 4세기 동안의 의학의 놀라운 진전을 격하시키지 않는다. 그보다 그는 우리에게 자신의 철학과 동일한 철학으로, 포기하지 말고 발전하고 성찰하라고 조언할 것이다. 그는 우리에게 그 자신이 동료들과 함께 발견하고 나눈 것을 좀 더 깊게 탐구하라고 제안할 것이다. 내부 세계와 외부 세계가 만나고, 질병과 건강이 불확실한 균형을 이루는 장소에 대해서 말이다.

2장

콜레라는 어떻게 문명을 구했나

공중위생의 발견

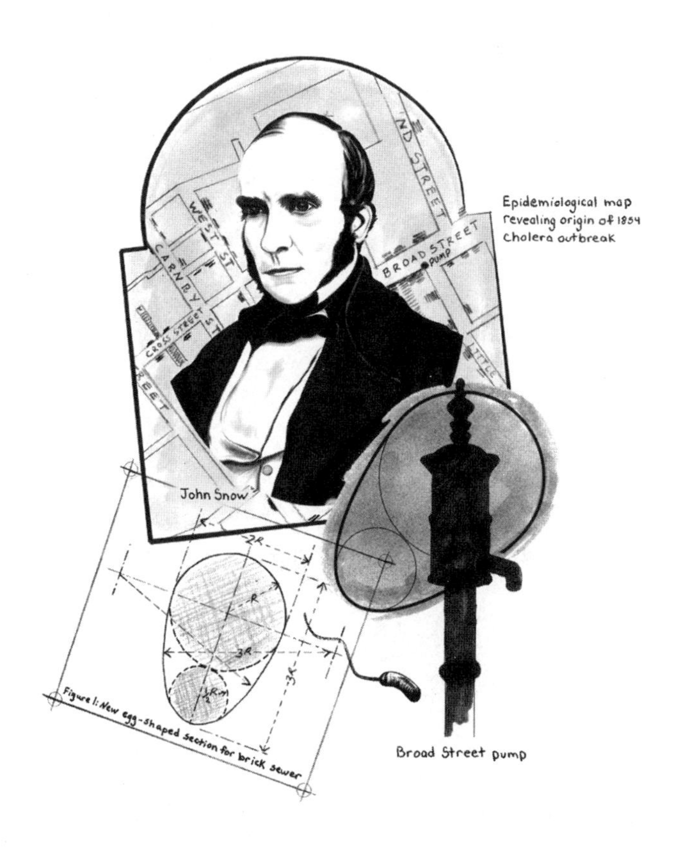

스노우는 이 지역에서 사용하는 모든 식수 펌프를 알아내 콜레라 감염자의 주택으로부터 거리를 계산한 뒤 놀랄 만한 사실을 알아냈다. 한 구획에서 콜레라로 사망한 83명 가운데 73명이 다른 펌프들보다 브로드가에 위치한 펌프에 가까운 집에 살고 있었다는 사실이다. 또한 73명의 희생자 중 61명이 한 펌프로부터 식수를 공급받고 있었다.

세계에서 가장 넓은 삼각지는 늪으로 된 수로, 우거진 풀, 맹그로브 숲과 바닷물로 가득 찬 매우 큰 미로다. 갠지스Ganges 강과 브라마푸트라Brahmaputra 강에서 형성된 이 삼각지는 남부 방글라데시와 인도 모퉁이를 따라 10만 제곱킬로미터의 지역을 달려 벵골Bengal 만에 이른다. 하지만 갠지스 삼각지가 단순히 넓기만 한 것은 아니다. 이곳은 세계에서 가장 비옥한 땅 중 하나이며, 미세한 플랑크톤부터 메기, 앵무새와 비단뱀, 악어, 그리고 위험한 벵골호랑이까지 무수한 생명체가 공생하고 있다.

1816년에는 두 가지 생명체가 이곳에 들어오면서 끔찍한 질병이 순식간에 폭발적으로 전 세계에 번졌다. 그것은 15년 동안 인도, 중국과 러시아의 일부, 유럽으로 번져나가 수많은 사람을 죽음으로 몰아갔고, 1831년 10월에는 영국 동북부에 도착하여 급속하게 번지기 시작했다.

1832년 12월 25일, 런던에서 320킬로미터 북쪽에 위치한 마을의 농장 일꾼 존 반즈John Barnes는 그 어느 때보다 고약한 크리스마스 선물을 받게 된다. 크리스마스 선물은 상자 하나, 35킬로미터 떨어진 곳에 사는 여동생이 보낸 것이었다.

반즈는 상자를 열어 보았다. 반즈가 상자 속에 있는 선물을 예상했는지 못했는지는 확실하지 않지만 그것은 크리스마스 선물이 아니었다. 상자 안에는 2주 전에 사망한 여동생의 옷가지가 들어 있었다. 여동생은 자녀가 없었고, 관례에 따라 반즈에게 옷가지가 보내진 것이다.

반즈는 옷가지를 들고 몇 분을 고심하다가 여동생이 가족 모임에서 입었던 모습을 떠올렸을 수 있다. 반즈의 아내는 죽은 시누이의 옷가지를 들고 자신에게 맞는지 살폈을지도 모른다. 반즈 부부는 저녁 식사를 하기 전 옷이 세탁되지 않았다는 것을 알아챘다. 그리고 식사를 끝내고 난 뒤에 벌어진 일에 대해서는 누구도 어찌할 수 없었다.

다음 날, 반즈는 심한 경련과 설사를 하기 시작했다. 이틀 동안 매우 심한 설사가 멈추지 않았고 4일째 되던 날 결국 반즈는 사망하게 된다.

반즈에게 병이 생긴 직후 아내에게도 같은 증세가 나타났다. 그녀의 어머니는 딸의 상태가 심각하다는 사실을 직감하고 근처 마을에서 딸의 집으로 달려왔다. 반즈의 아내는 다행히 살아남았지만 그녀의 어머니는 운이 좋지 않았다. 이틀을 딸과 함께 보내고 시트를 세탁한 뒤 자기 집으로 돌아가던 중 그녀는 길에 쓰러졌고, 딸이 있는 마을로 다시 실려 왔다. 이틀 사이에 그녀의 어머니와 남편, 딸 모두 사망했다.

이 사망이 미스터리는 아니었다. 의사들은 이 가족이 콜레라에 습격당했다는 사실을 알았다. 지난 12개월 동안 같은 병이 영국에서 계속 발생했기 때문이었다. 그러나 한편으로 이것은 미스터리 그 자체였다. 마을 주민 그 누구도 감염되지 않았는데 어떻게 세 가족이 갑작스럽게 사망했단 말인가? 반즈가 콜레라로 사망한 여동생의 세탁되지 않은 옷가지를 받았다는 사실이 밝혀졌지만 미스터리를 풀기에는 부족했다. 무엇보다 당시 사람들은 콜레라가 이런 방식으로 전파되지 않는다고 생각했다. 몇십 년 뒤 병원체가 발견되기 전까지 사람들은 질병 대부분이 유기체가 분해될 때 나오는, 눈에 보이지 않는 미아즈마(miasma, 나쁜 공기나 기운)를 들이마심으로써 발생한다고 믿고 있었다. 그리고 미아즈마는 늪지대나 습한 땅부터 쓰레기 더미, 묘지, 화산 폭발에 이르기까지 모든 것으로부터 나올 수 있다고 믿었다.

몽상가 타입의 의사 존 스노우(John Snow, 1813~1858)는 반즈 가족의 이야기를 듣고는 그 의미를 깨달았다. 비록 주류 의사들은 그 뒤로도 반세기 동안 그의 주장을 고집스럽게 거부했지만 스노우는 결국 자신의 주장이 옳았음을 증명했을 뿐 아니라 역사상 가장 위대한 의학적 진보를 이루는 핵심 역할까지 수행하게 된다.

산업 혁명 일자리, 혁신, 그리고 엄청난 쓰레기 더미의 신세계

1832년 리즈 시는 유럽과 미국의 다른 도시들과 마찬가지로 산업 혁명에 따른 환상적이고도 끔찍한 모든 것을 경험하기 시작했다. 불과 몇십 년 만에 목초지와 언덕, 산림 등이 벽돌로 꾸며진 직물 조제소와 공장으로 바뀌었고, 공장 굴뚝에서 힘차게 뿜어내는 매연은 도시의 새로운 스카이라인을 만들어냈다. 산업의 확장은 새로운 일자리와 자본을 창출했지만 한편으로는 매우 많은 사람이 돈을 벌기 위해 도시로 밀려

들어옴을 의미하기도 했다. 리즈 시의 인구는 30년 만에 두 배로 늘어났고 수천 명의 노동자와 그 가족들은 말 그대로 작은 방과 밀집된 건물에 밀어 넣어졌다.

도시의 성장이 그 도시의 공공 기반 시설에 얼마나 무리를 주었을지 상상하기 어렵다면 그러한 시설이 만들어지기 이전의 상황을 떠올려 보라. 산업 혁명이 일어나기 여러 세기 전 가정과 공장에서 나온 쓰레기는 뒤뜰 웅덩이나 근처 골목, 도로에 버려졌다. 그리고 버려진 쓰레기는 주기적으로 분뇨 수거꾼이나 폐품 수집상에 의해 옮겨져 비료나 돼지, 소, 그 밖의 가축의 먹이로 쓰였다. 더욱이 1800년대 초 폭발적인 도시 성장으로 쓰레기의 양은 급증했으며 도로와 골목, 저수지는 쓰레기로 가득 차고 막히고 넘쳐났다.

당시 리즈 시의 위생 상태를 조사한 공무원은 "잿더미와 오물이 쌓여서 도로 표면이 높아져 있다. 빈민가 입구에 있는 물웅덩이나 수로는 불쾌한 냄새를 풍기고 사유지도 예전과 달리 대변으로 넘쳐나고 있다."고 말했다. 대부분의 경우 구식 변소는 집 바닥으로부터 근처 물탱크나 우물로 배수되었다.

공공 수도 공급도 사정이 좋지 않았다. 한 보고서는 리즈 주민들의 식수 원천인 에어 강이 '대략 200개의 변소에서 배출된 오물과 진료소에서 나온 죽은 거머리, 습포제, 비누, 청색 및 흑색 염료, 돼지거름, 오래된 소변 찌꺼기, 그리고 온갖 종류의 동물과 식물의 분해물'로 가득 차 있다고 보고했다.

이것이 리즈 시에 콜레라가 침입하여 첫 번째 희생자를 낸 1832년 5월의 도시 환경이었다. 희생자는 직조공의 두 살배기 아이로 가족과 함께 좁고 더러운 골목 끄트머리에 살고 있었다. 6개월 동안 콜레라는 700명의 목숨을 앗아갔고, 누구도 그게 무엇이며 어떻게 사망에 이르렀는지 알 수 없었다. 나중에 진정되기까지 영국 전역에서 6만 명 이상이 콜레라로 죽었다. 비록 의사와 공무원들이 원인을 밝혀내고 이 유행병을 멈추기 위해 부단히 노력했지만 그 뒤 35년 동안 유행병은 세 차례나 더 창궐했고, 10만 명 이상이 목숨을 잃었다.

다행인 것은 두 번째 유행병이 시작하기 전에 한 고집 센 변호사가 위협적인 유행병으로부터 생명을 지키는 데 도움이 될 만한 기반을 닦기 시작했다는 것이다. 많은 사람들이 위압적인 사내 에드윈 채드윅(Edwin Chadwick, 1800~1890)을 싫어했지만 그는 존 스노우처럼 의학 발전에 중요하고 핵심적인 역할을 수행했다.

과거 두 세기 동안 의학상의 위대한 진보가 무엇이었느냐고 묻는다면 대부분은 순간적으로 이마를 찡그리며 항생제, 백신, 엑스선, 아스피린과 같은 합리적인 대답을 할 것이다. 의학 전문지인 〈영국의사협회지British Medical Journal〉가 독자들에게 이에 대해 물었을 때도 대부분 비슷한 대답을 했다. 경구용 수분 보충 치료나 철제 침대, 보완 의료(대체 의료) 등의 답변이 나오기도 했다. 그러나 〈영국의사협회지〉가 전 세계 1만 1천 명 이상의 독자들에게 얻은 대답은 앞에 있는 것과 달랐다. 그것은 바로 공중위생이었다.

공중위생은 청결한 수돗물을 제공하고 쓰레기를 안전하게 처분하는 등 여러 가지 위생적 행위를 통해 건강한 환경을 조성하는 것을 말한다. 공중위생은 폴리오(소아마비) 백신이나 CT 스캔처럼 기술적으로 인상적인 분야는 아니다. 하지만 공중위생은 가장 중요한 의학적 진전이며, 한번 갖추어지면 많은 질병을 초기에 예방할 수 있다는 장점이 있다. 유아기에 대소변 습관을 배우는 것을 통해 우리는 위생의 원칙이 분명하게 정립되었다고 생각한다. 그러나 산업 시대 초기에는 대규모 공중위생 시설을 제공하는 것이 불가능했고, 이것은 근대 도시의 미래에 큰 위협이 되었다. 합리적 해결책을 생각해내는 데만 몇십 년이 걸렸고, 실제로 그것을 실천에 옮기는 데에 다시 몇십 년이 걸렸다.

많은 인물들이 공중위생의 발전에 이바지했지만 특히 두 사람이 그에 관한 통찰을 제공하고 성취하는 데 이정표를 세웠다. 존 스노우와 에드윈 채드윅은 그들의 주장에 회의적인 동시대인과 지속해서 싸웠다는 공통점이 있다. 하지만 둘의 성격은 매우 달랐다. 스노우는 천성적으로 친절하고 항상 열린 마음으로 모든 사람과 원만한 인간관계를 맺는 사람으로 묘사되었던 반면 법정 변호사 채드윅은 따뜻한 마음을 가졌다고 볼 수 없을 뿐만 아니라 영국인들이 가장 싫어하는 사람으로 여겨지기까지 했다.

이렇듯 둘은 매우 다르지만 두 사람 모두 1830년대부터 1850년대까지 전 세계적으로 전개된 한 가지 미스터리를 풀고자 노력했다. '수백만 명의 사람을 죽인 것은 대체 무엇이고, 어떻게 하면 그것을 멈출 수 있을까?' 하는 것 말이다.

그 증상은 보통 밤에 갑작스럽게 시작된다. 환자는 배를 움켜잡고 데굴데굴 구르면서 간신히 화장실로 간다. 그렇다고 문제가 해결된 것은 아니다. 이제부터 엄청난 양의 설사가 시작된다. 처음에는 고통이 없지만 묽은 설사는 심상치 않으며, 몸 전체가 마치 불난 집과 같이 된다. 하루 만에 20리터 이상의 물(체액)이 몸에서 빠져나간다. 설사가 너무 심해 소장의 내용물이 말 그대로 벗겨지고 쏟아져 나와 이들 조직 때문에 설사가 쌀뜨물로 보일 정도다. 곧 탈수 증상이 나타나고 이는 결국 치명적인 위해가 된다. 근육 경련, 주름이 잡히고 자줏빛을 띤 푸르딩딩한 피부, 움푹한 눈 주위와 수척해진 얼굴, 심하게 쉰 목소리 등이 뒤따른다. 이 병은 너무나 갑작스럽게 발발하고 진행 속도도 매우 빨라 불과 몇 시간 만에 사망에 이를 수 있다. 그러나 환자가 사망한 뒤에도 수성 설사물 자체는 생명으로 가득 차 어디로든 가 다른 감염자를 찾는다.

이정표 1

첫 번째 유행 탄광의 깊이가 준 교훈

1831년에서 1832년으로 넘어가던 겨울, 18세가 된 존 스노우는 어렵게 의사 수련을 받고 있었다. 스노우의 외과의 스승은 그에게 난처한 임무를 맡겼고, 그는 콜레라가 유행하고 있는 중심지인 뉴캐슬 근처 킬링워스의 탄광에 가 치료법이 없는 죽음의 병을 앓고 있는 많은 광원鑛員을 돌보게 되었다. 스노우는 스승의 가르침을 성실히 따랐고, 광원을 돌보는 그의 근면함은 훗날 성공을 거두게 된다. 그러나 더 중요한 것은 스노우에게 이때의 경험이 지울 수 없는 인상을 남겼으며, 그것이 그 뒤 그의 획기적인 첫 번째 통찰로 이어졌다는 점이다. 만약 모든 사람들이 믿는 대로 미아즈마가 콜레라의 원인이라면 어떻게 깊은 지하 에서 일하는 광원들이 콜레라에 걸릴 수 있단 말인가? 그곳에는 하수구도 없고 늪도 없고 흡입할 수 있는 증기도 없는데.

스노우는 나중에 자신이 직접 살폈던 사례들을 정리하며 다음과 같이 콜레라가 미아즈마가 아니라 청결하지 못한 위생 상태 때문에 발생한다고 말했다.

"갱坑에는 화장실이 전혀 없기 때문에 탄광 노동자들의 배설물이 주변 곳곳에 널려 있어 자칫하면 손이 더러워지기 쉬웠다. 갱부는 지하에서 8~9시간 정도를 일했고, 불규칙적으로 갱 내로 내려오는 음식물을 손을 씻지 않은 채 먹었다. 갱부들 사이에 콜레라가 발생했을 때 그 병은 평상시와 다른 전파 양상을 보였다."

첫 번째 유행이 끝난 뒤 스노우는 런던으로 가 의사 수련을 마치고는 완전히 다른 의료 분야, 즉 수술 시 에테르 마취 사용에 관한 연구에 매진했다. 스노우는 마취에 대해서도 전 세계적으로 인정을 받지만 (마취는 이 책의 다른 장의 주제다) 콜레라에 대한 관심을 버리지는 않았다. 사실 스노우는 흡입 마취 가스의 성질에 대해 연구하면서 콜레라가 미아즈마에 의해 생긴다는 이론을 더욱 의심하게 되었다. 그러나 첫 번째 유행은 콜레라가 환자의 창자에서 배설된 수성 분비물에 의해 옮겨진다는 그의 이론을 진전시키기에는 충분한 증거를 제공하지 못했다.

더 많은 증거 수집 기회를 마련하기 위해 스노우는 오래 기다릴 필요가 없었다. 그러나 과연 그것으로 충분했을까?

이정표 2

미아즈마 대신 새로운 종류의 살인자를 그려내다

1848년 콜레라가 두 번째로 런던을 강타했을 때 스노우는 35세로, 좋은 기회를 놓치지 않을 만큼 성숙해 있었다. 약 5만 5,000명이나 되는 사망자를 낳은 유행이 시작하자 스노우는 집착에 가까운 열정으로 그

병의 원인을 추적하기 시작했다. 그는 구역(스퀘어) 단위로 조사를 시작한 뒤, 이 유행의 첫 희생자가 함부르크에서 배를 타고 1848년 9월 22일 런던에 도착한 선원이라는 사실을 알아냈다. 이 남자는 셋방에 들어간 지 얼마 되지 않아 콜레라로 사망했다. 스노우는 희생자의 담당의에게 질문해 그 선원이 죽은 뒤 같은 방에 들어간 사람도 8일 뒤 콜레라로 사망했다는 사실을 알게 되었다. 아마도 스노우는 세탁하지 않은 침대보 등 첫 번째 희생자에게서 남은 무언가가 두 번째 희생자를 감염시켰을 것으로 추정했을 것이다.

스노우는 조사를 계속하면서 당시의 주류적인 관점에 반대되는 사실, 즉 콜레라가 접촉성인 동시에 오염된 물에 의해 전파된다는 증거를 수집해 나갔다. 예를 들어 그는 집이 두 줄로 서로 마주 보고 있는 런던의 한 구역에서 한쪽 줄에서는 많은 사람들이 사망했지만 맞은편 줄에서는 한 명만 사망했다는 사실을 알아냈다. 계속된 조사를 통해 사람들이 많이 사망한 줄의 집은 더러운 물이 식수를 제공하는 우물로 흐르고 있다는 사실을 알아챘다.

또 다른 증거로 스노우는 콜레라에 걸린 모든 사람들에게서 그가 탄광 갱부들을 통해 몇 해 전에 발견한 증상들을 관찰했다. 첫 번째 증상은 설사, 구토, 위통 등의 위장관 증상이었다. 이것의 의미는 분명했다. 독소가 어떤 것이든 간에 그것은 오염된 음식이나 물을 마심으로써 몸속에 들어온다. 만약 어떤 종류의 미아즈마를 흡입하여 생긴다면 처음에는 폐와 혈관에 침범하여 열, 오한, 두통이 생길 것이기 때문이다.

스노우는 이러한 관찰들을 통해 마침내 보이지 않던 살인자를 그 병의 원인으로 생각하게 된다. 과학자들이 박테리아와 바이러스를 질병의 원인으로 밝혀내기 수십 년 전인 당시로써는 대단한 발견이었다. 어쨌든 스노우는 미아즈마 이론을 제쳐두고 콜레라가 어떤 종류의 살아 있는 생명체에 의해 옮겨지며, 스스로 재생산될 수 있는 속성과 세포처럼 어떤 종류의 구조를 가졌다고 결론지었다. 더 나아가 이것이 소화관 내부 표면에서 증식하고 번식한다고도 생각했다. 마침내 그는 첫 증상이 나타나기 이전의 배양 시간을 계산해 그 무언가가 소화관에 들어간 시점과 질병이 시작되는 시점 사이가 그것이 재생산되는 기간이라는 주장을 하게 된다. 이러한 방식으로 스노우는 당시로써는 거의 주목받지 못했던 세균(미생물)의 개념을 천명했다.

1849년 스노우는 자신의 발견이 정부 정책과 사람들의 행동을 변화시켜 콜레라가 유행하는 것을 멈출 수 있게 하기를 바라면서 그 생각을 《콜레라의 전파 방식에 대하여On the Mode of Communication of Cholera》라는 책에 담았다. 그러나 스노우의 뛰어난 통찰에도 불구하고 당시 동료 의료인들은 호의적이지 않았다. 몇몇은 마지못해 콜레라가 사람에서 사람으로 옮겨질 수 있음을 인정했지만 대부분은 콜레라는 접촉성이 아니며 청결하지 못한 위생 상태와 관련이 있기는 하지만 물을 통해 옮겨질 수는 없다고 주장했다.

주변인들의 냉담한 반응에도 불구하고 스노우는 포기하지 않았다. 1849년 두 번째 유행이 일어났을 때 그는 자신의 이론을 뒷받침할 다른 종류의 증거를 조사하기 시작했다. 앞서 스노우는 탄광이나 반즈 가족처럼 고립된 지역에서 병이 발생하는 것을 통해 콜레라가 청결하지 못한 위생 상태로 인해 전파되며 사람에서 사람으로 옮겨질 수 있다는 점을 알게 된다. 그리고 그보다 넓은 지역에서 발발한 것을 통해 근처 웅덩이에서 오염된 우물이 콜레라의 원인임을 밝혀냈다. 나아가 몇천 명이 사망하는 대규모 유행을 설명하기 위해 스노우는 새로운 목표물을 조사 대상으로 삼았다. 공중 식수 공급이었다.

당시 런던 한가운데를 가로지르는 템스 강은 하수 오물 처리와 식수 공급이라는 두 가지 모순된 공중 수요를 감당하고 있었는데, 스노우는 여기에 관심을 보였다. 유출된 도시 오물은 완전히 방치된 상태로 강으로 흘러들어 갔고, 강으로 흘러든 오물은 만조로 수위가 높아질 때마다 역류했다. 스노우는 지방 행정 기록을 조사하면서 두 개의 주요 식수 공급 회사인 사우스와크 볼Southwark and Vauxhall과 람베트Lambeth가 템스 강으로부터 물을 퍼올려 여과하거나 그 밖의 다른 처치과정 없이 주민들에게 식수를 공급하고 있다는 사실을 알게 되었다. 람베트는 정확히 오물이 쏟아지는 곳에서 식수를 퍼올리고 있었다. 스노우는 이에 관한 자료를 수집했고, 곧 자신이 지닌 의심에 대한 확신을 하게 되었다. 람베트 회사로부터 식수를 공급받는 지역은 사우스와크 볼에서 식수를 공급받는 지역보다 콜레라 감염률이 훨씬 높았던 것이다.

스노우는 이제 그의 마지막 두 가지 이정표 직전에 이르게 된다. 런던에서 세 번째로 콜레라가 대유행하게 된 것이다.

이정표 3

역학疫學의 창안과 치명적 펌프의 정지

1853년 세 번째 유행이 시작되고 1년이 지나지 않은 1854년 8월 31일, '브로드Broad가街 펌프 사건'이 발생했다. 이 사건은 브로드가 중심에서 220미터 이내의 골든 스퀘어Gorden Square에 살고 있던 500명의 사람들이 2

주일 만에 콜레라로 사망한 사건이다. 스노우에 따르면 이는 영국에서 흑사병이 유행했을 때의 사망률과 같은 수준이었다.

스노우는 브로드가의 유행에서 우리에게 잘 알려진 역할을 수행하기 이전에 이미 사우스와크 볼과 람베트가 미쳤을 영향을 조사하고 있었다. 1849년 콜레라가 유행한 이후 람베트는 오물이 배출되는 지역보다 상류로 식수원을 옮겼고, 이제는 사우스와크 볼보다 청결한 물을 공급하고 있었다. 스노우는 최소한 30만 명의 인구에게 상수를 공급하는 두 회사가 같은 지역의 각기 다른 주택들에 물을 공급한다는 사실에 흥미를 느꼈다. 스노우는 광범위하게 조사를 수행하였고, 콜레라에 걸린 사람들이 어느 회사의 물을 공급받는지 비교했다. 이러한 역학 연구는 스노우의 기대를 저버리지 않았다. 여름에 시작된 콜레라 유행의 첫 4주 동안 사우스와크 볼로부터 물을 공급받은 주택이 람베트로부터 물을 공급받은 주택보다 콜레라 발생률이 14배나 높았다. 콜레라가 오염된 물에 의해 전파된다는 그의 이론이 다시 한 번 강력한 증거를 확보하게 된 것이다.

스노우는 역학적 도구를 더욱 예리하게 가다듬었다. 8월 31일 브로드가에서 콜레라가 발발한 지 몇 주 뒤 그는 새로운 조사에 착수했다. 몇 주 동안에 걸쳐 그는 유행에 시달린 주택들을 방문해 환자와 가족을 인터뷰했다. 이 조사에서는 지역의 우물이 오염된 템스 강보다 더 큰 문제가 있다는 사실을 발견했다. 스노우는 이 지역에서 사용하는 모든 식수 펌프를 알아내 콜레라 감염자의 주택으로부터 거리를 계산하고는 놀랄 만한 사실을 알아냈다. 한 구획에서 콜레라로 사망한 83명 가운데 73명이 다른 펌프들보다 브로드가에 위치한 펌프에 가까운 집에 살고 있었다는 사실이다. 또한 73명의 희생자 중 61명이 한 펌프로부터 식수를 공급받고 있었다.

이 사실은 매우 강력한 증거가 되었다. 스노우는 지방 관청 공무원들에게 이 사실을 알렸고, 그들은 브로드가 펌프의 핸들을 제거하여 펌프 사용을 정지시키는 데 동의했다. 그 결과 유행은 종식되었다. 그러나 이것은 스노우가 기대했거나 대중적으로 널리 알려진 승리는 아니었다. 지방 공무원들은 콜레라가 오염된 물 때문에 전파된다는 새로운 개념을 여전히 받아들이지 않았다. 왜 유행이 종결되었는지, 왜 브로드가의 펌프가 원인이 되었는지를 설명할 만한 다른 요소들이 발견될 수도 있다는 것이었다. 예를 들어 펌프가 정지되어서 유행이 멈춘 것이 아니라 이미 유행이 정점을 지났거나 유행이 발발한 뒤 많은 사람이 그 지역을 빠져나갔거나 또는 남은 사람 누구도 감염되지 않은 상태여서라는 이유 등 말이다. 그러나 스노우의 이론을 반박할 만한 가장 강력한 증거는 후속 조사를 통해 브로드가 펌프의 물이 오염되지 않았다고 밝혀진 것이었다.

그럼에도 스노우는 여전히 그 지역의 유행이 브로드가의 펌프에서 나온 오염된 물에 의해 발생했다고 믿었다. 그리고 1855년 3월, 그는 달갑지 않은 영웅에 의해 자신의 주장을 인정받게 된다.

성 루가 교회의 부제인 헨리 화이트헤드(Henry Whitehead, 1825~1896)는 의사 훈련을 받지 않았을 뿐더러 콜레라가 물에 의해 옮겨진다는 스노우의 이론을 믿지도 않았다. 하지만 그는 1849년 유행에 대한 스노우의 연구와 1854년 브로드가 유행의 급속한 종결에 관한 미스터리에 큰 흥미를 느끼게 되었고, 결국 스스로 조사에 착수하게 된다. 유행 첫 주 동안의 콜레라 사망 보고서를 검토하던 화이트헤드는 놀라운 사실을 발견해냈다. 브로드가 40번지에 살고 있던 5개월짜리 아기가 9월 2일에 사망한 일이다. 그 여자아기에게 증상이 나타난 것은 죽기 며칠 전인 8월 31일인데, 광범한 유행이 시작된 바로 그날이었다. 화이트헤드는 즉각 두 가지 중요한 사실의 의미를 인식했다. 그 아기가 브로드가 유행의 첫 희생자였으며, 또한 브로드가 펌프 바로 앞에 있는 브로드가 40번지에 살고 있었다는 점이다.

다른 사실도 함께 드러났다. 화이트헤드는 아기의 어머니를 인터뷰했는데 그녀는 아기가 병을 앓을 당시, 즉 유행 바로 직전 아기의 설사가 묻은 기저귀를 물통에서 빨고는 더러운 물을 집 앞 웅덩이에 버렸다고 했다. 웅덩이를 조사한 조사원들은 웅덩이가 브로드가 우물에서 불과 1.2미터 안에 위치하고 있을 뿐 아니라 그 웅덩이의 오물이 펌프 우물로 지속적으로 스며들고 있다는 사실을 발견했다. 이로써 화이트헤드는 자신이 궁금하게 생각했던 질문에 대한 답을 구했고, 유행의 미스터리는 모두 풀렸다. 유행 첫 며칠은 기저귀의 물이 웅덩이에서 펌프로 흘러든 기간과 일치했다. 아기가 사망한 직후 유행은 급속하게 번졌고 웅덩이에는 더 이상 기저귀 물이 고여 있지 않았다.

공무원들은 유행의 발발과 오염된 펌프 사이의 관계에 대한 화이트헤드와 스노우의 새로운 발견에 처음에는 동의했지만 나중에는 그 증거를 배척했고, 여전히 미지의 미아즈마가 콜레라의 원인일 것이라고 믿었다.

존 스노우는 몇 해 뒤 뇌졸중으로 45세의 나이에 사망하게 된다. 하지만 의사 사회는 여전히 콜레라가 오염된 물에 의해 발생한다는 스노우의 이론을 거부했다. 다행히도 헨리 화이트헤드는 1866년 런던을 강타해 1만 4천여 명의 목숨을 앗아간 네 번째이자 마지막 유행에서 식수 회사가 오염된 강에서 채수한 여과되지 않은 물을 공급하고 있음을 발견했다.

의사들은 그 뒤에도 몇십 년 동안이나 스노우의 이론을 거부했다. 하지만 19세기 말 박테리아 이론이 잘못된 미아즈마 이론을 대체하기 시작하면서 세상이 그를 믿기 전에 스노우가 이미 일구어낸 성취도 재인식되기 시작했다. 오늘날 스노우는 콜레라의 미스터리를 푼 사람을 넘어 '근대 역학의 아버지'로 존경받고 있다.

콜레라의 진짜 정체는 공무원들이 브로드가 펌프 유행의 원인에 대한 존 스노우의 증거를 거부한 그 해에 발견되었다. 필리포 파치니(Filippo Pacini, 1812~1883)는 이탈리아 피렌체에서 콜레라가 발발했을 때 당시 콜레라 희생자의 장 조직을 현미경으로 관찰한 결과를 논문에 실었다. 그는 작은 막대기꼴의 유기체가 약간 구부러진 형태로 쉼표 모양을 이루며 바쁘게 움직이는 모습이 '비브리오vibrio' 같다고 묘사했다. 이 작은 유기체가 콜레라의 원인이 될 수 있다고 믿은 파치니는 이 주제에 관해 몇 편의 논문을 더 발표했다. 비록 존 스노우는 파치니의 발견을 알지 못했지만 둘에게는 한 가지 공통점이 있었다. 존 스노우처럼 그 누구도 파치니를 믿어주지 않았던 것이다. 파치니의 발견은 그 뒤 30년간이나 무시되었다. 세균학의 아버지인 로베르트 코흐가 1883년 콜레라 박테리아를 재발견했을 때도 당시 가장 뛰어난 독일 과학자들은 미아즈마 이론을 더 선호하면서 코흐의 결론을 부정했다. 파치니는 한 세기 뒤 마침내 공로를 인정받았고, 1965년 콜레라를 일으키는 박테리아는 공식적으로 'Vibrio Cholerae Pacini 1854'로 명명되었다.

이정표 4

새로운 구빈법, 흥분과 각성을 불러일으키다

1830년대 초 존 스노우가 콜레라에 걸린 탄광 갱부들을 도우면서 최초의 이정표를 세우고 있을 때 젊은 변호사 에드윈 채드윅 또한 자신의 첫 이정표를 세우고 있었다. 그리고 그 또한 비웃음의 대상이 되었다. 1834년, 채드윅이 구빈법 개정안을 만들 때 수행한 역할 때문에 미움을 받았던 것은 놀라운 일이 아니다. 이 법의 핵심은 빈민들에게 공공 부조를 제공하여 그들이 빈곤에서 벗어나도록 하는 것이었다. 이때부터 채드윅에 대한 평판은 더욱 나빠졌다. 채드윅은 빈민의 압제자로 불렸고, 심지어는 영국에서 가장 미움 받는 사람으로 불리기까지 했다. 그는 그 뒤 관리자나 의사, 엔지니어와 싸운 일들을 통해 고압적이고 무심한 사람으로 알려지게 되었고, 상대를 복종시키는 목적 외에는 별로 대화를 나누지 않는 사람으로 유명해졌다. 다행스러운 것은 그가 옳았다는 것이 결국 밝혀진 것이다.

채드윅의 고집 센 노력은 빈민층의 생활 조건을 개선했을 뿐만 아니라 역사상 가장 위대한 의학적 진보를 이루어냈다. 채드윅의 첫 이정표에서 중요한 것은 구빈법 자체가 아니라 그가 이 법을 마련하기 위해 연구를 했고, 그것을 완성했다는 데 있다. 사실 채드윅은 빈민들 자신보다 더 그들이 살고 있는 비참한 환경에 반대했다. 당시 많은 사람들처럼 채드윅은 영국 도시들의 비위생적인 환경의 확대가 질병과 콜레라의 유행에 책임이 있다는 사실을 알았다. 그리고 다른 사람들처럼 그도 미아즈마가 콜레라를 일으킨다고 잘못 이해하고 있었다. 한 공식 석상에서 "모든 냄새 나는 것은 질병이다."라는 극단적인 언급을 하기도 했다.

비록 과학적으로는 콜레라의 원인을 잘못 이해하고 있었지만 원칙적으로 채드윅은 옳았다. 채드윅은 구빈법을 연구하면서 빈민층의 생활 조건이 비위생적인 환경과 관련된다는 수많은 증거를 수집했다. 채드윅의 증거 조사 작업은 매우 포괄적이었고, 전임자들이 거둔 성과를 훨씬 뛰어넘는 것이었다. 그는 법안을 설계하면서 철저한 정책 분석을 수행해 동료들의 큰 주목을 받았다. 이로 인해 구빈법이 심각한 비판에 직면했을 때도 채드윅의 연구는 핵심 이정표가 될 수 있었고 상황을 역전시킬 수 있었다.

1839년, 드디어 전세를 뒤집을 기회가 왔다. 위생 상태가 더욱 나빠지고 2년 주기로 인플루엔자가 유행하자 정부 관료들은 행동을 취할 시기가 되었다고 결정했다. 구빈법안 작성 과정에서 채드윅의 철저한 조사에 깊은 인상을 받은 이들은 그에게 잉글랜드와 웨일스 지방의 위생 상태와 질병에 대한 보고서를 작성해 줄 것을 부탁하고, 정책과 기술적 해결책에 관한 자문을 구했다.

채드윅은 새로운 임무를 받아들여 떠났는데, 그의 동료들은 채드윅과 더 이상 일하지 않아도 된다는 생각에 떠나는 그를 열렬히 환영했다고 한다.

이정표 5

수많은 아이디어와 행동할 의지를 만들어낸 위대한 보고서

1842년, 채드윅은 몇 해 동안의 연구 결과를 묶어《대영제국 노동 인구의 위생 상태에 대하여On the Sanitary Condition of the Labouring Population of Great Britain》라는 보고서를 제출했다. 이 보고서는 출간 즉시 베스트셀러가 되었고, 그때까지 나온 어떤 정부 보고서보다 많이 팔렸다. 이러한 사실을 통해 당시 사람들이 위생 문제에 대해 얼마나 고심했는지를 알 수 있다. 자신들이 사는 마을과 도시에 관해 의사들과 공무원들의 도움으로 엮어진 이 보고서는 영국의 많은 도시가 질병을 유발하는 오물로 가득 차 있는 모습을 정확하게 보여주었다. 채드윅은 보고서의 한 부분에서 1831~1832년 사이 콜레라가 유행하는 동안 리즈 시의 콜레라 발생 지도를 보여주며 비위생적 환경과 콜레라가 분명히 관련 있다는 사실을 입증했다. 그는 '위생 상태가 좋은 지역보다 청결과 배수 상태가 나쁜 지역에서 콜레라 발생률이 두 배로 높았다'고 썼다.

1842년 보고서는 위생 분야에서 영국의 실패를 보여준 것에서 그치지 않고 몇 가지 점에서 이정표가 되었다. 먼저 이 보고서는 빈곤과 질병이 신의 저주 때문이라고 여긴 당시의 믿음과는 달리 질병이 환경적 요인에서 기인한다는 점을 강조했다. 둘째, 보고서는 산업지대 슬럼가의 나쁜 위생 상태를 개선 대상으로 삼는 새로운 공중보건운동을 일구어냈다. 마지막으로, 가장 인상 깊은 것은 근대 공중위생의 창안이라는 채드윅의 혁신적 생각이 담겨 있다는 점이다.

채드윅의 위대한 비전의 대부분은 급수-배수 시스템에 대한 그의 제안에 담겨 있었다. 당시 급수와 배수 시스템은 물을 집으로 끌어들여 생활용품을 세척한 뒤 쓰레기로 버려지고 있었다. 채드윅 덕분에 사람들은 난생처음 식수와 오물이 서로 관련 있다고 생각하기 시작했다. 채드윅의 제안은 도시의 인프라를 재건축할 것을 권고하는 대담한 아이디어였다. 또한 이것은 도시에서 적절한 도로포장, 경사, 도랑 등을 설계하고 자체 정화된 하수관이 오물을 제거하도록 하여 오물이 질병을 유발하지 않도록 하는 것이었다. 채드윅은 심지어 원형인 당시의 하수도관과는 다른 달걀 모양의 독특한 하수도관을 제안하기도 했는데, 유속을 높이고 하수관 내부에 오물이 침전되는 것을 방지하는 방안이었다. 마지막으로 당시 대부분의 시스템처럼 단지 오물을 근처 강에 버리는 것이 아니라 농지로 직접 배출하여 농업용으로 재활용할 수 있도록 제안했다. 이러한 점들을 종합해 볼 때 채드윅의 통합적 하수 설계는 그때까지 유럽이나 미국에서 볼 수 없던 최신의 것이었다.

그러나 불행하게도 실제로 건축하는 것은 설계하는 것보다 훨씬 어려운 일이었다. 채드윅은 이러한 시스템에 대한 투자가 이뤄지고 건축될 수 있도록 새로운 법적·행정적 구조까지 제안했지만 당시에는 도시의 전반적인 인프라를 구축할 만한 모델이 존재하지 않았다. 많은 사람들이 누가 이를 설계하고 건축하고 투자를 유치할지를 놓고 논쟁을 벌였다. 채드윅과 다른 이들이 논쟁하고 주장한 몇 해 후인 1848년 마침내 해결책이 도출되었다.

이정표 6

길고도 느린 공중보건 혁명의 탄생

1848년 '공중보건법'의 통과는 채드윅의 작업에서 가장 영광스러운 순간이자 영국 공중보건 역사의 이정표가 되었다. 이 법을 통해 역사상 최초로 영국 정부는 위생을 보장할 법적 체계를 구축했으며, 시민의 건강을 보호할 의무를 지게 되었다.

그러나 실제로 법은 몇 해 만에 해결할 수 없는 무수한 문제점을 드러냈다. 법은 통과되었지만 많은 업무는 지방 정부의 재량에 달려 있었다. 몇몇 경우 채드윅과 그의 추종자들은 지방 정부가 자기 지역의 오물을 치우도록 그들을 압박해야 했다. 동시에 채드윅의 시스템을 구축하고자 했던 사람들은 합의된 토지 계획 없이는 해결할 수 없는 기술적인 문제점들을 발견했다. 그래서 그들은 기술적인 부분에 대해서 기술자들과 불쾌한 논쟁을 벌여야 했으며, 그의 의견을 반대하는 사람들에게 도덕적으로 실패했다는 비난을 받아야 했다. 몇 년 동안 자신만의 위생 체계를 구축하고자 시도했지만 채드윅의 이상은 너무나도 야심찬 것이었음이 판명되었다.

이러한 난관에도 불구하고 1800년대 중반부터 채드윅의 작업과 노력은 긍정적인 효과를 거두기 시작했다. 그가 처음 제시했던 것만큼 야심찬 통합 시스템은 아니었지만 그의 기술적·행정적 구상을 담은 도시 위생 체계가 만들어지기 시작했고, 그 결과 역시 매우 좋았다. 대영제국의 12개 광역 지역에서 수행한 한 연구에 따르면 사망률은 하수 시설 구축 이전 1천 명당 26명에서 구축 이후 1천 명당 17명으로 떨어졌다.

1860년대와 1870년대에는 채드윅과 영국 기술자들이 구축한 위생 체계가 전 세계적으로 영향력을 발휘하게 되었다. 그 이전인 1840년대에 뉴욕과 보스턴 같은 대도시에서 하수도를 건설하는 첫 시도가 이미 이루어졌지만 그것은 핵심적 설계가 없는 단편적이고 분산된 시스템에 불과했다. 그러나 남북전쟁 시기와 1870년대에 들어서 많은 미국 도시들은 '영국식 위생 개혁'으로 알려진 체계를 기초로 계획된 시스템을 구축하기 시작했다. 당시 매사추세츠 주의 어느 기술자는 "우리 주민들은 한 명도 빠짐없이 하수 시스템의 혜택을 누리게 되었다."고 전하고 있다.

영국에서는 채드윅과 추종자들의 작업이 마침내 1875년 '공중 보건법'이라는 결실을 맺게 되었다. 이것은 당시까지 영국에서 위생과 관련된 가장 포괄적인 법률이었다. 되돌아보건대, 공중 보건법과 1880년대 도시 위생 시스템의 급증은 채드윅이 밝혀내고 옹호한 근대 위생에서 핵심적인 세 가지 과제와 연결된다. 그것은 1) 환경, 위생, 건강 사이의 관련성을 인식하는 것, 2) 위생 서비스를 제공하고 유지하기 위한 중앙 행정의 필요성, 3) 이들 서비스가 가능하기 위한 기술과 하부 구조를 개선하려는 의지이다.

전 생애에 걸친 채드윅의 작업에서 얻을 수 있는 교훈 한 가지는 원칙적으로 옳다면 비록 잘못된 근거에서 출발했다 하더라도 크게 문제가 되지 않는다는 점이다. 채드윅은 평생 대부분의 동시대인들과 마찬가지로 콜레라가 미아즈마에 의해 유발된다는 잘못된 생각을 확고하게 견지했다. 다른 이들처럼 그 역시 코흐의 콜레라균Vibrio Cholerae '재발견'에도 아무런 감흥을 받지 않았다. 그는 집에서 악취를 제거하는 것이 맑은 물을 제공하는 것보다 더 중요하다고 주장하기도 했다. 그러나 기술적으로 틀렸다 하더라도 그는 명예를 얻을 만하다.

오늘날 채드윅의 성취는 근대 공중위생 역사에서 하나의 분기점으로 이해된다. 산업 혁명으로 초래된 광범위한 비위생적 상태와 30년 간의 콜레라 유행이라는 재앙을 바로잡기 위해 채드윅은 도시와 시민의 건강에서 공중위생의 중요함을 깨달을 것을 촉구했다.

존 스노우와 에드윈 채드윅은 공통점도 많지만 차이점도 많다. 먼저 성격과 직업에서 차이가 있었지만 공통의 적에 대항하여 활동했다. 콜레라의 발생 원인에 대한 관점은 대조적이었지만 두 사람 모두 위생의 실패에서 문제가 비롯됨을 인식했다. 마침내 스노우는 역학 연구와 통찰을 통해 오염된 물이 심각한 소화관 질병을 일으킬 수 있음을 밝혀냈는데, 오늘날 '대장-경구 감염'이라고 부르고 있다. 또한 빈민의 위생 상태와 질병을 연결한 채드윅의 조사 작업은 기술적 · 법률적 혁신과 함께 도시 차원의 근대 위생이 가능하도록 만들었다.

스노우와 채드윅의 작업은 정확하게 겹치지는 않지만 수많은 사람들이 전염병에 취약하고 이를 두려워하던 시기로 수렴된다. 당시 유행은 갑작스럽게 발발하여 수많은 사람을 며칠 또는 몇 시간 안에 쓸어갔다. 스노우와 채드윅은 독자적으로 활동했지만 서로 보완하는 방식으로 낡은 세계가 새로운 시대에 눈뜰 수 있도록 도왔다. 그들은 사람들의 각성을 촉구하면서 새로운 도시 문명의 시대로, 근대적 위생이 핵심적인 구실을 하는 시대로 진입할 수 있도록 도왔다.

콜레라와 위생의 실패 21세기의 생존과 복지

콜레라균이 처음 발견되고 150년 이상 지난 21세기에도 이 병원체는 여전히 생존하고 번식하면서 유행병 또는 풍토병의 형태로 전 세계 많은 지역에 남아 있다. 오늘날 좋은 소식은 신속한 경구용 수분 보충과 항생제 덕분에 콜레라로 인한 사망을 대부분은 피할 수 있다는 점이다. 나쁜 소식은 이라크나 르완다, 중부 및 남부 아메리카 등 콜레라가 문제 되는 지역에서는 치료가 거의 불가능하여 사망률이 여전히 50%에 달한다는 점이다.

새로운 백신이 과거의 백신보다 효과가 뛰어나고 부작용이 적지만 개발도상국이나 전쟁으로 황폐화된 국가에서는 위험에 놓인 사람들에게 공급하기 어렵다는 문제가 남아 있다. 자주 추가 접종을 해야 한다는 점도 단점이다. 게다가 아무리 효과적인 백신이라도 물 설사 1그램 중에 콜레라균이 1억 개나 되는 심한 감염에는 효과가 크게 없다. 그리고 과학자들은 콜레라균의 자연적 거주지가 매우 습한 환경이며, 새로운 유행 종이 언제든 발생하고 진화하며 번식할 수 있기 때문에 콜레라가 결코 사라지지 않을 거라 생각한다. 이 점에서 과학자들은 두 가지 기본적 목적에 집중하면서 콜레라균과 더불어 사는 방법을 제안한다. 그것은 원인이 되는 유기체(병원체)와 싸우는 더 좋은 방법을 개발하고 다른 한편으로는 그것들의 전파를 방지할 만한 더 나은 위생 시스템을 만드는 것이다. 스노우와 채드윅은 당시로서는 더 이상 잘할 수 없었다.

아마도 콜레라균에 관한 가장 놀라운 사실은 이것이 단지 한 가지 종種

이 아니라 대양성 박테리아ocean-loving bacteria의 큰 군집에 속한다는 점일 것이다. 이 군집은 대부분 무해하다. 200가지의 콜레라균 종이 알려졌으며, 그중 오직 2가지(O_1과 O_{139})만이 독특한 유전자 결합으로 사람의 장에 침범하여 나쁜 독소를 생산한다. 유전자 한 그룹은 TCP를 생산하는데, TCP는 콜레라균이 소장 세포에 기생할 수 있게 한다. CTX-ø라고 불리는 다른 유전자 그룹은 치명적 독소를 생산해 장 세포에 침입하여 인간 숙주가 죽을 때까지 세포가 기계적으로 다량의 수분을 배출하게 만든다. 흥미로운 것은 거의 200종의 콜레라균이 강어귀 해수에 살지만 치명적인 콜레라 유전자를 보유한 O_1과 O_{139}만은 인간 거주지 근처의 오염된 물에서 발견된다는 점이다.

이는 흥미로운 질문을 제기한다. 누가 누구를 오염시키는가?

3장

보이지 않는 침입자

세균과 그것들의 발병 기전 발견

비록 드문드문 결핵이 전염성이라는 사실을 시사하는 보고서가 있었지만 1800년대 말까지도 많은 의사들이 결핵은 유전병으로 환자의 폐세포가 쇠약해지면서 발생한다고 생각했다. 그리고 많은 사람들이 다른 외부 요인이 없다면 그 병은 개인의 정신적 · 도덕적 타락에 의해 발생한다고 믿었다.

오후 2시가 조금 지난 1797년 8월 하순의 어느 낮, 웨스트민스터 모성병원의 산파 블렌킨소프Blenkinsopp 여사는 긴장감으로 팽팽해진 창백한 얼굴로 병실에서 급하게 일어났다. 그녀가 메리의 출산을 도운 지 세 시간이 지난 시점이었다. 그녀는 신속히 메리의 남편 윌리엄을 찾아 태반이 아직도 나오지 않았다는 충격적인 소식을 전했다. 윌리엄은 급히 도움을 청해야 했다. 의사는 1시간이 지나기 전에 도착했고, 태반이 자궁 속에 부착되어 있음을 발견하고는 곧바로 수술을 시작했다.

그러나 태반은 부분적으로만 제거되었고 수술은 다음 날 아침이 되어서야 겨우 끝났다. 메리는 심한 출혈로 고통받았고, 거의 기절한 상태로 밤을 보냈다. 그렇지만 윌리엄의 아내는 젖 먹던 힘까지 짜내어 "어젯밤에는 거의 죽기 직전이었지만 당신을 떠날 팔자는 아니었나 봐요."라고 가벼운 농담을 건넸다. 그리고 그녀는 살며시 미소를 지으면서 "육체적 고통이 무엇인지 예전에는 미처 몰랐어요"라고 덧붙였다.

메리는 고비를 넘겼지만, 이는 단지 시작일 뿐이었다. 며칠 뒤, 윌리엄과 가족들은 그녀의 회복을 기도하면서 지켜보았다. 메리는 갑작스럽게 심한 발작과 경련을 일으키며 의식을 잃었는데 그때 몸의 모든 근육이 떨리고, 치아는 따닥따닥 요란한 소리를 내며 부딪쳤으며, 그녀가 누워 있던 침대는 흔들렸다. 이 증상은 비록 5분 정도 지속될 뿐이었지만 메리는 이 경험이 생사를 넘나드는 싸움이라고 느꼈으며, 나중에 윌리엄에게 "두 번 이상 죽음의 일보직전까지 갔었어요"라고 말했다.

메리는 극한의 고통 속에서도 가족들에게 그녀가 회복될 것이라는 희망을 안겨 주었다. 그러나 며칠 뒤 메리의 상태는 다시 악화되었고 고열과 비정상적으로 빠른 맥박, 복통 등의 증상을 보였다. 윌리엄이 희망의 끈을 놓은 출산 후 8일째 아침, 수술의는 그를 깨워 반가운 소식을 전했다. 메리가 나아지고 있다는 것이었다.

그렇다면 과연 메리는 세 번째 위기에서 살아남았을까? 다행히도 그 뒤 이틀 동안 오한과 다른 증상들이 기적적으로 멈췄다. 수술의는 메리가 살아난 것 자체가 기적에 가까우며 모든 희망을 포기할 정도로 어려운 상황이었다고 말했다. 기적처럼 메리의 증상은 멈췄지만 윌리엄은 희망을 가졌다 놓기를 반복했고, 결국 윌리엄의 예감은 적중했다. 딸을 출산하고 열한 번째 날을 맞이한 아침, 메리는 결국 산욕열로 사망했다.

영국 작가 메리 울스턴크래프트(Mary Wollstonecraft, 1759~1797)가 불과 38세의 나이로 1797년 늦은 여름 어느 아침에 사망했을 때 세계는 뛰어난 철학자이자 교육가이며 페미니스트를 잃었다. 그녀는 19세기와 20세기에 걸쳐 여성 권리 운동의 기초를 다진 일련의 작품 활동을 했으며 여성의 참정권과 남녀의 동등한 교육권을 주장한 최초의 여성이라는 이름과 함께 기념할 만한 선물을 남겼다. 태어나자마자 엄마를 잃는 시련을 견뎌낸 메리의 딸은 자신의 어머니를 추모하는 의미에서 메리라는 이름을 잇게 되는데, 그녀가 바로 1818년 19세의 나이로 그 유명한 소설 《프랑켄슈타인Frankenstein》을 쓴 메리 울스턴크래프트 셸리(Mary Wollstonecraft Shelly, 1797~1851)다.

메리 울스턴크래프트의 죽음은 1800년대 당시에는 빈번하게 발생했고 대부분의 의사들이 오인하고 있었던 질병의 비극을 잘 보여준다. 비록 오늘날에는 희귀한 병이 되었지만 산욕열 또는 분만열이라고 불리는 이 병은 막 출산한 산모가 사망하는 가장 흔한 원인이었다. 메리 울스턴크래프트의 경우처럼 산욕열은 대개 출산 직후 갑작스럽게 발생하는데 처음에는 매우 강렬한 발작이 일어나고, 맥박이 1분에 160회 이상을 뛰며, 고열 증상이 나타난다. 살짝 만지거나 침대 시트 정도의 무게에도 고통으로 울부짖을 만큼 하복부의 통증이 매우 심하다. 1848년 어느 산부인과 의사는 학생들에게 "내가 본 몇몇 여성은 고통을 만들어낸 엄청난 힘에 한껏 짓눌려 있었다."라고 말했다. 그리고 잔인하게도 고통의 나날이 얼마간 이어진 뒤 갑작스럽게 증상이 멈춘다. 하지만 가족들이 안도하는 그 순간, 경험 있는 의사들은 이것이 불길한 전조가 될 것임을 예감한다. 증상이 갑작스럽게 사라진다는 것은 질병이 이미 많이 진전되어 죽음이 임박했기 때문이라는 것을 알기 때문이다.

산욕열은 의학 역사상 중요한 전환점을 이루었다. 1847년 헝가리의 의사 이그나즈 젬멜바이스(Ignaz Semmelweis, 1818~1865)는 산욕열 예방법을 발견했다. 그는 수많은 여성들을 고통스러운 죽음에서 구해냈을 뿐만 아니라 의학 사상 가장 위대한 성과 가운데 하나에 첫걸음을 내디뎠다. 미생물 이론의 발견이 그것이다.

보이지 않는 '진기한 것'이 결국 의학의 세계를 바꾸었다

박테리아와 바이러스, 그리고 그 밖의 몇 가지 미생물이 질병을 일으킨다는 '미생물 병인론'은 오늘날에는 당연한 정설로 받아들여지고 있다. 그러나 1800년대 후반까지만 해도 미생물이 질병을 일으킨다는 생각은 매우 새롭고 기이한 것이었다. 대부분의 의사들은 사고가 크게 전환되거나 미아즈마 이론과 같은 기존 이론이 마지못해 꺾이지 않는 이상 새로운 발견을 받아들이지 않았다. 사실 19세기의 이론적 경쟁은 오늘날까지 '병원체germ'라는 단어에 그 흔적이 남아 있다. 1800년대 초 현미경이 특수한 세균을 발견해낼 수 있을 만큼 발달하지 않았던 시절, 과학자들은 보이지 않고 알려지지 않은 미생물을 병원체라 불렀고, 이것이 질병을 일으킬 수 있다고 생각했다. 오늘날에는 병원체가 실제로는 박테리아, 바이러스, 그 밖의 미생물이라 알려져 있지만 대부분의 사람들은 여전히 질병을 일으키는 미생물을 통칭해 병원체라고 부르고 있다.

19세기 말 '미생물 병인론'이 입증되자 바뀐 것은 의료 행위만이 아니었다. 보이지 않는 세계에 대한 사람들의 관점 자체가 바뀌었다. 2000년 〈라이프Life〉가 지난 천 년간 가장 중요한 발견 가운데 미생물 병인론을 여섯 번째로 꼽으면서 이의 중요성이 다시 한 번 알려졌다.

미생물 병인론에 대한 초기의 거부감은 우리가 사는 세계가 보이지 않는 수많은 작은 생명체로 둘러싸여 있다는 사실을 믿지 못한 데 있었던 것이 아니었다. 미생물의 존재는 이미 두 세기 전부터 알려져 있었다. 중요한 진전은 1676년 네덜란드의 렌즈 수리공인 안토니 반 레우벤후크(Antonie van Leeuwenhoek, 1632~1723)가 엉성한 현미경으로 박테리아를 최초로 발견하면서 이루어졌다. 그 해 4월 레우벤후크는 놀라움에 가득 차 '무수한 작은 미세동물체, 매우 작은 것들… 작은 모래 입자도 채우지 못하는 1만 개의 살아 있는 생명체'를 발견했다고 보고했다.

그러나 그런 발견이 있었던 뒤에도 두 세기 동안 이 보이지 않는 진기한 존재가 질병을 일으킨다고 생각한 과학자는 별로 없었다. 1800년대 들어 증거가 축적되고 이그나즈 젬멜바이스, 루이 파스퇴르(Louis Pasteur, 1822~1895), 조셉 리스터(Joseph Lister, 1827~1912), 로베르트 코흐(Robert Koch, 1843~1910) 등 네 명의 중요한 인물들이 일구어낸 역사적 진전 덕분에 마침내 미생물 병인론은 증명되었다. 역사적 이정표의 첫 단계는 산욕열의 무서운 미스터리를 둘러싸고 이루어졌다. 산욕열은 단지 메리 울스턴크래프트뿐만 아니라 18세기와 19세기에 걸쳐 50만 명에 이르는 여성들의 목숨을 앗아갔던 것이다.

이정표 1

비극적인 친구의 죽음, 그리고 얻어낸 빛나는 통찰

1846년, 이그나즈 젬멜바이스는 오스트리아의 빈Wien 종합병원 산과에서 일을 시작했다. 겨우 28세의 젊은이에게 그것은 참 좋은 기회였는데, 빈 종합병원은 유럽에서 가장 큰 병원 가운데 하나로 당시 유럽 의학의 정점에 있던 빈 의과대학의 부속 병원이었기 때문이다. 때마침 산과가 확장되어 두 개의 병동으로 분리되었고, 각각 1년에 3,500건의 분만을 기록할 정도로 명성을 날리고 있었다. 물론 심각한 문제도 뒤따랐다. 산욕열의 증가로 신음하는 것이 그것이었다. 1820년대 산모 사망률은 채 1%가 되지 않았지만 1841년에는 거의 20배 가까이 증가했다. 만약 당신이 1841년에 빈 종합병원으로 출산하러 갔다면 당신의 사망률은 6분의 1이나 되었을 것이다.

1846년 말 젬멜바이스는 인턴으로 첫해를 마치면서 그 해에만 406명의 여성이 산욕열로 사망하는 모습을 보았다. 높은 사망률에 대한 수많은 가설이 제기되었지만 우스운 추론이거나 문제 해결에 오히려 해로운 것이었다. 예를 들면 사망의 원인이 여성의 정숙이라는 가설(병원에서 출산을 도운 의사는 모두 남성이었다)도 있었고 사제가 종을 울리기 때문이라는 가설(어떤 의사들은 산모 사망 후 병동을 지나가는 사제들의 행진이 두려움을 불러일으켜 다시 병을 발생시킨다고 생각했다)도 있었다. 과도한 인구 밀집이나 나쁜 공기, 식사 문제 등의 다른 가설들도 증거에 맞지 않았다.

젬멜바이스는 고심한 끝에 대부분의 가설을 배제했다. 그는 두 개 병동 사이의 사망률을 비교하는 통계 조사를 수행한 뒤 무시할 수 없는 사실을 발견해냈다. 산과가 두 개의 병동으로 분리된 뒤 5년간 제1병동에서는 의사들이 분만을 도왔는데, 산파들이 분만을 도운 제2병동보다 산모 사망률이 3~5배나 높았다. 그러나 그는 아직 분명한 이유를 찾아내지 못했다. 나중에 젬멜바이스가 썼듯이 제2병동에 근무하는 산파들이 제1병동의 의사들보다 더 숙련되고 성실한 것은 아니었다.

다른 조사는 연구를 더욱 혼란스럽게 만들었다. 예를 들어 집이나 길가에서 분만한 산모의 사망률은 실제로 더 낮았다. 젬멜바이스는 "모든 것이 의문투성이고, 설명 불가능하며, 의아스럽다. 오직 높은 사망 숫자만이 의심할 여지없는 진실이다."라고 했다.

그리고 중요한 진전은 1847년 봄, 젬멜바이스의 개인적인 비극과 함께 찾아왔다. 3주 동안의 휴가를 보내고 병원으로 돌아온 그는 절친한 친구인 야콥 콜레슈카Jakob Kolletshka 교수가 사망했다는 비통한 소식을 듣게 된다. 엄청난 슬픔이 젬멜바이스를 덮쳤고, 그는 친구의 사망 원인을 밝히고 싶어 했다. 그는 산욕열로 사망한 여성을 부검할 때 콜레슈카 교수가 한 의과대학생의 수술칼에 손가락을 찔렸었다는 사실을 알게 되었다. 상처 부위에서 시작된 염증은 곧 콜레슈카의 몸 전체로 퍼졌다. 젬멜바이스는 부검을 통해 콜레슈카의 몸에 퍼진 염증과 그가 보아 왔던 산욕열을 앓은 산모들의 염증이 비슷하다는 점에 놀랐다. "나는 콜레슈카가 앓던 병의 모습에 밤낮 사로잡혀 있었다."라고 젬멜바이스는 썼다. 실제로 콜레슈카를 죽음으로 몰고 간 질병은 산모들을 사망하게 만든 질병과 동일했다.

이 발견은 명료한 것은 아니었지만 그 의미는 놀라웠다. 당시까지만 해도 산욕열은 정의 그대로 여성들만 걸리는 질병이었다. 이것이 남성에게도 생길 수 있으며 사망 원인이 될 수 있다는 가능성, 특히 산욕열로 사망한 환자를 부검하는 중에 얻은 상처로 감염될 수 있다는 가능성은 젬멜바이스로 하여금 놀라운 결론에 이르게 했다. 그는 "만약 콜레슈카의 질병이 많은 산모들을 죽게 한 질병과 동일한 것이라면 그 질병은 콜레슈카와 같은 원인에서 비롯된 것이라는 점을 인정할 수밖에 없다."라고 썼다.

비록 젬멜바이스는 원인이 무엇인지 밝혀내진 못했지만(그는 보이지 않는 범인을 '시체 입자'라고 불렀다) 큰 미스터리에 한 발짝 다가섰다. 만약 산욕열이 사람에서 사람으로 '입자'를 통해 전파될 수 있다면, 제1병동의 높은 사망률을 설명할 수 있었다. 제2병동에서 분만을 돕던 산파들과 달리 제1병동의 의사들은 산욕열로 사망한 여성의 부검을 하고는 바로 병동으로 가 출산 중인 여성의 검진을 수행했기 때문이었다. 미스터리에 대한 해답이 번갯불처럼 스쳐 지나갔다. 다름 아닌 의사들이 산모들에게 감염성 물질을 옮김으로써 제1병동에서 높은 사망률이 나타난 것이었다.

"시체 입자가 환자의 순환계에 침입한다. 이 경로로 콜레슈카에게서 발견된 질병과 같은 질병이 산모에게 옮겨진다."

그 후 의사들은 부검 뒤에 손을 씻었지만 젬멜바이스는 비누와 물만으로는 충분치 않다는 사실을 깨달았다. 그리고 그는 새로운 고지에 도달하게 된다.

이정표 2

단순한 해결책 손을 씻어서 생명을 구하라

1847년 5월 중순 친구 콜레슈카가 사망한 직후 젬멜바이스는 제1병동에서 새로운 의술을 천명한다. 그는 모든 의사들에게 부검을 한 뒤에는 반드시 염소액에 손을 씻고 산모를 진찰하라고 했다. 새로운 조치는 1년도 되지 않아 놀랄 만한 결과를 가져왔다. 손을 씻기 전 제1병동의 사망률은 12%에 달했고 제2병동은 3%에 불과했지만 손을 씻기 시작한 지 1년 뒤 제1병동의 사망률은 1.27%, 제2병동은 1.33%가 되었다. 몇 해 만에 처음으로 제1병동의 사망률이 제2병동보다 낮아진 것이다.

그러나 젬멜바이스의 발견에 대한 반응은 의학계가 미생물 병인론을 향한 작은 진전조차 받아들이기 힘들어한다는 점을 잘 보여주었다. 몇몇 동료는 젬멜바이스의 발견을 지지했지만, 보수적인 교수들은 그의 생각을 즉각 거부했다. 그의 이론은 당시 대부분의 의사들이 산욕열 같은 질병에 대해 생각하고 있는 것과 달랐기 때문이다. 의사들은 질병이 미아즈마 같은 증기나 감정적 문제에 의해 생긴다고 생각했지 어떤 입자 때문에 발생한다고는 생각하지 않았다. 더욱이 많은 의사들은 자신들이 질병을 퍼트리는 불결한 운반자라는 젬멜바이스의 말에 분개했다. 슬프게도 젬멜바이스의 주장은 거의 받아들여지지 않았다. 더욱이 안타까운 점은 그가 자신의 발견을 알리기 위한 노력을 거의 하지 않았다는 점이다. 1861년 젬멜바이스는 산욕열의 원인과 예방에 관한 책을 출간했지만 매우 산만하고 군더더기가 많아 학계에 거의 영향을 끼치지 못했다.

이때부터 젬멜바이스의 삶은 비극적으로 흘러 그는 아마도 알츠하이머병으로 의심되는 심각한 뇌질환을 앓게 되었다. 발병 초기에 그는 자신과 다른 의사들이 산욕열을 전파시킨 데 대한 죄책감을 보였다.

"나로 인해 얼마나 많은 환자가 더 일찍 사망했는지 오직 하느님만이 아실 것이다. 다른 의사들에게 이러한 사실을 말하는 것은 모든 관련자들에게 진실을 알리고 그것을 인식하게 하려고 했기 때문이다."

그러나 정신 상태가 악화되면서 젬멜바이스의 기품은 사라졌고 자신의 이론에 반대한 사람들에게 악의에 찬 편지를 보내기 시작했다. 그 중 한 의사에게는 이렇게 편지를 썼다고 한다.

"호프라트Hofrath 씨, 당신의 교육은 무지로 인해 살육당한 여성의 시신 위에 이루어진 것입니다. 만약 당신이 학생들과 산파들에게 산욕열이 보통 질병이라고 계속 가르친다면 나는 하느님과 세상 앞에서 당신이 살인범이라고 선포할 것입니다."

마침내 젬멜바이스는 정신병원에 갇혔고 얼마 뒤 사망했다. 아이로니컬하게도 몇몇은 젬멜바이스의 마지막 신랄한 공격이 세 번째 이정표를 세웠다고도 주장한다. 몇 년 뒤 미생물 병인론을 뒷받침할 만한 다른 근거들이 축적되자 젬멜바이스의 독설적인 편지들도 사람들을 각성시키는 데 도움이 되었다는 것이다.

15년 뒤 이들 '시체 입자'가 연쇄구균streptococci bacteria으로 밝혀졌는데, 이그나즈 젬멜바이스의 통찰은 미생물 병인론의 발전에서 핵심적인 첫 단계로 이해되고 있다. 병의 원인이 되는 미생물에 대한 이해는 없었지만 젬멜바이스는 질병이 한 가지 필수적 원인을 가질 수 있음을 증명했다. 많은 의사들이 여러 원인으로 질병이 생길 수 있다고 믿던 당시에 젬멜바이스는 한 가지 특정 원인, 즉 시체 입자 중에 있는 어떤 것이 산욕열 발생에 필수적이라는 걸 보여줬다.

그러나 이는 단지 첫 단추였다. 그 후 의학이 새로운 이정표에 다가가기 위해서는 루이 파스퇴르의 작업이 필요했다. 그 작업이란 특정 입자들(미생물)과 그것들이 살아 있는 생물에 미치는 영향을 연결 짓는 것이었다.

이정표 3

발효에서 저온 살균까지 미생물 병인론germ theory의 발아germination

모두가 잘 알고 있듯이 쥐나 전갈은 무생물체에서 자연발생적으로 만들어지는 것이 아니다. 그러나 17세기의 연금술사이자 의사였던 장 밥티스트 반 헬몬트(Jean-Baptiste van Helmont, 1579~1644)는 쥐를 만들기 위해 다음과 같은 처방을 고안해냈다.

"더러운 옷과 함께 밀로 가득 찬 항아리의 마개를 열어라. 21일 뒤 더러운 옷은 밀에서 나온 악취와 결합해 발효되기 시작할 것이며, 이들 곡물은 쥐로 변할 것이다. 작고 미약한 것이 아니라 원기 왕성한 쥐로."

헬몬트에 따르면 전갈 만들기는 더욱 쉽다.

"벽돌에 톱니를 새기고 여기에 부서진 나륵풀을 채운 뒤 다른 벽돌로 덮어 두어라. 두 개의 벽돌을 태양 아래 두면 며칠 안에 나륵풀에서 연기가 피어올라 발효될 것이며, 그러면 식물성 물질에서 실제 전갈이 만들어질 것이다."

다행히도 현재 우리처럼 1800년대 중반의 과학자들도 이러한 자연발생설, 즉 생명체가 무생물로부터 발생할 수 있다는 주장을 대부분 비웃었다. 그러나 이 비웃음은 예상보다 일찍 잦아들었다. 왜냐하면 1850년대 말 누구도 자연발생을 통해 벌레나 동물이 생겨난다고 진지하게 믿지는 않았지만 강력해진 현미경 덕분에 몇몇 과학자들이 작은 생명체, 즉 미생물의 근원에 대해 다시 생각하기 시작했기 때문이다. 이 작은 생명체는 이 문장 끝의 마침표에 적어도 5천 개가 들어갈 수 있을 만큼 매우 작다.

그럼에도 불구하고 두 가지 성가신 문제가 남아 있었다. 첫 번째는 어디서부터 이들 미세 생명체가 오느냐는 것이고, 두 번째는 이것들이 '현실' 세계의 식물, 동물, 그리고 사람과 어떤 관련성을 갖는가 하는 것이었다.

1858년, 프랑스의 유명한 생물학자 펠릭스 푸쉐(Felix Pouchet, 1800~1872)는 첫 번째 질문에 대해 자연발생이라는 미심쩍은 개념을 재등장시키면서 자연발생이 어떻게 미생물을 세상에 내보내는지를 의심할 여지없이 보여주었다고 주장했다.

그러나 이미 화학과 발효에 대한 업적으로 존경받고 있던 프랑스 화학자 루이 파스퇴르는 이를 믿지 않고, 기발한 일련의 실험들을 통해 자연발생설을 영원히 무덤에 가두었다. 파스퇴르의 고전적 실험은 오늘날에도 대부분 생물학 시간에 배우고 있지만 이는 그가 25년 동안 이룬 업적의 일부에 지나지 않는다. 25년 동안 파스퇴르는 두 가지 중요한 질문에 해답을 안겨주었을 뿐 아니라(세균은 다른 세균으로부터 발생하고 실생활과 관련이 매우 높다는 것) 미생물 병인론의 개념을 의심의 여지없는 진실로 발전시켰다.

효모 요리하기 매우 작은 생물체가 새로운 미생물 병인론을 탄생시키다

오늘날 많은 사람들이 효모는 가루 같은 물질로 포도주와 맥주에 알코올의 특성을 주고 빵과 머핀을 뜨거운 오븐에서 부풀 수 있게 해 준다고 생각한다. 또 어떤 사람들은 이미 효모가 단세포로 된 미생물이며 작은 싹을 내면서 번식한다는 사실도 알고 있다. 그러나 우리는 이런 간단한 사실에 대해 감사해야 한다. 왜냐하면 이것들은 1800년대 초 몇

해에 걸친 격렬한 논쟁과 공방, 실험 결과로 알게 된 사실이기 때문이다. 과학자들은 마침내 효모가 살아 있는 생물체라는 점을 인정했지만 이것은 효모가 실제로 발효를 일으키는지에 대한 다음 단계 논쟁의 전초전에 불과했다.

효모는 초기 미생물학의 이름 없는 영웅으로, 과학적으로 연구된 최초의 미생물 가운데 하나였다. 왜냐하면 효모는 박테리아보다 상대적으로 컸기 때문이다. 그러나 오늘날 종종 잊어버리는 또 다른 중요한 사실은 효모가 영웅 역할을 했다는 점이다. 루이 파스퇴르라는 다재다능한 과학자의 연구 덕택에 효모는 미생물 병인론 발전에서 핵심적 역할을 담당했다.

출발은 그리 신통하지 않았다. 1854년 루이 파스퇴르는 프랑스 북부에 위치한 릴Lille 시의 대학에서 화학 교수이자 학장으로 일하고 있었다. 그는 효모나 알코올음료 따위에는 별로 관심이 없었다. 그러나 한 학생의 아버지가 홍당무를 증류할 때 생기는 발효 문제를 조사해줄 수 있는지 물었을 때 파스퇴르는 그러겠노라고 대답했다. 현미경으로 술의 발효를 조사하면서 파스퇴르는 중요한 발견을 하게 된다. 발효된 즙 속에 있는 싱싱한 소구체들이 처음에는 둥근 모양이었다가 젖산화, 즉 발효가 시작되면서 길쭉한 막대기 모양으로 변하는 사실을 발견한 것이다. 파스퇴르는 연구를 계속해 1860년에 처음으로 효모가 알코올 발효의 실제 원인임을 입증했다. 이 발견으로 파스퇴르는 발효의 '미생물 이론'을 정립하게 되었다. 이것은 패러다임의 변화였다. 미세한 형태의 생명체, 즉 미생물이 발효를 통해 전체 알코올음료 산업에 커다란 영향을 미칠 수 있다는 점을 밝혔기 때문이다.

그 뒤 몇 해 동안 파스퇴르는 발효에 관한 자신의 미생물 이론을 포도주와 맥주의 질병으로 확장시키고, 알코올음료가 상하는 것은 다른 종류의 미생물체가 젖산을 생성하기 때문이라는 사실을 밝히는 데 성공했다. 더불어 질병 퇴치 방법을 고안해 냈는데, 알코올음료를 섭씨 50~60도로 가열함으로써 미생물체를 죽이고 부패 또한 막을 수 있다는 것이었다. 이 부분 살균 개념은 오늘날에도 널리 쓰이고 있으며, 모든 음식과 음료수의 포장 처리에서 찾아볼 수 있다. 파스퇴르의 이름을 딴 저온 살균법pasteurization이 그것이다.

포도주 발효와 질병에 관한 파스퇴르의 연구는 그 의미 덕분에 미생물 병인론에서 중요한 이정표가 되었다. 1860년대 초 그는 미생물체가 다른 생명체에게도 동일한 영향을 갖는지에 대해 고심했다.

"맥주와 포도주가 중요한 변화를 겪는 것은 이들 음료가 미생물에 서식처를 제공하기 때문이다. 그렇다면 같은 종류의 현상이 인간이나 동물에게도 일어나지 않으리라는 법이 있을까?"

이정표 4

자연발생설, 드디어 마침표를 찍다

파스퇴르가 발효를 연구하는 동안 프랑스 생물학자 펠릭스 푸쉐는 자연발생을 증명했다고 선언함으로써 과학계에 새로운 논쟁과 흥분을 불러일으켰다. 특히 푸쉐는 부모 세균이 전혀 없는 멸균 환경 속에서 실험을 통해 미생물을 창조해 냈다고 선포했다. 많은 과학자들이 이 주장을 그저 무시하는 동안 파스퇴르는 발효에 대한 자신의 연구 결과와 천재적인 실험 설계 능력을 활용하여 푸쉐에 대항하고 반증하고자 했다. 당시 많은 사람들이 반증이나 입증이 성공할 수 없다고 믿었다. 하지만 파스퇴르는 고전적 실험에서 이미 너무나 흔해서 마치 공기처럼 존재조차 잊고 있던 아주 사소한 것에 집중하여 푸쉐의 연구의 결점을 밝혔다. '먼지.'

파스퇴르는 자신의 기념비적 실험을 설명하는 강의에서 이렇게 언급했다.

"먼지는 모두에게 친숙한 집안의 적이다. 이 방의 공기는 티끌만한 먼지들로 가득 차 있어 어떤 때는 티푸스, 콜레라, 황열, 그 밖의 여러 가지 형태로 질병과 죽음을 가져다주기도 한다."

파스퇴르는 푸쉐가 자연발생을 통해 만들어냈다고 주장하는 세균이 실제로는 먼지로 가득 찬 방과 잘못된 실험 기술의 결합으로 만들어졌음을 설명했다. 주장을 입증하기 위해 파스퇴르는 영양액을 두 개의 유리 플라스크에 담는 간단한 실험 방법에 대해 설명했다. 수직의 곧은 병목을 가진 플라스크 하나는 주변 공기와 먼지에 노출되어 있었다. 또 하나의 플라스크는 길고 휘어진 수평의 병목을 가졌는데 공기는 들어올 수 있지만 먼지는 들어올 수 없었다. 파스퇴르는 두 개의 플라스크에 들어 있는 액체를 끓여 이미 있던 세균을 모두 죽이고는 두 개를 모두 실험실 한 구석에 놓아두었다. 그리고 며칠 뒤 플라스크를 확인한 결과 첫 번째 플라스크에는 먼지에 의해 운반된 세균과 곰팡이가 자라고 있었지만 긴 병목이 세균을 가진 먼지의 출입과 오염을 막은 두 번째 플라스크에서는 세균이 자라지 않고 있었다.

파스퇴르는 두 번째 플라스크에 대해 다음과 같이 설명했다.

"영양액은 완전히 순수한 형태로 남아 있다. 단지 이틀이 아니라 사흘, 나흘 아니 한 달, 일 년, 그리고 삼사 년이 지나도 변하지 않은 채 그대로 남아 있을 것이다!"

다른 과학자들이 몇 해에 걸쳐 비슷한 실험을 했는데도 비슷한 결과가 나왔고, 파스퇴르는 더욱 자신만만하게 주장할 수 있었다.

"자연발생설은 이 실험으로 인한 치명타를 절대 회복할 수 없을 것이다."

그리고 1861년, 파스퇴르는 93쪽에 걸친 자신의 연구를 설명한 소책자를 출간했다. 이는 오늘날에도 자연발생설에 대한 마지막 결정타로 여겨지고 있다. 또 한 가지 중요한 것은 그 연구가 다음 이정표의 발판이 되었다는 사실이다. 당시 파스퇴르는 "질병의 원인이라는 심각한 주제를 밝힐 만큼 이들 연구가 충분히 수행될 수 있다면 매우 희망적일 것이다."라고 적었다.

이정표 5

핵심적 연결 고리 벌레, 동물, 그리고 인간 세계 속의 미생물들

그 뒤 20년 동안 파스퇴르의 연구는 놀랄 만큼 드라마틱하게 변화하며 발전한다. 그의 연구는 건강과 의학에 지대한 영향을 미쳤을 뿐만 아니라 미생물 이론의 다음 이정표를 정립했다. 이 연구는 1860년대 중반에 시작했는데, 당시 서유럽은 제대로 밝혀지지 않은 질병으로 인해 비단누에 산업에 극심한 손해를 입고 있었다. 어느 화학자 친구가 그에게 이 유행병을 조사할 수 있을지 물었을 때 파스퇴르는 자신은 누에에 대해 아는 바가 없다며 꺼렸다. 하지만 곧 주제에 흥미가 생긴 파스퇴르는 누에의 생애사를 공부하기 시작했고, 건강한 누에와 병든 누에를 현미경으로 관찰했다. 5년 동안 그는 그 질병의 특성을 밝혀내고 농민들에게 그 병을 어떻게 예방하는지를 보여주며 비단 산업이 다시 번

성할 수 있도록 복구해 놓았다. 그러나 누에 산업에 파스퇴르가 얼마나 큰 역할을 했는지를 떠나서 이 연구를 통해 파스퇴르는 아직 제대로 알려지지 않은 복잡한 감염성 질병의 세계에 발을 들여놓게 된다. 그는 좀 더 거대한 미생물 이론의 성립에 한 발짝 더 다가서게 된 것이다.

1870년대와 1880년대를 거치면서 파스퇴르는 자신의 연구를 동물의 감염성 질병으로 확장시켰으며, 미생물 이론에 이바지할 몇 가지 핵심적인 발견을 하게 된다. 1877년 그는 탄저병을 연구하기 시작했는데, 당시 프랑스 내 약 20%의 양이 탄저병으로 죽었다. 다른 과학자들이 탄저병에 걸려 죽은 동물들의 혈액에서 막대 모양의 미생물체를 발견하는 동안 파스퇴르는 자신만의 연구를 수행했다. 그리고 1881년, 그는 백신을 만들어 양에게 탄저병이 발생하는 것을 막는 데 성공했다고 발표하여 세상을 술렁이게 했다. 이것은 백신 발전에 중요한 이정표가 되었으며, 미생물 이론이 진실이고 또 그것이 동물의 질병과 관련 있다는 새로운 증거가 되었다.

하지만 파스퇴르는 자신의 연구를 면역 분야에만 국한하지 않았다. 그는 곧 광견병에 대한 백신 개발 실험에 착수했다. 당시만 해도 광견병은 오늘날에 비해 훨씬 흔했고, 감염 결과는 항상 치명적이었다. 바이러스는 당시의 현미경으로 발견하기에는 너무 작았기에 비록 광견병을 일으키는 미생물을 분리해내거나 밝히지는 못했지만 그는 어떤 종류의 세균일 것이라고 확신했다. 수많은 실험을 거듭하면서 마침내 파스퇴르는 백신을 만들어냈고 그것으로 동물 실험을 했다. 그리고 1885년, 위험한 시도 끝에 그는 그 백신으로 광견병에 걸린 개에게 물린 소년의 생명을 성공적으로 구해낸다. 이런 빛나는 성취에 힘입어 파스퇴르의 백신은 미생물 이론을 최대로 확장시켰고, 미생물과 인간 질병과의 관련성을 보여주기에 이른다.

생애 막바지에 이르렀을 때 파스퇴르는 프랑스 국내에서뿐만 아니라 국제적으로도 영웅이 되었다. 그는 다양한 산업을 도왔을 뿐 아니라 미생물 이론의 중요하고도 광범위한 의미가 있는 이정표를 세운 화학자가 되었다. 이러한 성취에도 불구하고 미생물 이론 개념을 완전히 입증하기 위한 파스퇴르의 노력은 멈추지 않았다. 이를 위해서는 파스퇴르의 연구에서 직접 영향을 받은 한 영국 외과 의사가 1865년에 이룩한 주요한 발전을 포함하여 몇 가지 이정표가 더 필요했다.

이정표 6

인명 구조를 위한 소독 조셉 리스터와 근대 외과

1860년 조셉 리스터가 글래스고 대학의 외과 교수가 되었을 무렵, 운좋게 수술에서 살아남더라도 환자들은 다른 것을 두려워해야 했다. 수술 후 감염은 언제든지 나타날 수 있는 위험이었고, 실제로 몇 가지 수술 후의 사망률은 무려 66%에 달했다. 당시 어느 의사는 다음과 같이 기록했다.

"우리 병원 수술대 위에 놓인 환자는 워털루 전장의 영국 군인보다 죽음에 노출된 확률이 더 높다."

불행히도 이 문제를 해결하기 위한 노력은 당시 수술 후 감염에서 보이는 부패가 세균에 의한 것이 아니라 산소에 의한 것이라는 잘못된 신념 때문에 좌절되었다. 당시 많은 의사들은 상처가 곪는 것은 주위 공기 속의 산소가 손상된 조직을 분해하여 고름으로 변화시키기 때문이라고 생각했다. 그리고 공기 중의 산소가 상처 부위로 들어가는 것을 막을 수 없기 때문에 감염을 방지하는 것 역시 불가능하다고 믿었다.

리스터도 이러한 설명을 믿고 있었지만 파스퇴르의 저서와 논문을 읽고 난 뒤 자신의 믿음을 바꾸기 시작했다. 파스퇴르의 두 가지 아이디어가 리스터에게 영감을 주었다. 유기체의 발효가 살아 있는 미생물에 의한 것이라는 개념과 미생물은 자연적으로 발생하는 것이 아니라 오직 미생물에 의해서만 번식한다는 개념이 특히 중요했다. 이러한 개념에 입각해 리스터는 감염을 방지하기 위해서는 상처 부위에 유입되는 산소가 아니라 미생물에 더 세심한 주의를 기울이는 편이 옳을 수 있다고 생각하게 된다. 리스터는 "만약 인체 조직에는 심각한 해를 끼치지 않으면서 미생물을 죽이는 것으로 이미 입증된 물질로 상처를 처리할 수 있다면 공기가 상처 부위로 마음대로 드나들더라도 부패를 방지할 수 있을 것이다."라고 썼다.

몇몇 화학물질로 실험을 해본 뒤 리스터는 1865년 8월 12일 마차에 치여 왼쪽 다리에 복합골절을 입은 11세 소년에게 처음으로 석탄산을 사용하게 되는데 이로써 리스터는 새로운 이정표를 세우게 된다.

"석탄산은 미생물체에 특히 파괴적인 작용을 하는 것으로 여겨지는 물질로, 현재까지 우리가 찾아낸 가장 강력한 소독제다."

당시 복합골절은 매우 높은 감염률을 보였고, 종종 골절 부위를 절단해야 했다. 리스터는 소년의 다리에 부목을 댄 뒤 6주 동안 주기적으로 상처 부위에 석탄산을 주입했다. 기쁘게도 상처는 감염 없이 완전히 치유되었다. 그 뒤 리스터는 농양을 치료하거나 절단을 할 때에 석탄산을 사용했다. 나중에 그는 수술 중 절개한 부위의 감염을 방지하기 위해 석탄산을 사용했으며, 수술 도구나 수술 팀의 손도 석탄산으로 소독했다.

1867년 리스터는 자신의 발견을 책으로 출간했다. 하지만 10년이 지난 1877년 말에도 여전히 런던의 외과의들은 리스터의 연구를 믿으려 하지 않았다. 그럼에도 불구하고 그의 소독 기술은 마침내 받아들여져 리스터는 오늘날 '소독의 아버지', 나아가 '근대 외과의 아버지'로 불리게 되었다. 방부 용액은 그의 이름을 따서 리스테린Listerine이라고 불리고 있으며, 어느 미생물학자는 자신이 발견한 박테리아를 리스테리아Listeria라고 명명함으로써 리스터의 이름을 기렸다.

1874년 리스터는 파스퇴르에게 편지를 보내 소독법 발견에 관해 감사의 마음을 전했는데, 파스퇴르의 개념을 활용한 리스터의 방법은 의심할 여지없이 수많은 생명을 구했다. 또 한 가지 중요한 점은 세균이 감염을 일으키는 데 핵심적 역할을 하지만 그것은 소독을 통해 제거할 수 있다는 리스터의 발견이 미생물 이론 발전에 핵심적인 구실을 한 것이다.

1840년대부터 1860년대까지 과학자들은 질병 발생에 관한 미생물의 역할을 규명하기 위해 여러 가지 증거들을 수집했다. 그러나 당시까지의 증거들은 대부분 정황적이거나 간접적인 것이었다. 1870년대 초까지도 많은 사람들의 눈에 미생물 이론은 아직 입증되지 않은 상태였다. 그러나 반대자든 옹호자든 한 가지에는 동의했다. 미생물 이론을 확립하기 위해서는 누군가 특정 미생물과 특정 질병 사이의 연결 고리를 찾아내야 한다는 것이었다. 머지않아 젊은 독일인 의사에 의해 이 연결 고리가 드러나게 된다.

이정표 7

한 발짝 더 가까이 로베르트 코흐와 탄저병의 비밀스러운 생애

1873년, 30세의 로베르트 코흐는 독일의 농촌마을에서 의술을 펼치며 바쁜 나날을 보내고 있었다. 당시 그는 많은 어려움에 부닥쳐 있었다. 동료들에게 고립되어 실험실에는 접근조차 할 수 없었으며, 아내가 선물로 준 현미경 말고는 실험 장비 하나 없는 상황이었다. 하지만 그는 탄저병에 관심을 가지고 그 병의 원인이 되는 특정 미생물을 입증하고자 했다. 당시 주로 의심된 병원체는 'Bacillus anthracis'라고 불리는 막대기 모양의 박테리아로, 코흐가 처음으로 이 병원체를 연구한 것은 아니다. 그러나 그때까지 그 누구도 이 병원체가 탄저병의 진짜 원인임을 입증하지는 못했다.

코흐의 초기 연구는 다른 사람들이 발견해낸 사실을 확인하는 것이었다. 탄저병으로 사망한 동물에서 채취한 혈액을 실험용 쥐에 주입하면 그 쥐가 탄저병으로 사망하지만 건강한 동물의 혈액을 주입하면 탄저병은 생기지 않았다. 1874년, 그는 박테리아에 감염된 다른 양들에 노출되어야만 탄저병에 걸리는 것이 사실이라면 왜 몇몇 양은 단지 흙에만 노출되었는데도 탄저병에 걸리는지라는 탄저병을 일으키는 박테리아를 입증하는 데 큰 장애가 되는 미스터리를 탐구하기 시작했다. 수많은 실험과 노력 끝에 코흐는 미스터리를 풀고 미생물과 질병의 세계에 관해 새로운 돌파구를 찾게 된다. 탄저병 병원체는 생애 주기의 어떠한 시기에는 사악하게도 다른 형태로 위장할 수 있었던 것이다. 흙 속에 묻혀 있는 등 불리한 환경에서 그 병원체는 공기나 수분 부족에서도 살아남을 수 있도록 포자胞子를 형성한다. 그리고 흙 속에서 나오거

나 살아 있는 숙주에 들어가는 등 유리한 환경이 마련되면 포자는 치명적인 박테리아로 바뀐다. 이런 이유로 흙 이외에 어떤 것에도 노출되지 않았지만 탄저병에 걸린 양들은 실제로는 탄저병 포자에 노출되었던 것이다.

탄저균Bacillus anthracis의 생애 주기와 탄저병의 원인에 관한 기념비적인 발견으로 코흐는 곧 명성을 얻게 되었다. 코흐가 탄저균이 탄저병의 특정 원인이라는 사실을 확립함으로써 의학계는 미생물 이론 개념을 받아들이는 데 한 발짝 더 다가갔다. 그러나 미생물 이론을 최종적으로 받아들이는 일은 오랫동안 사람들을 감염시켰던 한 가지 질병에 관한 미스터리가 완전히 풀릴 때까지 시간이 조금 더 필요했다. 1800년대 후반, 이 질병은 유럽 대도시의 거의 모든 시민을 감염시켰으며, 이 병으로 인한 사망자가 전체 사망자의 12%에 달할 정도였다. 현재까지도 이 질병은 감염성 질병으로 인한 사망 가운데 가장 흔한 것으로 남아 있으며, 개발도상국에서는 제대로 치료하면 살릴 수 있는 사망자의 26%를 차지하고 있다.

이정표 8

마침내 매듭짓기 결핵의 원인 발견

코흐가 당시 소모성 질병consumption으로 불리던 결핵에 관해 처음 연구를 시작했을 무렵, 이 질병의 경과는 매우 예측하기 어려웠지만 그 증상과 병의 결말은 잘 알려졌었다. 결핵에 걸린 사람은 몇 달 안에 사망할 수도 있고 몇 해 동안 병을 앓으며 살 수도 있었으면 또는 완전히 회복할 수도 있었다. 환자들은 처음 병을 앓기 시작할 때 마른기침, 가슴 통증, 호흡 곤란 등의 증세를 보였다. 병이 진행될수록 기침은 더욱 심해지며 주기적인 발열과 빠른 맥박이 나타나고 안색은 더 창백해졌다. 말기 환자들은 뺨과 눈이 푹 꺼지며 수척해지고 목구멍의 궤양으로 발음은 쉰 속삭임처럼 변한다. 죽음을 피할 수 없게 될 무렵 그것은 '묘지의 기침'으로 바뀌었다. 19세기 동안 프레더릭 쇼팽, 존 키츠, 안톤 체호프, 로버트 루이스 스티븐슨, 그리고 에밀리 브론테 등 수많은 명사들이 결핵으로 사망했다.

비록 드문드문 결핵이 전염성이라는 사실을 시사하는 보고가 있었지만 1800년대 말까지도 많은 의사들은 결핵이 유전병이며 환자의 폐 세포가 쇠약해지면서 발생한다고 생각했다. 그리고 많은 사람들이 다른 외부 요인이 없다면 개인의 정신적·도덕적 타락에 의해 결핵이 발생한다고 믿었다. 1880년대 초, 코흐는 베를린의 제국 보건사무국 미생물학 연구실의 지정 감독관이 된 뒤 당시 통념과는 달리 결핵이 미생물에 의해 발생한다는 사실을 증명해 보이고자 했다.

이것은 쉬운 작업이 아니었다. 연구하는 동안 수많은 새 기술을 개발해내야 했다. 원인이 되는 병원체를 주변 조직과 배양체에서 구분할 수 있도록 염색법을 개발해냄으로써 그는 서서히 자라는 그 미생물을 배양할 수 있게 되었다. 1882년 코흐는 자신의 발견을 세상에 공표했다. 코흐는 성공적으로 미생물을 분리, 배양, 그리고 동물에 주입함으로써 결핵이 특정 미생물, 즉 결핵균Mycobacterium tuberculosis이라는 박테리아에 의해 발생한다는 사실을 발견했다. 그는 막대 모양의 박테리아를 통칭하는 간균bacilli이라는 용어를 사용하면서 다음과 같이 결론 내렸다.

"결핵의 병소에 존재하는 간균은 단지 결핵에 동반하는 것이 아니라 결핵의 원인이다. 이들 간균이 결핵의 진정한 원인이다."

이정표 9

세균이 원인임을 밝히기 위한 가이드라인 코흐의 4가지 가설

코흐가 결핵의 원인균을 발견한 것은 미생물 이론을 마침내 수용하게 만든 기념비적 사건이었다. 그러나 더욱 중요한 점은 그가 사용했던 원칙과 기술들이 결핵과 그 밖의 다른 질병 연구에서 마지막 금자탑이 되었다는 것이다. 과학자들이 어떤 세균이 어떤 질병의 원인이라는 사실을 입증할 때 적용할 수 있는 가이드라인, 즉 '코흐의 가설'이 그것이다. 이 가설은 다음의 질문들에 긍정적인 대답을 할 수 있다면 어떤 세균이 그 질병의 원인임을 주장할 수 있다는 것이다.

- 그 세균은 동일한 형태와 구조를 가진 살아 있는 유기체인가?
- 그 세균은 그 질병의 모든 경우에 발견되는가?
- 그 세균을 그 질병에 걸린 동물의 외부에서 순수한 형태로 분리, 배양할 수 있는가?
- 순수한 형태로 분리, 배양한 그 세균을 다른 동물에 주입했을 때 똑같은 질병이 발생하는가?

결핵의 원인에 관한 발견은 코흐에게 노벨생리의학상을 안겨주었다. 그리고 코흐는 결핵 연구 이후에도 미생물학 분야에서 획기적인 연구들을 계속했다. 1883년 그는 콜레라의 원인균을 (재)발견했고, 1892년 독일 함부르크에서 콜레라 발생을 억제하는 데 도움이 된 공중보건 수단들을 도입했다. 그리고 그가 훈련시킨 많은 학자들이 그가 개발한 미생물학 방법을 이용해 계속 다른 질병들의 원인균을 발견했다. 비록 코흐는 이후 결핵의 치료방법을 발견했다고 잘못 주장했지만 그가 개발

한 추출물인 투베르쿨린은 개량된 형태로 오늘날에도 결핵 진단을 돕는 데 활용되고 있다.

한 세기 뒤의 미생물 이론 놀라움과 교훈은 계속된다

미생물 이론은 19세기 내내 길고도 복잡한 여정을 지나왔다. 여러 이정표를 거치며 점차 미생물 이론을 수용하게 되었지만 '미생물 이론germ theory'이라는 용어는 1870년대까지 '영국의사협회지'를 비롯한 어떤 의학 전문지에서도 찾아볼 수 없었다. 그러나 미생물 이론이 건강에 미친 혜택은 매우 분명해서 다른 주요 요인들이 의술을 변화시켰다는 사실을 간과하게 만든다. 예를 들어 1800년대 말 다수의 젊은 의사들에게 미생물 이론은 새로운 희망의 세계를 열어주었다. 미생물 이론은 변덕스러운 미아즈마 이론과 자연발생설을 대체했고, 치료까지는 아니더라도 모든 질병의 원인이 발견될 수 있음을 제시했다. 이는 환자의 입장에서 볼 때 의사들에게 새로운 권위를 안겨주었다. 최근 〈의학사 저널Journal of the History of Medicine〉에 낸시 토움즈Nancy J. Tomes가 썼듯이 1800년대 말부터 의사들은 "갑자기 감염성 질병을 치료할 수 있게 되어서가 아니라 질병을 더욱 잘 설명하고 예방할 수 있는 것으로 보였기 때문에 더 큰 권위를 인정받기 시작했다."

미생물 이론은 또한 의사 자신의 행동이 환자의 건강에 미치는 영향에 관한 의사들의 인식을 변화시켰다. 1887년 초의 한 에피소드는 새로운 각성을 잘 보여준다. 의학 집담회에서 한 의사는 다른 의사가 손을 씻지 않은 채 감염 환자에게서 분만 중인 산모에게 갔다는 얘기를 듣고 이렇게 화를 냈다.

"나를 놀라게 하는 것은 닥터 베일리의 교육자와 의사로서의 명성이 미생물 이론을 반대하는 데 활용되고 있다는 점입니다. … 나는 이 협회의 다른 멤버들이 베일리 선생의 전철을 밟지 않을 것으로 믿습니다."

실제로 1900년대 말 미생물 이론은 말 그대로 의사의 겉모습을 바꾸었다. 청결의 새로운 상징 중 하나로 젊은 남성 의사들은 선배들이 대부분 길러왔던 턱수염을 더는 기르지 않게 되었다.

오늘날에는 미생물 이론이 보편적으로 받아들여지고 있지만 한편으로는 계속해서 흥분과 염려, 논쟁, 혼란을 불러오고 있다. 긍정적인 측면을 말하자면 미생물로 인한 질병들을 감별, 예방, 치료할 수 있는 능력 덕분에 몇 백만 명의 생명을 구할 수 있게 되었다. 의학 기술의 발전 덕분에 우리는 감기를 일으키는, 너무 작아서 핀 머리에 5억 개나 들어갈 수 있는 라이노바이러스rhinovirus 같은 미생물까지도 관찰할 수 있게 되었다. 미생물이 일으키는 질병에 관한 연구로 우리는 생명의 최전방에 도달할 수 있었다. 과학자들은 바이러스가 실제로 살아 있는 것인지를 고민하고 있으며, 광우병과 같은 프라이온 질병은 원인체가 살아 있지 않음이 분명한데도 불구하고 어떻게 감염성을 가지고 치명적인 영향을 미칠 수 있는지를 탐구하고 있다.

게다가 최근에는 미생물의 게놈(유전체)을 해독할 수 있는 능력 덕분에 우리가 누구인지에 대한 탐구도 가능해졌다. 2007년 미국국립보건원National Institutes of Health이 시작한 '인체 미생물군집 프로젝트Human Microbiome Project'는 인간의 몸속에 들어 있는 수백 종의 미생물의 게놈을 상세히 밝히는 프로젝트다. 이 프로젝트는 인체에 있는 모든 미생물체의 게놈을 탐색하는 것으로, 미생물 이론에 새로운 의미를 가져다줄 것으로 기대된다. 몸속에 100조 개의 미생물이 거주한다고 가정하고 이것이 우리 자체의 세포보다 10배나 많은 세포와 우리 자체 유전자보다 100배나 많은 유전자를 가지고 있다고 상상해 보라. '우리'와 '그들'을 분명히 나누는 기준은 무엇인가? 대부분의 미생물이 소화나 면역, 대사 작용과 같은 정상 신체 기능을 돕기 때문에 인간의 건강에 핵심적이라는 사실은 문제를 더욱 심화시킨다.

1800년대 말 발견 이래 미생물 이론은 판도라의 상자를 열었고 우리를 계속 혼란에 빠뜨리고 있다. 무수하게 존재하면서도 보이지 않는 무한하고 치명적인 질병과 죽음을 야기하는 적만큼 무서운 것이 어디 있겠는가? 공중목욕탕 손잡이나 수도꼭지를 잡기 전, 낯선 사람과 악수하기 전, 사람이 꽉 찬 엘리베이터나 버스, 비행기에서 답답한 공기를 들이마실 때 두 번 이상 생각하지 않는 사람이 어디 있겠는가? 실제로 민감한 사람들은 이러한 염려가 불안 장애로 발전하여 문자 그대로 삶을 지배당하고 있기도 한다. 많은 사람들이 19세기 이전을 순수의 시대로 여기고, 위생을 무시하고 살 수 있었던 행복을 미생물 이론이 앗아가기 이전의 시대를 그리워하는 것은 일견 당연해 보인다.

좋든 싫든 미생물에 대한 근대의 전쟁은 전 사회에 걸쳐 독특한 복장과 관습을 정착시켰다. 레스토랑 직원들이 착용하는 머리망과 수술용 장갑에서 항균 비누, 세제, 도마, 키보드, 그리고 플라스틱 인형까지 오늘날 가정에서 흔히 볼 수 있는 것들이 그 예다. 더욱 최근에는 개원의사의 진료실이나 병원뿐만 아니라 식료품 가게, 주유소, 지갑, 뒷주머니에서 분사용 알코올 핸드젤을 발견할 수 있다. 어떤 사람은 이런 것들이 박테리아의 내성을 잠재적으로 높인다고 비판하지만 어쨌든 이들 대부분은 우리 삶 저변에 흐르는 공포심을 드러낸다. 최신식 소독 장비로 보이지 않는 적으로부터 자신을 지키고 마음의 평화를 유지할 수 있기를 희망하는 것이다.

몇 백만의 원치 않는 손님 제거하기 답은 여전히 가까운 곳에 있다

이러한 상황에서 '우리가 너무 많이 아는 것은 아닌가?' 또는 '아직 충분히 알지 못하는 것인가?'라는 질문을 하는 것은 불합리하지 않다. 실제로 아이로니컬하게도 우리를 치료하기 위해 설계된 바로 그 장소에 대한 감시 실패로 많은 사람들이 계속해서 병에 걸리고 사망하고 있다. 미국질병관리본부CDC의 2007년 연구에 따르면 해마다 미국 병원에서 발생하는 의인성醫因性 감염이 1천7백만 건에 달하고 이 때문에 무려 10만 명이 사망한다고 한다. 사망 요인에는 여러 가지가 있지만 주요 원인은 이그나즈 젬멜바이스가 오래전에 밝혀낸 것이다.

내과의사 도널드 골드만Donald Goldmann은 2006년 〈뉴잉글랜드 의학저널New England Journal of Medicine〉에 이렇게 썼다.

"만약 모든 의사들이 매일 환자의 병상을 떠나 다음 환자를 진찰하기 전에 손만 위생적으로 관리하더라도 내성 박테리아가 전파되는 것은 즉각 크게 감소할 것이다."

한 연구 결과에 의하면 의료인의 손에 의해 옮겨지는 박테리아의 숫자가 적게는 4만에서 많게는 5백만에 달한다고 한다. 이들 가운데 다수는 보통 상주하는 박테리아이지만 다른 것들은 환자와의 접촉에 의한 일시적인 미생물이며 의인성 감염의 원인이 된다. 그리고 피부 속 깊은

층에 숨을 수 있는 상주 박테리아와 달리 이들 미생물은 일상적인 손 씻기만으로도 쉽게 제거될 수 있다.

비록 CDC와 그 밖의 다른 기관들이 1961년부터 손 씻기 위생을 강조해 왔지만 연구에 따르면 보건의료 종사자들의 약 40~50%만이 이를 지키고 있을 뿐 잘 준수하지 않고 있다. CDC에 따르면 손 씻기나 알코올성 손 소독제가 병원 내 유행을 종식시키고 항생제 내성 유기체의 전파를 감소시키며 전체 감염률을 감소시킨다고 밝혀졌지만 여전히 안타깝게도 보건의료 종사자들은 이를 제대로 하지 않고 있다. 그렇다면 왜 손 씻는 비율이 이렇게 낮을까? 보건의료 종사자들은 잦은 손 씻기가 손을 건조하게 만들며, 세면대가 불편한 자리에 놓여 있거나 부족하고, 너무 바쁘거나 가이드라인을 잘 알지 못해서라는 등의 이유를 댄다.

골드만은 보건의료 종사자들의 태만함을 논의할 때 공정하기 위해 노력했다. 그는 시스템도 비난 받을 대상이라고 지적한 뒤 병원은 의료진들이 적절한 위생 조치를 취할 시간이 없을 정도로 과도한 노동을 시키지 않아야 한다고 지적했다. 그는 병원은 의료인을 교육해야 하고, 알코올성 소독제를 적절하게 배치해야 하며, 용기를 가득 채우고 항시 제 기능을 할 수 있게 하는 시스템을 만들어야 한다고 덧붙였다. 이렇게 병원의 책임을 논한 뒤 만약 의료 종사자들이 계속 손 위생을 무시한다면 책임질 일이 생길 수 있다는 경고를 했다.

이그나즈 젬멜바이스는 세균에 대한 지식은 없고 그저 보이지 않는 존재에 대한 직감만 있던 160년 전에 의료인들에게 이 점을 지적함으로써 무수한 여성을 산욕열로 인한 고통과 사망에서 구해낼 수 있었다. 그 후 30년간 의료계는 그의 노력을 한결같이 무시했지만 젬멜바이스의 기념비적 연구는 마침내 의학이 미생물 이론을 발견하고 수용하는 첫걸음을 내디딜 수 있게 했다.

미생물 이론은 이것이 얼마나 강력하게 확립되어 있으며 건강과 질병, 삶, 죽음과 관련 있는지와는 별개로 우리가 현재에도 마주하고 있는 '이론'인 것이다.

4장

견딜 수 없는 통증의 완화

마취의 발견

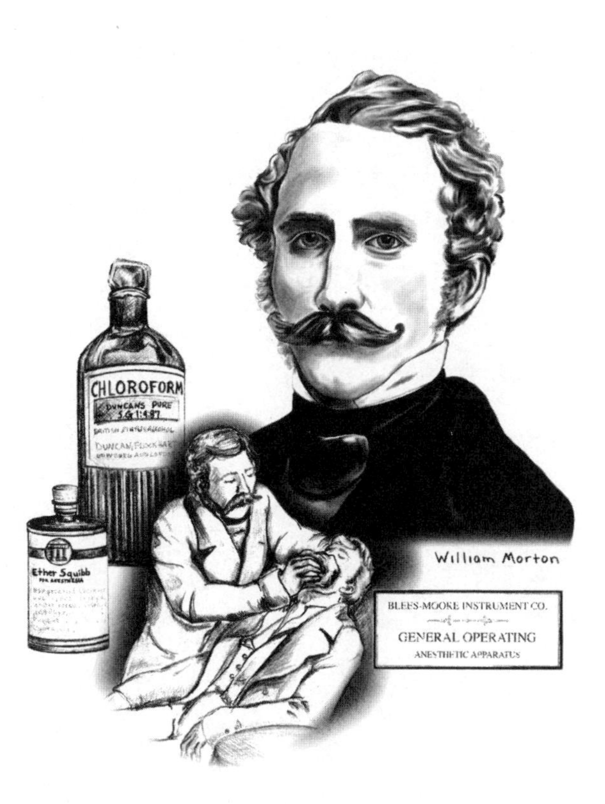

한 남성이 아산화질소를 흡입하더니 미친듯 방 안을 돌아다녔다. 나중에는 소파에 몸을 던지고 방바닥에 몸을 찧었다. 이로 인해 그는 무릎을 비롯한 여러 부위에 피멍이 들었다. 나중에 가스의 효과가 사라지자 그 남성은 자신의 몸에 생긴 상처들에 놀랐고, 가스에 취해 있었을 때는 통증이 없었다는 사실에 다시 한 번 놀라면서 크게 외쳤다.

"여러 사람과 싸우고 나서도 언제 다쳤는지 모를 수도 있겠구나!"

디지털 센서와 편리한 도구들로 전통 의술이 설 자리를 잃어버린 오늘날 호두 깎기 기술이 사라진 사실을 안타까워하거나 그것을 기억하는 의사가 얼마 되지 않는다는 사실은 무척이나 놀랍다.

만약 당신이 껍질의 단단한 정도에 맞추어 여러 종류의 호두를 깨어서 여는 데 필요한 힘을 익히게 된다면, 당신은 의학의 암흑시대에 마취과 의사로서 필요한 기술을 터득한 것이기 때문이다. 고대 처방 가운데 한 가지는 다음과 같다.

"환자의 머리 위에 나무로 된 통을 씌워라. 그리고 그 통을 아몬드가 부서질 만큼 세게, 하지만 두개골은 손상되지 않을 정도로 두드려서 환자를 기절시켜라."

당신은 목을 조르는 기술에 재능이 있을 수 있다. 지금은 잊혀진 이 마취 기술을 이용해서 의사들은 환자를 죽이지 않고 무의식 상태까지 질식시킬 수 있었다. 이 방법은 아시리아인들이 아기에게 포경 수술을 하기 전에 사용했고, 그 당시 수술 동의서 같은 것은 당연히 없었다. 이 기술은 1600년대까지 이탈리아에서 사용되었다.

위와 같이 충격적이지는 않지만 오늘날에 생각해보면 여전히 놀라운 방법들이 외과의의 수술칼로 인한 통증으로부터 환자들을 보호하기 위해 사용되었다. 다양한 아편 제제, 잠을 유도하는 사리풀 씨, 땅에서 뽑혀 나올 때 비명을 지른다고 알려진 사람 모양을 한 맨드레이크 뿌리, 그리고 오래된 기호품인 알코올까지.

불행하게도 이들 초기의 마취 수단은 세 가지 단점을 공통적으로 지니고 있었다. 첫째, 잘 듣지 않을 수 있고 둘째, 환자를 죽일 수도 있으며 셋째, 두 가지 다일 수도 있다는 것이다. 마취를 정의하자면 의식을 잃든 그렇지 않든 부분적이거나 완전하게 감각을 잃게 만드는 믿음직하고도 안전한 능력이라고 할 수 있는데, 공식적으로 1846년 이전에는 발견되지 않았다. 통증이 심한 치아의 발치부터 섬뜩한 절단 수술까지 통증을 조금 완화하든 그렇지 않았든 얼마나 많은 환자들이 마취법이 발견될 때까지 잔인한 수술 때문에 고통받았을지는 생각하는 것만으로도 끔찍한 일이다. 사실 19세기 중반까지 환자가 외과의를 선택할 때 가장 중요하게 생각했던 것은 얼마나 빨리 수술을 끝내느냐는 것이었다. 당신이 수술대 위에서 윌리엄 체슬든(William Cheselden, 1688~1752)이나 도미니크 장 라리(Dominique-Jean Larrey, 1766~1842) 같은 외과의를 찾는다면 아마도 그 때문이었을 것이다. 영국의 외과의 체슬든은 신장 결석을 불과 54초 만에 제거할 수 있었고, 나폴레옹 군대의 의무감을 지낸 라리는 15초 이내에 사지 절단 수술을 할 수 있었다고 한다.

안타깝게도 19세기 영국의 저명한 소설가이자 제인 오스틴에게 영감을 주기도 했던 프랜시스 버니(Frances Burney, 1752~1840)는 마취와 수술 솜씨의 도움을 받지 못하고 끔찍한 대수술을 받아야 했다. 1811년 9월 30일, 외과의들은 버니의 오른쪽 가슴에 생긴 유방암을 제거하기 위해 전체 유방을 제거하는 수술을 시행했는데, 거의 4시간이나 걸리는 대수술이었다. 버니는 그 시련에서 살아남았다. 아홉 달 뒤 그녀는 동생에게 그때의 체험을 편지로 적어 보냈다. 그녀는 자신이 경험한 마취란 포도주, 그리고 수술을 받기 2시간 전까지도 수술을 받는지 알지 못했다는 점밖에 없었다고 회상했다. 그러나 그 시간이 짧았다고 해서 그녀에게 도움이 된 것은 없었다. 그녀는 편지에 "수술을 기다리는 시간은 정말로 끔찍했어. 그 두 시간은 절대로 끝나지 않을 것처럼 여겨졌거든"이라고 썼다.

버니가 수술을 하기 위해 준비된 방에 처음 들어서면서 느꼈을 공포심을 떠올리는 것은 그리 어렵지 않다.

"어마어마한 양의 붕대와 거즈, 압박 붕대, 스펀지를 보고는 현기증이 났어. 마음이 진정될 때까지 방 안을 헤맸지. 점점 감정도 의식도 없는 아둔하고 무기력한 상태가 된 거야. 그리고는 시계가 3시를 알릴 때까지 가만히 앉아 있었어."

검은 옷을 입은 일곱 명의 남자(그녀를 수술할 의사와 조수들)가 갑작스럽게 버니의 집에 들이닥쳤을 때도 그녀는 아무것도 믿을 수 없었다.

"나는 분하고 억울한 마음으로 멍청한 상태에서 정신을 차렸어. 왜 이렇게 많은 사람들이 내 허락도 받지 않고 여기에 온 거지? 그러나 한 마디도 입 밖으로 내지 못했어. 난 통증보다 수술 준비 과정의 역겨움과 공포에 격렬하게 떨기 시작했어."

얼마 지나지 않아 버니는 수술 침대 위로 옮겨졌다. 그리고는 마취 비슷한 것을 받았다. 여기서 말하는 마취란 그녀가 수술 장면을 보지 못하도록 리넨 손수건으로 그녀의 얼굴을 덮는 것이 전부였는데, 불행하게도 이것조차 제구실을 하지 못했다.

"훤히 비치는 손수건이어서 남자 일곱과 우리 집 보모가 침대를 둘러싸는 모습을 볼 수 있었지. 그 손수건을 통해 잘 갈아서 번쩍번쩍 윤이 나는 수술칼을 보고 나는 눈을 감아버렸어. 그 뒤 몇 분 동안 깊은 정적이 이어졌고, 나는 그들이 어떻게 손짓 발짓으로 지시를 주고받으며 내 몸을 검사하고 있을지 상상했어. 얼마나 끔찍한 시간이었는지!"

그러나 더 끔찍한 소식으로 정적은 깨졌다. 조직을 아주 조금만 떼어낼 것이라는 버니의 생각과 달리 오른쪽 유방 전체를 들어내야 한다는 의사들의 결정을 듣게 된 것이다.

"나는 벌떡 일어나 베일을 걷어 젖히고는 울부짖기 시작했어. … 그리곤 난 내 고통이 어떤 것인지, 바로 한 곳에서 비롯된다는 점을 설명하려 했지."

의사들은 그녀의 말에 주의를 기울였지만 완전한 침묵으로 일관했다. 다시 베일이 씌워졌고, 버니는 저항을 단념했다. 그리고 시작된 수술에 대해 그녀는 동생에게 상세하게 적었다.

"공포스러운 쇳덩어리가 내 가슴으로 내려와 정맥, 동맥, 살점, 신경을 잘라냈을 때 나는 비명을 지르기 시작했어. 쇳덩어리가 내 몸을 파헤치는 내내 비명은 멈추지 않았어. 그런데도 비명이 전혀 귀에 들리지 않는다는 사실이 경이로웠지. 나를 더 괴롭게 한 것은 끔찍한 통증이었어. 수술 도구가 치워졌을 때에도 통증은 도무지 줄어들지 않을 것 같았어. 그리곤 곧 내 파헤쳐진 몸에 공기가 달려들었는데 날카롭고 갈라진 단도가 상처 부위를 찢어내는 것 같았어. 그것도 아주 오랫동안."

그리고 잠시 뒤

"두 번째로 수술 도구가 치워졌을 때 이제는 수술이 끝났다고 생각했지. 그런데 맙소사 더 무서운 일이 벌어졌고 그것은 훨씬 더 끔찍했어. 오, 하느님! 나는 수술칼이 내 가슴뼈에 달려들어 샅샅이 긁어내는 것을 느끼고 또 느꼈어!"

버니는 수술 도중 두 차례 기절했다고 회상했다.

"모든 수술이 끝났을 때 그들은 나를 들어 올렸어. 난 완전히 힘이 빠져 손과 팔을 가눌 수조차 없었지. 생명이 끊어진 상태에서 그저 손과 팔이 매달려 있는 것 같았어. 그리고 나중에 보모의 말처럼 얼굴은 완전히 핏기가 가신 상태였어."

그러면서 이렇게 덧붙였다.

"몇 달 동안 이 끔찍한 일을 다시 겪는 느낌이 들지 않고는 말할 수 없었어. 아홉 달이 지난 지금도 그 순간을 떠올리면 머리가 지끈지끈 아파져 온단다."

고통스러운 오랜 기다림 마취가 발견되기까지 50년이나 더 걸린 이유는?

다행스러운 사실은 버니가 그러한 수술을 받고 나서도 29년을 더 살았다는 점이다. 반면에 안타까운 사실은 그녀가 마취 없는 수술의 공포를 견딜 필요가 없었다는 점이다. 왜냐하면 그녀가 수술을 받기 무려 11년 전인 1800년에 이미 영국 과학자 험프리 데이비(Humphry Davy, 1778~1829)가 실험을 통해 경이로운 가스를 발견했기 때문이었다. 험프리 데이비는 "아산화질소는 … 신체의 통증을 없애줄 것으로 보인다. 그것은 수술 과정에서 유용하게 쓰일 수 있을 것이다."라고 썼다.

이것은 아마도 역사학자들을 흥분시키는 예언적 문장일 것이다. 만약 1800년에 데이비가 아산화질소의 통증 제거 성질을 관찰했고, 그 무렵 또 다른 사람들이 에테르와 클로로포름의 비슷한 성질을 발견한 것이 사실이라면 왜 의사들이 공식적으로 마취법을 발견하는 데 그로부터 50년이라는 세월이 더 걸렸을까? 논란과 논쟁의 여지가 있지만 대부분의 역사학자들은 종교적·사회적·의학적·기술적 이유들 때문에 19세기 초에는 사람들이 마취를 원치 않았거나 받아들일 준비가 되어 있지 않았다고 믿고 있다.

이 미스터리에 대한 한 가지 단서는 '통증pain'이라는 단어 자체에서 찾아볼 수 있다. 그리스 말 poine 또는 penalty에서 나온 통증이라는 단어는 신에게 죄를 지은 사람들에게 그들이 알든 모르든 가해지는 형벌이라는 뜻을 담고 있다. 따라서 통증이 하느님의 심판이라고 믿는 이들에게 통증을 줄여주려는 노력은 근본적으로 부도덕하며, 따라서 강한 반발을 살 수밖에 없었던 것이다. 이러한 관점의 위력은 1840년대 분만 중인 산모에게 마취를 할지 말지 여부를 둘러싼 논쟁이 벌어졌을 때 더욱 극명하게 드러났다. 덧붙여 '초점 없는 허장성세'라는 개념으로 묶을 수 있는 여러 사회적 요인도 한몫했다. 역사학자들은 대부분의 문명에서 통증을 견뎌 내는 것은 고귀함, 정력, 기개의 징표로 여겨져 왔다는 점을 지적한다. 마지막으로 몇몇 19세기 의사들은 통증이 필수적인 생리적 작용을 한다고 여겨 통증을 없애는 것은 치유에 방해가 되리라고 믿어서 통증 완화에 반대했다.

버니의 편지가 절절하게 증언하듯, 시야가 어슴푸레한 가운데 번뜩이는 수술 메스가 다가오는 모습을 공포의 눈으로 지켜봐야 했던 19세기 환자 대다수는 마취를 받을 수 있게 된 사실을 환영했을 것이다. 그리고 대부분의 의사들 또한 큰 이해관계가 없다면 기꺼이 환자들에게 선택의 기회를 주었을 것이다. 환자가 쥐어짜고, 기를 쓰고, 비명을 지르는 것만큼 외과 의사의 정교한 수술 솜씨를 방해하는 것은 없었기 때문이다. 이것은 기원전 5세기 세계 최초의 의사 히포크라테스가 남긴 말에서도 발견할 수 있다. 히포크라테스는 수술에 관한 저술에서 환자의 역할은 "수술자에게 순응하고 수술하는 동안 자세와 위치를 그대로 유지하는 것"이고, 수술자가 메스를 들고 당신에게 다가오면 "주저앉지 말고, 움츠리거나 달아나지도 말라."고 했다.

하지만 마취법의 발견이 지체된 이유를 제대로 파악하기 위해서는 마취의 성질 자체와 그것이 인간 의식에 미치는 영향에 대해 더욱 깊게 살펴보아야 한다. 의료용 마취의 발견은 1800년부터 40여 년에 걸쳐 이루어졌다. 마취가 발견되는 과정은 고상함과 비속함, 호기심과 과시 욕구, 용기와 어리석음, 동정과 냉담으로 얼룩졌다. 이 여정을 떠나기 위해서는 가장 먼저 아산화질소의 통증 제거 성질을 관찰하고도 그 사실을 무시한 사람부터 살펴볼 필요가 있다. 그 사람의 이름은 험프리 데이비다. 그는 아산화질소에 대한 과학적 연구를 통해 그 새로운 가스에 '웃음 가스'라는 이름을 붙였다. 데이비는 밀폐된 방에서 스스로 그 가스를 20리터 정도 들이마시고는 맥박이 1분에 124번이나 뛰는 것을 경험했다. 그리고는 자신의 진기한 체험에 대해 다음과 같이 기록했다.

"이 가스는 나를 미치광이처럼 온 실험실을 돌면서 춤추게 만들었고 정신을 그 어느 때보다 불타오르게 했다. 그리고 그 어느 때보다도 강렬한 느낌이 들었고 … 상상할 수 없던 희열을 느꼈다. … 나는 어떤 생명체보다 뛰어난 존재, 새롭게 창조된 영웅이 된 것처럼 느꼈다."

이정표 1

박애에서 천박함까지 아산화질소의 발견, 그리고 방치

토마스 베도스(Thomas Beddoes, 1760~1808)라는 영국인이 1798년 브리스톨에 공기 연구소를 설립했다는 소식을 듣는다면, 당신은 한 무리의 학자들이 공기 드릴이나 튜브 없는 고무 타이어의 디자인을 연구하는 모습을 상상할 것이다. 하지만 베도스가 설립한 공기 연구소는 실제로는 가스 흡입 치료를 연구하는 기관이었다.

18세기 말 당시만 해도 가스 흡입 치료를 연구하는 것은 의학의 최전방으로 떠나는 모험처럼 여겨졌다. 당시 과학자들은 공기가 단일한 물질이 아니라 여러 가스가 혼합된 것이라는 사실을 막 발견했고, 나아가 조셉 프리스틀리(Joseph Priestly, 1733~1804) 같은 화학자의 실험으로 여러 가지 가스들이 인체에 가끔 다른 영향을 미칠 수 있다는 사실이 밝혀지고 있었다. (조셉 프리스틀리는 1772년 아산화질소를 발견했다) 베도스와 같이 기업가적인 자질이 있는 사람들은 새로운 가스 과학이 다양한 치료성 가스로 사람들을 치료하는 건강 휴양지나 온천 등 새로운 시장을 만들어 낼 것이라고 생각했다. (당시 베도스는 악취 나는 공기가 도시를 질식시키고 병들게 한다는 사실을 잘 알고 있었다) 중요한 점은 공기 연구소는 가스의 과학적 연구를 위해 투자된 것이라는 사실이고, 또 그 연구소에서 가장 촉망받고 재능 있는 연구자가 이제 갓 스무 살이 된 험프리 데이비였다는 점이다.

데이비는 아산화질소의 효과에 대해 막 탐구하기 시작하던 참이었다. 그는 가스를 자기 자신뿐만 아니라 연구소를 찾는 사람들에게 주입하고는 그들이 어떻게 느끼는지 알아보는 연구를 했다. 실험을 하던 중 데이비는 가스에서 독특한 점을 발견했다. 아산화질소가 사랑니로 인한 통증을 완화해 준 것이다. 이 발견은 아산화질소가 수술 중에 통증을 줄일 수 있을 것이라는 그의 유명한 가설로 이어졌지만, 아산화질소의 또 다른 흥미로운 성질에 끌린 데이비는 이 사실을 금세 잊어버렸다.

1800년에 출간한 보고서 〈아산화질소 또는 플로지스톤을 제거한 질소성 공기 및 그 흡입에 관한 화학 및 철학 연구Researches, Chemical and Philosophical Chiefly Concerning Nitrous Oxide or Dephlogisticated Nitrous Air, and its Respiration〉에서 데이비는 자신이 직접 흡입한 경험을 토대로 아산화질소의 성질을 다음과 같이 조금은 장황하지만 생생하게 적었다.

“나의 시야는 눈부셨다. … 점점 환희로 충만해졌고 외부 세계와의 모든 연결 고리를 잃어버렸다. 마음속에서 또렷한 시각적 이미지들이 재빠르게 지나갔고, 그 이미지들은 완전히 새로운 지각을 생성하는 방식으로 단어들과 연결되었다. 나는 새로이 이어진 세계와 새롭게 떠오르는 생각에 잠겼다.”

데이비가 자신의 실험실에서 아산화질소를 흡입한 자원자들에게 그들이 경험한 바를 적어달라고 하자 대부분은 데이비처럼 놀라웠고 기쁨이 차올랐다고 썼다. 자원자 중 한 사람이었던 토빈이라는 남자는 다음과 같이 적었다. “내 느낌을 설명하기란 쉽지 않다. 이 느낌은 그동안 내가 경험한 어떤 것보다 뛰어났다. 내 감각은 어떤 일상적인 인상보다 더 생생하게 살아 있었다. 내 마음은 저 높고 고귀한 데까지 올라갔다.”

또 제임스 톰슨은 다음과 같이 묘사했다. "가슴 속의 황홀한 느낌, 커다란 환희가 의도치 않게 함박웃음을 만들어냈다. 나는 참으려고 노력했지만 어쩔 수 없었다." 코우츠처럼 이러한 느낌들이 아산화질소의 약리적 작용보다 과도한 상상 때문에 생기는 것이라는 의심을 품는 이들도 있었지만, 그들도 곧 가스의 효력을 인정하게 되었다. "나 자신에게 미칠 영향에 대해 예상치 못했다. 그러나 몇 초 뒤 내 정신이 재빨리 흘러가고 있다는 사실을 느꼈고, 세찬 웃음과 격렬한 춤을 멈출 수 없었다. 내 머리는 이런 것이 비합리적이라고 여겨 억제하려고 애썼지만 아무 소용이 없었다."

아산화질소가 몸과 마음에 미치는 영향을 조금 더 알아보기 위해 데이비는 마비 환자 두 사람에게도 가스를 흡입하게 하고는 어떤 느낌인지 물었다. 한 사람은 "어찌 된 영문인지 모르겠지만, 매우 기이하게 느꼈다."라고 대답했고, 다른 사람은 "하프 소리를 듣는 느낌이었다."고 했다. 데이비는 이에 대해 곰곰이 생각한 뒤 첫 번째 환자는 새로운 감각과 비교할 만한 예전의 감각 경험이 없었고, 두 번째 환자는 이를 과거의 음악에 대한 경험과 비교할 수 있었다고 적었다.

데이비는 아산화질소 때문에 생기는 시각과 감각의 변화를 계속 연구했고, 그 의미를 철학과 그의 관심 분야인 문학과 관련지어 탐구했다. 그는 시인 로버트 사우디(Robert Southey, 1774~1843), 새뮤얼 테일러 콜리지(Samuel Taylor Coleridge, 1772~1834) 등이 포함된 예술가 그룹에 속해 있었는데, 거기에서 그는 가스에 관해 이야기했고 또 그 가스가 예술적 감각에 미치는 영향에 대해서도 논의했다. 데이비에게 가스를 건네받아 흡입한 사우디는 흥분하면서 다음과 같이 말했다.

"이것은 강렬한 감각과 모든 근육을 각성시키는 흥분을 가져다주었다. 그날 남은 시간 내내 난 온통 환희에 차 있었고 청각, 미각, 후각은 한층 또렷해졌다. 나는 이 가스가 이슬람교의 천당에 있는 바로 그것이라고 생각했다."

콜리지의 반응은 상대적으로 차분했다. 그는 데이비에게 "내 감각은 커다란 환희로 가득 찼고 그동안 경험했던 무엇보다도 순수한 기쁨 그 자체였다."라고 썼다.

이들 묘사는 마치 1960년대 약물 숭배 집단의 탄생처럼 느껴진다. 하지만 그보다 더 중요한 사실은 데이비의 상관인 토마스 베도스는 의사이자 선의의 박애주의자였으며 공기 연구소 설립의 목표가 의학의 혁신을 일구는 데 있었다는 점이다. 그는 여러 가지 가스를 실험하면서 끔찍한 질병뿐만 아니라 가장 심한 통증만큼이나 견디기 어려운 권태와 우울도 치료할 수 있기를 바랐다. 베도스가 "사람들의 통각을 줄일 수 있기를 바란다."고 썼을 때 누구도 그 의도의 진지함을 존경하지 않을 수 없었고, 데이비의 실험 동기 또한 그러했다.

이런 숭고한 열망에도 불구하고 아산화질소의 희열 효과에 대한 데이비의 연구는 그것을 마취제로 개발할 기회를 오히려 잃게 만들었다. 그 뒤 안타깝게도 데이비는 아산화질소 자체에 대한 흥미를 잃었고, 2년 뒤 그는 다른 분야의 과학 연구를 수행하기 위해 연구소를 떠나게 된다. 비록 시간이 지나 데이비는 칼륨, 나트륨, 칼슘, 바륨, 마그네슘, 스트론튬, 염소 등을 발견하여 격찬받지만 웃음 가스의 통증 제거 효과에 대해서는 더 이상 연구하지 않았다. 실제로 몇 해 동안 아산화질소는 더 이상 진지하게 연구되지 않았다. 1812년 과거 아산화질소에 심취했던 어떤 사람은 여러 강연에서 이 가스가 "산소가 초를 소비하는 것처럼 생명을 소비, 낭비, 파괴하고 빨리 타게 만든다."고 경고했고, 몇몇 역사학자는 아산화질소가 희극 배우들에 의해 야유 속에 잊혀졌다고 말한다.

이렇듯 마취제를 향한 제1막은 창피와 조롱 속에서 막을 내렸다. 그러나 험프리 데이비가 실험실을 미친 듯이 춤추며 뛰어다니는 이미지를 머릿속에서 지울 수만 있다면 웃음 가스가 미칠 것 같은 황홀감을 준다고 무조건 비난하기만 해서는 안 될 것이다. 왜냐하면 웃음 가스의 이러한 성질 자체가 다음 이정표로 이어졌기 때문이다.

이정표 2

25년간의 취기와 장난이 대중적 굴욕을 거쳐 마침내 희망이 되다

1800년대 초 마취법을 발견할 기회를 놓쳤지만 아산화질소의 위력은 그렇게 쉽게 잊혀지지는 않았다. 1830년대에 영국과 미국 도처에서 아산화질소를 흡입하는 놀이가 광범위하게 번졌고 어린이, 학생, 연예인, 의사 할 것 없이 모든 사회 계층이 그 놀이를 즐기고 있다는 보고서도 등장했다. 이와 함께 비슷한 즐거움을 주는 새로운 물질이 무대 위에 올라왔다. 아산화질소처럼 의학계는 무시하고 대중은 환영한 에테르였다.

아산화질소와 달리 에테르는 실험실에서 발견된 것이 아니었다. 에테르는 약 300년 전인 1540년 무렵부터 스위스 연금술사이자 의사인 파라켈수스(Paracelsus, 1493~1541)에 의해 세상에 알려져 있었다. 더욱이 파라켈수스는 닭에게 에테르를 주입하면 "모든 고통이 아무런 부작용 없이 멈추고 통증도 모두 사라진다."라고 썼다. 그럼에도 에테르는 1818년까지 과학적 관심의 대상이 되지 못했다. 전자기학 연구로 유명한 마이클 패러데이(Michael Faraday, 1791~1867)가 에테르 증기를 흡입하면 기력이 크게 떨어지고 통증에 대한 감각이 사라진다는 사실을 관찰했지만 안타깝게도 그는 아산화질소에 관한 데이비의 연구 결과 보고서를 읽은 뒤 에테르가 주는 희열감에만 집중하기 시작했다.

1830년대에 의사들이 의료 행위에 아산화질소나 에테르를 사용하는 것은 위험하다고 지적했지만 대중들은 그 희열감 때문에 이들 가스를 가까이했다.

1835년에 출판된 한 저서에는 "몇 해 전 … 필라델피아 청년들은 재미와 환희, 정력적 활동을 목적으로 에테르를 흡입했다."는 구절이 있다.

그 시대를 묘사한 다른 저서들은 연사와 쇼맨들이 관객들을 무대 위에 불러올려 함께 에테르나 아산화질소를 흡입하고는 스스로와 대중들을 즐겁게 만드는 공연을 한 것을 언급하고 있다. 사실 몇몇 마취술 개척자들은 가스를 의료용 마취에 실험하도록 영감을 준 것은 어릴 때 경험한 에테르 놀이였다고 주장했다.

이러한 과정을 거쳐 처음으로 에테르가 마취를 목적으로 쓰일 수 있게 되었다. 1839년 뉴욕 로체스터에서 윌리엄 클락William Clarke은 동료 대학생들과 함께 에테르 놀이를 즐기고 있었다. 몇 해 뒤, 버몬트 의과대학 학생이 된 클락은 자신의 경험을 떠올리고는 한 가지 아이디어를 제안했다. 교수의 감독 하에 그는 에테르 몇 방울을 수건에 떨어뜨려 적시고는 그 수건을 치아 발치술을 받을 젊은 여성의 얼굴에 덮었다. 클락의 지도 교수는 안타깝게도 그 여성이 마취 효과를 보았는지에 대해서는 전혀 관심이 없었고 단지 그녀에게 히스테리가 생겼다고만 여겼다. 클락은 에테르를 다시는 이러한 목적으로 사용하지 말라는 경고를 받았다. 클락의 기념비적 성취는 거의 주목받지 못했고 그는 마취의 발견에 자신이 공헌한 바에 대해 알지 못한 채 죽었다.

동시에 에테르 놀이는 다른 의사들에게도 영감을 주었는데, 많은 의사가 스스로 마취술의 진정한 발견자라고 믿었다. 크로퍼드 롱(Crawford Long, 1815~1878)은 필라델피아에서 아산화질소와 에테르의 취기를 목격하면서 성장했다. 롱은 나중에 조지아에서 의사로 일하면서 희열감을 즐기기 위해 종종 친구들과 에테르를 흡입했다. 하지만 희열감 외에 에테르의 다른 특성이 롱의 주목을 끌었다. 그는 나중에 이렇게 적었다. "나는 종종 왜 생겼는지 기억이 나지 않는 멍들고 아픈 부위를 발견했다. 나는 친구들에게 에테르 놀이를 했을 때 넘어지거나 다치면서 통증을 느낀 적이 있는지 물었고, 친구들은 그러한 부상을 당했을 때 아무런 통증을 느끼지 않았다고 말해 주었다. …"

1842년 롱이 제임스 버나블James Venable을 만났을 때 자신의 이러한 관찰을 염두에 두고 있었던 것으로 보인다. 버나블은 목 뒤에 자그마한 종기 두 개가 있었지만 통증에 대한 두려움 때문에 수술 받기를 주저했다. 롱은 그가 열성적으로 에테르 놀이를 한다는 사실을 알고 있었고 그 자신과 친구들이 경험한 통증 완화 작용을 떠올리며 버나블에게 수술 중에 에테르를 흡입할 것을 제안했다. 버나블은 이에 동의했고 1842년 5월 30일 종기 제거 수술은 통증 없이 성공적으로 이루어졌다. 롱은 그 뒤에도 많은 환자들에게 에테르를 주입하여 통증 없는 수술의 성공을 거두지만 1849년이 되어서야 자신의 성과를 출판한다. 하지만 그것은 다른 이들이 마취 발견에 대한 공적을 인정받은 지 3년이나 지난 후의 일이다.

롱이 에테르를 처음으로 의료 목적으로 사용한 지 얼마 지나지 않아 또 다른 흥미로운 사건들로 마취술의 발견은 점점 더 가까워져 왔다. 1844년 12월 코네티컷 하트퍼드에 사는 치과 의사 호레이스 웰즈(Horace Wells, 1815~1848)는 순회 연예인 가드너 콜튼Gardner Colton이 아산화질소를 흡입하는 공연을 구경하게 되었다.

다음 날 콜튼은 웰즈와 그 밖의 몇몇 사람을 위해 개인적으로 공연을 시연했는데, 그중 한 남성이 아산화질소를 흡입하더니 미친 듯 온 방 안을 돌아다녔고 나중에는 소파에 몸을 던지고 방바닥에 몸을 찧었다. 이로 인해 그는 무릎을 비롯한 여러 부위에 피멍이 들었다. 나중에 가스의 효과가 사라지자 그 남성은 자신의 몸에 생긴 상처들에 놀랐고, 가스에 취해 있었을 때는 통증이 없었다는 사실에 다시 한 번 놀라면서 크게 외쳤다. "여러 사람과 싸우고 나서도 언제 다쳤는지 모를 수도 있겠구나!"

사랑니 때문에 고통받고 있던 웰즈는 이 말에 영감을 얻어 콜튼에게 치과 의사가 자기 치아를 뽑을 때 아산화질소를 넣어줄 수 있겠느냐고 물었다. 다음 날인 1844년 12월 11일 콜튼은 웰즈에게 아산화질소를 주입했고, 웰즈의 사랑니는 아무런 고통 없이 뽑혔다. 가스의 효과가 사라지자 웰즈는 "발치의 신기원이 열렸다고!"라고 크게 외쳤다.

그러나 웰즈의 행운은 자신의 발견을 의학계에 소개했을 때에는 이미 소진된 상태였다. 1845년 1월 웰즈는 보스턴의 매사추세츠 종합병원 외과 의사들 앞에서 마취술을 선보였다. 외과 의사 존 콜린즈 워렌(John Collins Warren, 1778~1856)은 웰즈에게 아산화질소를 자기 환자에게 주입할 기회를 마련해 주었지만 불행하게도 의사와 학생들로 가득 찬 수술 시연장에서 아산화질소 가스는 너무 빨리 바닥이 났고 그로 인해 환자는 신음했다. 나중에 환자는 가스가 통증을 많이 줄여주었다고 증언했지만 그것은 청중들이 외치는 사기꾼이라는 소리와 가득 찬 비웃음 속에 웰즈가 수술장을 떠난 뒤였다.

클락과 롱, 웰즈가 굴욕을 당하고 인정받지 못한 뒤 몇십 년이 지나고 나서야 기념비적 업적이 등장했다. '공식적'으로 마취가 발견된 것이다.

이정표 3

마취의 등장, 레테온의 발견

매사추세츠 종합병원의 수술 시연장에서 호레이스 웰즈가 아산화질소 건으로 청중들에게 사기꾼이라는 소리를 들으며 굴욕을 당해 괴로워할 때 그 자리에 웰즈의 옛 치과 동료인 윌리엄 토머스 모튼(William Thomas Green Morton, 1819~1868)이 있었는지는 분명하지 않다. 하지만 모튼은 웰즈 자신만큼이나 웰즈의 실패에 실망한 것으로 보인다. 2년 전 그들은 새로운 틀니 제작 기술을 개발하기 위해 함께 일했다. 그 연구에는 환자의 치아를 고통스럽게 제거하는 과정도 포함되어 있었다. 브랜디, 샴페인, 아편 등을 혼합한 당시까지의 마취술에 만족하지 못한 두 사람은 환자의 통증을 완화하기 위한 방법을 찾기 위해 노력했고, 이를 통해 사업을 확장할 수 있기를 바랐다. 비록 과거의 사업 파트너가 아산화질소의 시연에 실패했지만 모튼은 안면 있는 하버드 의대 화학 교수에게 에테르가 흥미로운 성질을 가지고 있다는 사실을 전해 들었다.

몇몇 기록에 따르면 화학 교수 찰스 잭슨(Charles Jackson, 1805~1880)은 1841년 실험실에서 에테르 병이 사고로 폭발한 뒤 조수가 마취된 사실을 알고는 에테르의 특성, 즉 마취 작용을 알게 되었다고 한다. 모튼은 잭슨에게서 에테르의 효과와 에테르를 조제하는 방법에 관해 듣고 난 뒤 개인적인 연구를 시작했다. 모튼은 개와 물고기, 그리고 자기 자신과 동료들을 대상으로 식품의약국FDA이 없었던 당시에나 가능했던 엄청난 양의 실험을 수행했다. 그리고 1846년 9월 30일 최초로 발치를 받을 환자에게 에테르를 사용했다. 환자가 마취에서 깨어난 뒤 어떤 통증도 느끼지 않았다고 말하자 모튼은 곧 대중 시연을 준비했다.

오늘날 마취를 발견한 결정적 순간으로 알려져 있는 1846년 10월 16일 모튼은 매사추세츠 종합병원의 원형 외과 시연실에 들어섰다. 그는 외과 의사 콜린즈 워렌John Collins Warren의 환자 길버트 에버트Gilbert Abbott의 목에서 종기를 제거하는 수술을 시작하기 전에 환자에게 에테르를 주입했다. 시연은 성공적이었다. 모튼의 옛 파트너인 웰즈의 실패를 지켜보았던 워렌은 청중을 휘돌아보며 선언했다.

"여러분, 이것은 사기가 아닙니다."

당시 그 자리에 있었던 사람들은 모두 그때의 충격을 역사적인 것으로 여겼다. 당시 청중들과 자리를 함께했던 유명한 외과 의사 헨리 비글로우(Henry Jacob Bigelow, 1818~1890)는 "나는 곧 전 세계로 퍼져 나갈 무언가를 오늘 보았다."라고 소감을 말했다. 비글로우는 옳았다. 그 소식은 다음 날 〈보스턴 데일리 저널Boston Daily Journal〉에 대서특필되었고, 몇 달 안에 유럽 전역에서 에테르를 마취 목적으로 사용하게 되었다.

모튼은 극적으로 성공을 거두었지만 매사추세츠 종합병원에서는 에테르 사용이 곧 금지되었다. 왜? 모튼이 의사들에게 자신이 정확히 무엇을 주입했는지 말하기를 거부했기 때문이다. 모튼은 자신이 개발한 비밀스러운 제조법에 대해 특허권이 있다고 주장했으며, 에테르 가스에 색깔과 향을 첨가하여 변형을 시키고는 레테온letheon이라고 불렀다. 그러나 병원 간부들은 그것을 대단하지 않다고 생각했고, 모튼이 물질의 정체를 밝히기 전까지는 사용하지 않을 것이라고 결정했다. 모튼은 마침내 병원의 결정에 동의했고, 며칠 뒤 레테온은 색과 향, 이름을 제거한 채 평범한 에테르로 재등장했다.

모튼은 그 뒤 20년 동안이나 마취 발견에 대한 명예와 금전적 보상을 주장했지만 모두 실패로 돌아갔다. 잭슨과 웰즈가 그 영예를 차지하려고 나선 것도 모튼이 실패한 원인 중 하나가 되었다. 50년 동안 마취의 발견을 위해서 데이비, 클락, 롱, 웰즈, 잭슨 등 많은 사람이 노력했다. 하지만 오늘날 그들보다 모튼이 의학의 역사를 완전히 바꾼 사람으로 기억되고 있다.

이정표 4

새로운 시대의 도래 새로운 마취제, 그리고 논쟁을 일으킨 새로운 사용법

에테르 사용이 급속하게 전파되었음에도 불구하고 의료용 마취 시대가 완전히 열린 것은 아니었다. 모튼의 시연 뒤에 에테르가 빠르게 전파될 수 있었던 것은 우연이든 필연이든 에테르가 더 이상 좋을 수 없는 성질을 골고루 갖추고 있었기 때문이었다. 에테르는 마취용으로 제조하기 쉽고, 아산화질소보다 더 뛰어난 마취력을 가지고 있으며, 몇 방울 떨어뜨리는 것만으로 쉽게 환자에게 주입될 수 있었다. 또한 마취 효과도 쉽게 되돌려졌다. 더군다나 에테르는 안전했다. 아산화질소와 다르게 에테르로 마취를 유도하는 경우 질식 상태에 빠지지 않도록 에테르 농도를 쉽게 조절할 수 있었다. 마지막으로 에테르는 심장 박동이나 호흡 빈도를 늦추지도 않으며, 조직에 독성이 있지도 않았다. 초

기에 환자에게 에테르를 주입한 사람들이 마취에 얼마나 미숙했는지를 생각해 보면 19세기 의학은 그보다 이상적인 마취제를 찾기 어려웠다.

그러나 실제로 에테르는 완벽하지 않았다. 에테르는 인화성이 있고 불쾌한 냄새를 풍기며, 몇몇 환자들에게 구역질과 구토를 일으키는 문제점과 한계가 있었다. 다행스럽게도 모튼이 시연을 한 지 1년이 안 되어 새로운 마취제인 클로로포름이 발견되었다. 그리고 영국에서는 클로로포름이 거의 완벽하게 에테르를 대체했다. 영국에서 클로로포름이 빠르게 수용된 데는 클로로포름이 에테르보다 몇 가지 점에서 나았기 때문이다. 클로로포름은 폭발성이 없고 불쾌한 냄새를 덜 풍기며 마취하는 데 걸리는 시간이 짧았다. 더욱 중요한 사실은 클로로포름을 발견한 것이 무섭게 치고 올라오던 신생국 미국이 아니라는 것이었다.

클로로포름이 처음으로 합성된 것은 1831년이었지만 스코틀랜드의 산과 의사 제임스 영 심슨(James Young Simpson, 1811~1870)에게 사용을 권하기 전까지 사람들에게 사용된 적은 없었다. 심슨은 클로로포름을 에테르 대신 마취제로 사용하려고 시도했다. 심슨은 당시 연구자들이 모두 하던 방식대로 1847년 9월 4일 클로로포름을 자기 집으로 가져와 파티 중인 사람들과 함께 흡입했다. 그리고 손님들과 함께 의식을 잃었다가 정신을 차린 뒤 그는 클로로포름 마취의 열렬한 신봉자가 되었다.

하지만 심슨은 클로로포름의 마취 효과를 발견한 것 이상의 일을 해냈다. 에테르의 마취 효과가 발견되고 나서 마취술은 의학계와 일반사회에 급속히 전파되었다. 하지만 분만을 둘러싸고는 여전히 매우 큰 논쟁이 남아 있었다. 논쟁의 시작은 분만의 고통, 즉 산고産苦가 아담과 이브의 원죄에 대한 하느님의 처벌이라는 종교적 관점에서 비롯되었다.

이미 250년 전에 심슨의 고향 에든버러에서는 도덕적 처벌을 거부하는 사람들에 대한 분노가 폭동으로 이어지기도 했고, 1591년에는 유파니 맥컬리언Euphanie Macalyane이 자신의 분만통을 완화시키려고 하자 스코틀랜드 왕은 명령을 내려 그녀를 산 채로 화형시키기도 했다. 조상의 원죄를 씻어주기 바랐던 심슨은 무통 분만을 위해 마취를 사용할 것을 강력하게 주장했다. 실제로 1847년 11월 19일 그는 골반 기형인 여성의 분만을 돕기 위해 에테르를 사용, 산과 분야에서 마취를 사용한 최초의 인물이 되었다. 심슨은 자신의 행동이 사탄의 짓이라는 분노에 찬 반대에 부딪치게 되지만 성경 구절을 인용하여 영리하게 비판에 맞섰다. "… 그리고 하느님은 아담이 깊게 잠들게 하고, … 갈비뼈 하나를 떼어 내고는 살을 닫았다."라는 구절을 인용하며 하느님이 최초의 마취과 의사였을지 모른다고 주장한 것이다.

얼마 뒤, 유명한 시인 헨리 워즈워스 롱펠로(Henry Wadsworth Longfellow, 1807~1882)의 아내 패니 롱펠로Fanny Longfellow가 미국에서 무통 분만으로 출산을 한 최초의 여성이 되었다. 그 뒤 그녀가 쓴 편지에서 자신의 선구자적 역할에 대한 죄책감과 분노, 자랑스러움과 감사 등 복합적인 감정을 찾아볼 수 있다.

"당신들 모두 제가 에테르를 사용한 것이 성급하고 부적절하다고 생각한다니 유감입니다. 헨리의 신념은 저에게 용기를 주었고 이미 외국에서 성공했다는 소식을 들은 바 있었습니다. 외국의 외과의들은 이 위대한 축복을 우리 소심한 의사들과 달리 널리 사용했습니다. 저는 불쌍하고 연약한 여성들의 고통을 경감시키는 개척자가 된 사실을 자랑스럽게 생각합니다. … 저는 곧 다가올 위대한 시대에 살게 된 것이 기쁩니다. 그러나 이 모든 것이 창조주 하느님의 선물이라는 점보다 더 감사할 것은 없다는 사실을 말해 두어야 하겠습니다."

이정표 5

린트와 장갑에서 근대 약리학까지 과학의 탄생

모튼의 시연 이후 에테르의 사용이 급속하고도 광범위하게 퍼지게 되었지만 마취는 아직 확립된 과학은 아니었다. 그 이유는 밀러Miller 교수의 말만으로도 충분히 유추할 수 있다. 에든버러의 왕립 진료소에서 행한 강의에서 밀러 교수는 마취는 "모든 수단을 이용하여 클로로포름 증기를 입과 코에 주입하는 것"이라고 말했다. 밀러가 말한 모든 수단에는 가까이에 있는 손에 들 만한 물건, 예를 들어 '손수건, 타월, 린트, 수술모, 스펀지' 등이 모두 포함되었다. 또한 밀러는 마취제의 양을 측정하는 것은 정밀과학과는 거리가 멀다고 덧붙였다. "이것은 가능한 한 완전하고 빠르게 감각 손실을 일으키는 것이다. 50방울 또는 500방울로 충분한지 등에 대해서는 별로 말할 것이 없다."

마취제 분량에 대한 이러한 안일한 태도는 에테르나 클로로포름을 매우 안전하다고 인식했기 때문이다. 그러나 마취의 사용 빈도가 증가함에 따라 사망 사고가 빈번하게 발생했다. 1847년 앨라배마의 한 의사는 의학 보고서에서 자신이 파상풍으로 고통받는 흑인 노예를 수술하기 위해 불려 간 경험을 서술했다. 당시 그 의사는 상처를 닦아내기 위해 소작기를 덥히고 있었고, 그동안 치과 의사가 흑인에게 에테르를 주입하기 시작했다. 그러나 당시 모두가 놀랐듯이 한순간 환자는 정신을 잃었고 인공호흡을 비롯한 모든 소생술을 시행했음에도 불구하고 몇 초 지나지 않아 사망했다. 그리고 모두들 그가 에테르 흡입 때문에 사망했다는 점에 동의했다.

이 보고서는 모든 의사들을 걱정하게 만들지는 않았지만 한 사람만은 집착에 가까운 열정으로 마취의 사용법과 안전성에 대해 연구를 하게 만들었다. 바로 영국 의사 존 스노우였다. 런던의 콜레라 유행에 관해 기념비적인 조사를 시작하기 두 해 전에 스노우는 에테르를 마취에 사용하여 성공을 거두었다는 소식을 들었다. 흥분한 그는 일상적인 의사 일을 포기하고 에테르의 화학적 성질, 조제법, 주입 방법, 분량, 효과 등에 대해 열성적으로 연구하기 시작했다.

에테르의 안전성에 관심을 가지게 된 스노우는 에테르로 인한 사망에 대해 조사했는데, 과량 주입이나 부적절한 주입에 연구의 초점을 맞췄다. 약리학이 아직 걸음마 단계였던 시절, 스노우는 에테르의 혈중 용해도를 계산했고 용해도와 마취력 사이의 관계, 심지어 실내 온도와 에테르 주입량 사이의 관계를 고찰했다. 이러한 작업을 바탕으로 스노우는 액체 마취제를 증발시켜 가스로 만드는 기구를 개발했고, 보통의 모자나 겨울 장갑을 이용하는 것보다 더 정확하고 정밀한 주입 방법을 창안하게 된다. 스노우가 마취술의 안전성을 발전시킬 수 있었던 것은 환자에게 에테르나 클로로포름을 주입한 800번 이상의 사례를 상세하게 기록했기 때문이었다. 그가 기록한 800건의 마취 사례 가운데 사망은 단 3건뿐이었다.

스노우의 연구 가운데 가장 강력한 영향력을 발휘했던 것은 마취를 받은 환자에 대한 임상적인 관찰이었다. 이전에 대부분의 의사들은 마취를 온오프 스위치처럼 생각했다. 에테르가 주입되고 환자가 의식을 잃으면 수술을 시작하고, 시간이 지나면 환자가 깨어나는 식이었다. 환자가 여러 단계의 의식 수준과 통각 인지 상태를 경험하는 것이 분명했지만 이들 단계와 안전하고 통증 없는 수술과의 관련성을 진지하게 검토한 것은 스노우가 처음이었다. 스노우는 1847년에 출판한 자신의 논문 〈수술 중 에테르 증기 흡입에 대하여On the Inhalation of the Vapour of Ether in Surgical Operations〉에서 단지 마취제의 조제방법과 주입의 가이드라인만 제시한 것이 아니라 오늘날과 비슷하게 마취의 다섯 단계를 밝혔다. 이 논문은 오늘날 의학과 마취에 관한 고전적 저서로 여겨진다.

제1단계 환자는 여러 가지 변화를 경험하기 시작하지만 자신이 어디에 있는지 의식하고 자발적인 운동을 할 수 있다.

제2단계 환자는 몇 가지 정신적 기능을 유지하고 자발적 운동을 할 수 있다. 그렇지만 정신적으로는 혼미한 상태다.

제3단계 환자는 무의식 상태에 빠지며, 정신적 기능과 자발적 운동을 할 수 없게 된다. 하지만 몇 가지 근육 수축은 여전히 일어난다.

제4단계 환자는 완전한 무의식 상태 및 움직일 수 없는 상태에 빠지며, 호흡 근육만이 유일하게 생리적으로 작동한다.

제5단계 호흡이 어렵고, 약해지고, 불규칙해지는 위험한 단계다. 그리고 죽음이 임박한 상태다.

스노우는 이전의 어떤 의사도 시도하지 않았던 마취의 각 단계에 대해 상세하게 설명했다.

환자들은 보통 1분 간격으로 다음 단계로 이동하는데, 만약 4단계에 이르러 에테르 주입을 중단하면 환자는 1~2분 동안 4단계에 머물러 있다가 점차 3단계(3~4분), 2단계(5분), 1단계(10~15분)로 되돌아오게 된다고 밝혔다. 또한 3단계에서 수행한 수술에서 환자에게는 약간 비트는 듯하고 가느다란 신음 외에는 어떠한 것도 나타나지 않는 반면 4단계 환자는 어떤 종류의 수술에도 완전히 수동적인 상태라고 적었다.

스노우는 각각의 환자가 마취에 얼마나 다르게 반응하는지를 기술하면서 1단계에서 2단계로 이행할 때 "히스테리컬한 여성은 흐느끼든지 소리 내 웃거나 비명을 지른다."라고 썼다. 또한 그는 환자의 기억은 오직 1단계에서만 유지된다고 하며 1단계에서 환자가 느끼는 감정은 대체로 기분 좋거나 고조된 상태라고 적었다. 그의 가이드라인에는 마취 전에 환자가 무엇을 먹어야 하는지(아침을 거를 것)와 환자의 에테르 흡입을 돕는 방법(처음에는 증기의 자극에 불편을 호소하기도 한다. 그럴 때는 인내심으로 견뎌내도록 용기를 준다. … 그리고 2단계에 도달하면 몇몇 환자들은 흥분에 차서 말하고, 노래 부르고, 웃고, 울고 싶어 한다) 등도 적혀 있다.

1847년, 스노우가 에테르에 관해 발표한 논문이 널리 배포되기 전에 제임스 심슨이 클로로포름을 새로운 마취제로 도입했다. 그러자 스노우는 곧바로 새로운 마취제의 효과에 대해 연구하기 시작했다. 몇 해 지나지 않아 스노우는 마취 분야의 전문가가 되었고 런던 최고의 외과의들이 가장 선호하는 마취과 의사가 되었다. 1853년과 1857년 빅토리아 여왕이 자녀를 분만할 때 스노우에게 클로로포름을 주입해 달라고 정중하게 요청하자 그의 명성은 정점에 달했다. 스노우에 따르면, "클로로포름이 주입되기 시작했을 때 여왕 폐하께서는 큰 안도감을 보이셨다." 그리고 출산 뒤에 "여왕은 매우 기뻐하셨으며 클로로포름의 효과에 매우 감사한다고 말씀하셨다."고 한다.

스노우는 1858년에 사망하지만 스노우의 약리학과 마취제에 관한 연구는 마취를 과학으로 탄생시켰으며, 또 한편으로는 그를 진정한 세계 최초의 마취과 의사로 만들었다. 의사들은 그의 연구를 처음 몇 해 동안은 받아들이지 않았다. 하지만 스노우는 의학의 역사에 길이 남을 위대한 전진 가운데 한 가지에 마지막 부호를 찍은 사람이 되었다.

근본적인 미스터리 의식 손실과 각성 사이의 연결점

왜 마취가 의학의 역사상 최고의 발견 가운데 한 가지로 손꼽히는가를 이해하는 것은 어렵지 않다. 몇천 년 동안 통증을 줄이기 위해서 알코올이나 맨드레이크 뿌리를 사용하고, 머리를 때리는 등 여러 가지 비효율적인 방법들이 사용되었지만 그 누구도 흡입 마취를 상상하지는 않았다. 흡입 마취를 사용하게 되면서 그 어떤 끔찍한 수술에도 환자는 통증을 느끼지 않게 되었고, 수술이 끝난 뒤에 부작용 없이 환자를 깨어나게 할 수 있었다. 이것은 의학과 사회를 크게 바꾸어 놓았다. 환자들은 이제 생명을 구하고 건강을 개선하는 수술을 기꺼이 받아들이게 되었고, 외과의들은 고통스러워하는 환자의 모습에서 해방될 수 있었다. 이를 바탕으로 새로운 기술과 치료방법들을 개발하면서 더 많은 수술을 시행할 수 있게 되었고 의학은 크게 발전했다.

마취 개발 초기에 일어난 여러 가지 해프닝에서 알 수 있듯이 마취의 발견은 몇 가지 측면에서 사회적 변화가 필요했다. 우선 종교적인 우려를 극복해야 했고, 치유 과정에 통증이 필수라는 고리타분한 의사들의 생각을 바꿔야만 했다. 그 결과 의사나 환자 모두가 마취를 통해 상상할 수 없었던 새로운 방법으로 의식 상태가 안전하게 바뀔 수 있다는

사실을 알게 되었다. 가장 흥미로운 것은 마취의 통증 제거 효과가 정신과 마음에 대한 마취 작용과 분리되지 않는다는 점이다. 험프리 데이비, 크로포드 롱, 호레이스 웰즈의 스토리를 되돌아볼 때 마취의 발견에 이를 수 있었던 데는 마취제들의 희열을 일으키는 속성과 사람들이 그 희열을 즐기는 동안 입은 신체 상처들이 중요하게 작용했다는 사실에 주목해야 할 것이다.

의학계와 사회는 주로 에테르의 실용적인 마취 작용에만 주목했지만 마취의 초기 개척자들은 마취제가 몸과 마음에 미치는 영향에 관한 철학적 · 형이상학적 질문에 더 큰 관심을 보였다.

예를 들어 존 스노우는 상세하게 과학 조사를 수행하던 중 마취에서 깨어난 환자의 말에 흥미를 가졌다. "어떤 정신 상태는 … 심리적인 측면에서 매우 흥미롭다. … 꿈은 보통 어린 시절을 보여준다. 그리고 많은 환자들이 여행하는 꿈을 꾸었다고 한다." 스노우는 환자가 회복된 뒤에도 "유쾌한 상태, 기분의 전환을 경험한다. … 환자들은 평상시보다 더 적극적인 용어로 집도의사에게 감사를 표한다."라고 덧붙였다.

모튼의 기념비적 시연 당시 현장에 있었던 헨리 비글로우 또한 이들 효과에 흥미를 가지고 에테르를 주입 받은 몇몇 치과 환자에 관해 썼다. 어금니를 뽑은 16세 소녀는 치아가 뽑힐 때 통증으로 움찔하고 찡그렸지만 마취에서 깨어나서는 "즐거운 꿈을 꾸었으며 이를 뽑은 것에 대해서는 아무것도 모르겠다."고 말했다. 그리고 12세의 통통한 소년은 에테르를 흡입 받기 전에는 매우 두려워했지만 성공적으로 마취되었고 치아 두 개를 뽑고 깨어났다. 그는 마취에서 깨어난 뒤 이제까지 경험한 가장 즐거운 일이었다고 말하고는 다시 찾아오겠다고 하면서 뽑을 이가 또 있다고 외쳤다. 세 번째 환자는 어금니를 제거한 뒤 깨어나 "멋진 경험이었어요"라고 외쳤다. 그녀는 집에 돌아간 꿈을 꾸었다고 했는데 적어도 그곳에서 한 달은 지낸 것처럼 보였다.

마취 효과가 정신에 미치는 영향에 대한 이러한 언급 가운데 일부가 당시 유명한 예술가와 사상가, 철학자들에게서 나왔다는 사실은 놀라운 일이 아니다. 헨리 워즈워스 롱펠로는 자신의 부인이 미국에서 최초로 무통 분만을 한 직후 치아 두 개를 발치하기 위해 에테르를 주입 받았다. 그는 나중에 에테르 흡입 경험에 관해 다음과 같이 썼다.

"나는 웃음을 터뜨렸다. 그리고는 머리가 빙빙 돌고 종달새가 창공에 오르는 것처럼 기분이 좋아졌다. 의사가 이를 뽑을 때 나는 그것을 의식할 수 있었고 깊은 동굴에서 빠져나온 것 같아 소리를 질렀다. '그만', 그렇지만 난 어떤 근육도 움직일 수 없었고 어떠한 저항도 하지 못했다. 치아는 아무런 통증 없이 뽑혔다."

아산화질소에 대한 가장 초기의 실험을 통해서도 아산화질소가 정신과 감각 사이의 말로 설명하기 어려운 경험들에 관한 근본적인 질문을 제기하고 있다는 사실을 알 수 있다. 데이비에게 가스를 주입받은 어떤 사람은 "이 특이한 가스에 대해 이야기하려면 이들 새롭고 특수한 감각을 표현하기 위한 새로운 개념을 창안하든지 기존의 개념을 수정하든지 해야 한다."라고 썼다.

아마도 데이비는 예술가들의 도움을 받아 이러한 경험들을 글로 옮겼을 것이다. 마취제가 의식의 미개척 영역과 어떻게 관련되는지 가장 잘 설명한 사람 가운데 하나는 작가이자 박물학자, 철학자인 헨리 데이비드 소로우(Henry David Thoreau, 1817~1862)이다. 1851년 5월 12일 소로우는 발치를 하기 전에 에테르를 투여 받았던 경험에 대해 나중에 이렇게 썼다.

"나는 사람이 자신의 감각에서 분리된 채 존재할 수 있다는 사실을 알게 되었다. 당신은 마취제가 당신을 무의식 상태에 빠뜨린다고 생각할 것이다. 그러나 누구도 무의식이 어떠한 것인지 상상할 수 없다. 의식 상태와 '이 세상'이라고 부르는 모든 것으로부터 얼마나 멀리 가게 되는지 … 실제 경험하기 전에는 알 수 없다. 마취제는 당신에게 한 가지 삶과 다른 것 사이의 거리, 당신이 실제로 여행한 것 이상의 거리를 경험하게 해 준다. … 당신은 대지 위의 씨앗처럼 부풀어 오를 것이며, 겨울나무처럼 근원적 뿌리 위에 서게 될 것이다. 만약 여행을 하고 싶다면 에테르를 마셔라. 그렇다면 당신은 지구에서 가장 멀리 떨어져 있는 별보다 더 멀리 갈 수 있을 것이다."

진화하는 과학 기절시키는 것부터 정교한 분자 칵테일까지

마취제는 19세기 중반에 발견된 이래 지금까지 긴 시간동안 발전하며 진화해 왔다. 비록 아산화질소는 웰즈가 흥미를 잃어 포기하는 바람에 대중적으로 사용되지 못했지만 1860년대 치아 발치와 몇몇 수술에서 다시 활용되기 시작했다. 클로로포름은 한동안 유럽에서 인기리에 사용되었지만 간 손상이나 심장 부정맥 등 에테르에서 볼 수 없는 부작용과 안전성 문제가 발견되면서 인기가 하락했다. 아산화질소와 클로로포름, 그리고 에테르라는 세 가지 초창기 흡입 마취 가스 가운데 에테르만이 표준적으로 사용되는 전신 마취제로 1960년대 초까지 살아남았다.

20세기 초에 들어서면서 에틸렌, 디비닐 에테르, 사이클로프로펜, 트

리클로로에틸렌 등 새로운 흡입 마취제 몇 가지가 연구되고 소개되었지만 모두 인화성과 독성을 지니고 있다는 이유로 곧 사라졌다. 1950년대에는 불소를 첨가하여 인화성을 제거한 몇몇 흡입 마취제가 만들어졌다. 비록 일부는 독성으로 사용이 중단되었지만 엔플루렌, 이소플루렌, 세보플루렌, 데스플루렌 등은 현재도 사용되고 있다.

1950년대 이후 마취과학은 더 많이 발전했다. 국소 마취, 척수 마취, 정맥 마취의 발전과 더불어 마취제를 주입하고 효과를 모니터링하는 시스템도 발전했다. 그러나 아마도 가장 큰 진보는 뇌신경학 첨단 분야에서 올 것이다. 비록 그 누구도 우리가 의식의 실체를 이해하지 못하는 것만큼 마취제가 어떻게 작용하는지 정확히 알지 못하지만 최근의 발견들은 어떻게 마취제가 신경계통에 작용하는지 잘 보여준다. 인식과 통증에 대한 마취제의 광범위한 작용부터 각각의 뇌세포가 현미경 및 분자 수준에서, 그리고 뇌와 척수 영역에서 어떻게 작용하는지까지 연구되고 있다.

이제 대부분의 의사들은 마취가 단지 환자를 기절시키는 것을 넘어 훨씬 더 중요한 의미가 있음을 알고 있다. 그것은 진정(이완), 최면(무의식), 진통(통증의 상실), 기억상실, 그리고 운동상실이다. 1990년대에 연구자들은 마취제가 신경 계통 내 각각 다른 부위에서 다중의 효과를 나타낸다는 사실을 밝혀냈다. 예를 들어 몇몇 마취제는 뇌신경에 작용하여 최면과 기억상실을 일으킨다. 다른 마취제는 척수 신경에 작용하여 근육을 움직일 수 없게 만든다. 그러나 아직 그 어떤 마취제도 모든 마취 효과를 나타내지는 못하고 있다. 오늘날의 마취과 의사들은 여러 가지 마취제를 혼합해서 필요한 효과를 거두고 부작용을 최소화한다.

1990년대부터 연구자들은 어떻게 마취제가 작용하는지에 대해 놀라운 비밀들을 밝혀 왔으며, 더 나은 마취제를 개발하기 위한 문을 열었다. 예를 들어 몇 해 전까지만 해도 마취제들은 모두 뇌의 공통적인 부분에 작용하여 뉴런 세포막의 특성을 광범위하게 변화시킨다고 여겨졌다. 하지만 현재 연구자들은 그것이 모든 마취제의 작용을 설명하지 못할 뿐 아니라 한 가지 마취제의 작용도 제대로 설명하지 못한다고 생각하고 있다. 대신 전신 마취제는 뉴런 표면의 미세 입구(이온 통로)의 특성을 바꾸어 뉴런 사이에 신호를 전달하는 흥분을 일으킨다고 설명한다. 뉴런의 세포막에는 몇십 가지의 서로 다른 이온 통로가 있기 때문에 어떤 통로에 작용하는지에 따라 마취제는 각기 다양한 효과를 일으킬 수 있다. 더욱이 뇌는 말 그대로 수십억 개의 뉴런들이 무수한 상호 연결망을 가지고 있기 때문에 뇌 속의 어떤 뉴런이 영향을 받는지도 중요하다. 연구자들은 현재 마취제에 의해 주요하게 영향을 받는 뇌 부위는 시상(뇌의 고등 영역의 신호를 중계), 시상하부(수면 등 여러 생리적 기능을 조절), 피질(사고와 인식, 행동을 관장하는 뇌의 바깥 부위) 그리고 해마(기억 형성에 관여)라고 추측하고 있다.

더욱 흥미로운 것은 뇌신경학자들이 최근 발견한 것 가운데 마취제가 매우 특수한 리셉터에 작용함으로써 서로 다른 효과를 나타낸다는 점이다. 리셉터는 신경 표면에 위치한 작은 게이트키퍼 분자로서 이온 통로의 개폐 여부와 뉴런에 흥분이 생길지에 대한 결정을 내린다. 그러므로 마취제가 다양한 리셉터와 결합한다면 그것들은 뉴런의 흥분성에 영향을 미칠 수 있다. 이것은 매우 중요한 발견이다. 왜냐하면 매우 다양한 종류의 리셉터가 있고, 마취제가 각각의 독특한 작용-무의식, 최면, 진통, 기억상실-을 일으키기 위해서는 뇌 속의 각기 다른 부위에서 각기 다른 리셉터와 결합할 것이기 때문이다.

마취제가 작용하는 데 핵심적인 역할을 할 것이라고 생각되는 특정 리셉터 가운데 하나는 GABAA라고 부르는 것이다. 연구는 각각의 마취제가 어느 부위의 GABAA에 결합하는지, GABAA 리셉터가 뉴런 어디에 있는지, 그리고 그 뉴런이 뇌의 어느 부위에 위치하는지에 따라 각기 다른 작용을 나타낸다는 사실을 보여준다. 하지만 매우 많은 변수가 있기 때문에 현재 또는 미래의 마취제가 효과를 나타내는 매우 많은 경로를 제대로 분류하는 것조차 힘겨운 실정이다.

이것이 마취의 미래에 관해 더욱 흥미를 상기시키는 포인트다. 현재 우리는 마취제가 신경계통 어디에 어떻게 작용하는지 좀 더 상세히 알게 되었다. 이로써 특정 리셉터와 하부 유닛에만 작용하고 다른 부위에는 작용하지 않는 마취제를 개발하여 고도로 특정한 효과를 만들어내는 것이 가능할지 모른다. 이 방법을 통해 전통적인 마취제를 개선하여 더 안전하고 효과적인 마취제를 만들어낼 수 있다. 마취과학자 베벌리 오저Beverley A. Orser는 최근 〈사이언티픽 아메리칸Scientific American〉에 기고한 글에서 현재 마취제가 가지고 있는 광범위한 효과는 "불필요하고 바람직하지 않다."라고 썼다. 그렇지만 "각 요소를 칵테일처럼 하나로 합쳐 바람직한 목표를 만들어낸다면 미래의 마취제는 골절된 다리를 치료하거나 엉덩이뼈를 갈아 끼우는 동안 환자가 깨어 있으면서도 통증을 느끼지 않는 상태로 만들 수 있을 것이다."라고 덧붙였다.

모튼이 외과 수술에 에테르를 도입함으로써 의학의 역사를 바꾼 지 160여 년이 지난 지금, 마취과학은 계속해서 진화하면서 의학을 바꾸고 있다. 재미있는 것은 몇몇 과학자들은 마취제를 연구하면서 마취제가 우리 마음의 비밀을 푸는 데 도움이 될 수 있다고 믿고 있다는 사실이다. 최근 〈네이처 리뷰Nature Reviews〉의 한 논문은 "마취제는 수면과 각성의 인지 메커니즘에 관여하는 뉴런과 전달 경로를 밝히는 데 사용되어 왔다."며 현재의 연구 결과들은 "임상의학과 기초 신경과학 양쪽에 매우 중요하고 더 큰 통찰을 보여줄 것이다."라고 기술했다.

이러한 통찰에는 새로운 마취제가 어떻게 작용하는지뿐만 아니라 인간 인식의 미스터리를 푸는 것도 포함될 수 있을 것이다. 200년 전 험프리 데이비가 묘사한 사고와 꿈의 실체로부터 엄청난 감각과 지각에 이르기까지. 그러나 이들 연구가 우리를 더 깊게 또는 상상 너머로 이끌든, 우리는 마취로부터 얻은 실용적인 혜택을 잊어서는 안 된다. 존 스노우는 1847년에 쓴 논문에서 다음과 같이 경탄했다. "에테르를 사용한 치료가 지속적으로 성공함으로써 에테르를 계속 사용하게 될 수 있다는 것은 위대한 혜택 가운데 하나다. … 환자는 통증에서 벗어났을 뿐만 아니라 더 많이 발전된 세상을 기대하고 있다. … 대부분의 환자들은 이제 수술을 두려운 마음이 아니라 단지 아픈 관절이나 걱정거리 질병을 제거하는 기회로 기다릴 수 있게 되었다."

스노우의 언급은 새로운 의학의 한 분야를 열었고 19세기 이전에는 알지 못했던 새로운 세계의 탄생을 알려주었다.

5장

나는 당신 속을 들여다보고 있다

엑스선의 발견

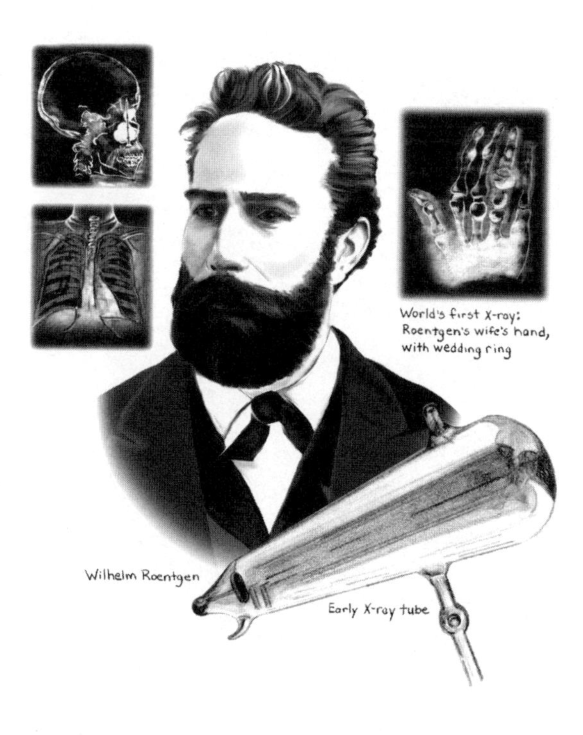

어떤 종류의 광선이 크룩스관을 빠져나와 스크린에 부딪쳐 발광하고 있었다. 스크린에 도달하기 위해서는 적어도 1.8미터는 나아갈 수 있어야 하는 만큼 그것은 음극선은 아니었다. 당시 음극선이 도달할 수 있는 거리는 7센티미터에 불과하다고 알려져 있었는데 그것은 1.8미터나 도달했기 때문이다. 이것이 바로 엑스선이다.

미스터리, 비밀, 그리고 폭로 4가지 실화

사례 1 태어난 지 갓 6주가 지난 남자 아기는 이틀 전까지만 해도 건강하고 활동적이었으며 의식도 멀쩡했다. 그러던 어느 날 갑자기 왼쪽 대퇴부 안쪽이 부어올랐다. 걱정이 된 어머니는 아기를 안고 응급실로 오게 되었다. 어머니는 의사가 묻는 말에 응답한 뒤 의사에게 아기가 사고나 놀이로 다치지 않았다고 말했다. 그러면 무엇으로 부은 다리를 설명할 수 있을까? 종양? 혈액 응고? 아니면 감염? 궁금증은 엑스선 검사로 풀렸다. 검은 배경 위에 선명히 드러난 하얀 빛은 왼쪽 대퇴골이 최근에 부러졌음을 분명히 보여주고 있었다. 그리고 추가로 한 엑스선 검사에서 더욱 충격적인 사실이 드러났다. 오른쪽 상박골과 다리, 그리고 두개골에서도 골절 흔적이 나타난 것이다. 치료 방법은 분명했다. 일단 아기에게 뼈 지지대를 부착하고, 이후 학대 방지를 위해 아기는 그의 두 형과 함께 양육원으로 보내졌다.

사례 2 77세의 중국 할머니 진광잉 씨는 몇십 년간 두통으로 고통받아 왔다. 어떤 때는 증상이 너무 심해 머리를 주먹으로 내려치면서 두서없이 중얼거리기도 했다. 그 모습을 보며 가슴 아파하던 가족들이 그녀를 의사에게 데려갔지만 엑스선 촬영에도 회색빛의 음영이 뇌와 두개골의 경계를 둘러싸고 있을 뿐 별다른 특징이 보이지 않았다. 그런데 자세히 살펴본 결과 한가지 놀라운 사실이 발견되었다. 두뇌 중앙 근처에 2.5센티미터 정도 되는 총알이 하얀 그림자 모양으로 빛나고 있었던 것이다. 의사는 4시간에 걸친 수술 끝에 진광잉씨의 머리에 박혀 있던 총알을 제거하고, 그에 얽힌 사연을 알게 되었다. 그녀는 1943년 제2차 세계대전 당시 아버지에게 음식을 가져다주던 중 마침 그곳에 침입한 일본군의 총에 맞았던 것이다. 운이 좋아 살아남긴 했지만 그 뒤 그녀는 간단한 엑스선 촬영으로 그녀를 끊임없이 괴롭혀 온 두통의 비밀을 풀기 전까지 60년 동안 이 사실을 잊고 살았다.

사례 3 62세의 남성이 복통을 호소하며 응급실을 찾아왔다. 그는 먹지도, 움직이지도 못했다. 처음에는 증상의 원인을 찾지 못했지만 가슴과 복부 엑스선 촬영 결과 이유가 드러났다. 의사는 엑스선 사진을 통해 굽이치는 구름 모양의 장기와 척추 부위에 음영이 있음을 확인했고, 이어서 하복부에 하얀색 주머니가 있는 것을 발견했다. 그것은 흔히 알려진 해부학적 형상과는 전혀 다른 모습이었는데, 그 남성의 위는 350개에 달하는 동전과 목걸이로 가득했다. 의사는 수술을 집도하면서 5.4킬로그램의 금속 때문에 위가 허리 사이의 새로운 자리에 내려앉은 사실을 알게 되었다. 엑스선 촬영으로 환자의 증상에 대한 미스터리를 푼 동시에 그 누구도 알지 못한 심각한 정신질환까지 밝혀냈다.

사례 4 중국 한 농촌 지방에 사는 31세의 여성 루오 쉬펜 씨는 우울증과 불안, 신체 운동 부전으로 여러 해 동안 고통받았다. 그녀는 소변에 피가 섞여 나오는 것을 보고 검사를 받기 위해 병원을 찾아갔다. 의사는 엑스선 촬영을 통해 그녀의 폐와 간, 담낭, 신장에 60센티미터나 되는 바늘이 박혀 있다는 사실을 밝혀냈다. 의사는 곧 수술을 준비했고 그녀의 안타까운 사연을 알게 되었다. 그녀가 어렸을 때 쉬펜 씨의 조부모들이 그녀를 살해할 목적으로 바늘을 찔렀던 것이다. 전통적으로 여아는 남아와 달리 가족의 성을 받거나 나중에 부모를 모실 수 없었기 때문에 당시 농촌 지방에서 여자아이는 천덕꾸러기 신세였고 종종 살해되기까지 하는 운명이었던 것이다.

음습하고 침습적인 보이지 않는 빛이 세상을 놀라게 하고 바꾸다

위의 이야기들은 최근 의학 저널과 뉴스 보도에서 추려낸 것으로 모두 실화다. 평범한 이야기는 아니지만 우리는 이 실화들은 왜 엑스선이 발견된 지 100년이 훨씬 지난 오늘날에도 우리를 흥분시키는지 알 수 있다. 위의 이야기에서 의사들은 엑스선 촬영을 통해 고통과 통증, 보이지 않는 손상과 질병의 깊은 미스터리를 알아차리고 치료 계획을 세울 수 있었다. 한편으로 엑스선이 아동 학대, 전쟁의 참상, 정신질환, 문화적 잔인성 등 인간 세상의 깊은 비밀을 드러낸다는 사실도 알게 되었다. 오늘날 우리는 간단한 엑스선 촬영이 한 사람의 인생을 바꿀 수도 있다는 사실에 경이로워하는 한편 그것을 두려워하기도 한다.

1895년 엑스선이 발견되었을 때 사람들은 이것이 과학과 마법이 합쳐져 만들어진 기이한 산물임을 깨달았다. 엑스선을 통해 몸을 들여다보면 우리를 불안하게 만드는 모순된 진실과 마주하게 된다. 우리는 엑

스선을 통해 몸의 견고한 활동력을 보여주는 강력한 증거이자 우리가 결국 죽은 뒤 분해될 것임을 암시하는 뼈를 볼 수 있다. 엑스선의 이미지를 통해 다른 것도 파악할 수 있다. 의학적 훈련을 통해 흐릿한 구름의 모습과 음영을 특정 질병과 손상으로 해석할 수 있기 때문이다. 엑스선은 실제로 훌륭한 도구가 되어 한 세기 동안 수많은 생명을 구하고 치료했다.

또한 엑스선의 신비로움은 그 명칭 속에도 숨어 있다. 불가해한 'X'는 실제 이름으로 담기에는 버거운 천상의 것에 가까운 힘을 암시한다. 실제로 엑스선은 그 자체가 보이지도 않고 들을 수도 없고 느껴지지도 않으며, 우리 몸을 통과하며 우리 내부의 비밀을 알려주는 비밀스러운 속성 때문에 음습하게 느껴지기도 한다.

다른 의학의 전진과 달리 엑스선은 몇십 년 동안 전자기학 분야의 개척자적인 연구 결과로 발견되었다. 그래서 우리는 엑스선이 발견된 순간부터 이후 일련의 기념비적 사건들을 통해 엑스선이 어떻게 의학계에서 커다란 영향을 갖게 되었는지를 추적해 보려고 한다.

먼저 엑스선이 자리 잡기 위해 거쳤던 이정표들을 주목해야 한다. 엑스선은 발견 직후 세계를 충격에 빠뜨렸고, 의학에 수없이 적용됨으로써 진단 의학에서 유례가 없는 가치를 증명했다. 또한 암과 그 밖의 다른 질병들을 발견하고 치료할 수 있는 동시에 위험하고 심지어는 죽음에 이를 수도 있게 한다는 비극적인 깨달음을 가져다주었다. 동시에 엑스선은 우리가 어떻게 실재를 이해하는지에 대한 패러다임의 전환을 촉발했다. 엑스선은 과학자들이 원자와 양자의 역학과 구조 등 물리 세계의 실체를 붙잡고 씨름하는 동안 우리에게 다가왔다. 그런 만큼 한동안은 어느 누구도 엑스선이 정확히 무엇이며 또 어떻게 작용하는지 몰랐다. 엑스선의 발견으로 1901년 노벨 물리학상을 수상한 빌헬름 뢴트겐(Wilhelm Roentgen, 1845~1923)은 청중에게 이렇게 말했다.

"광선이 여러 물체, 심지어 내 손을 통과하는 것을 목격한 뒤에도 나는 여전히 내가 속고 있다고 생각했다."

하지만 뢴트겐은 곧 엑스선이 실체를 가진 진짜임을 깨달았다. 그 후 그가 엑스선에 의한 첫 번째 이미지를 발표했을 때 모두들 뢴트겐의 생각에 동의할 수밖에 없었다. 뼈와 조직, 그리고 손가락에 낀 결혼반지가 분명하게 보이는 뢴트겐 부인의 손 사진은 이전에 사람들이 보아온 어떠한 이미지와도 달랐다. 사진이 발표된 직후 세계는 흥분과 두려움, 그리고 무모한 추측이 뒤엉킨 폭풍에 휩싸였다. 뢴트겐은 뒤에 그가 처음 엑스선을 선보였을 때에 큰 혼란이 일어났다고 회상했다.

이정표 1

어떻게 '새로운 광선'을 발견하게 되었나

1895년 11월의 어느 금요일 저녁, 독일의 유명한 물리학자 빌헬름 뢴트겐은 연구와는 관련이 없는 가벼운 장난을 치고 있었다. 실험실에서 혼자 일하던 그는 배 모양의 유리관을 통해 자기장을 쏘아 반대쪽에서 형광빛이 뿜어 나오게 하고 있었다. 뢴트겐이 자격 미달의 과학자였던 것은 전혀 아니었다. 그는 뷔르츠부르크 대학의 물리연구소 소장으로 이미 물리학의 다양한 주제에 관해 40편이 넘는 논문을 발표한 능력 있는 물리학자였다. 그는 당시까지만 해도 전기 방전 실험 등에는 거의 관심이 없었다가 다른 물리학자들이 기이한 발견을 했다는 보고를 보고 나서야 호기심을 갖게 되었다.

물리학자들은 진공관을 통해 고압의 전기 방전을 쏘면 음극cathode의 반대편에서 보이지 않는 광선이 뿜어져나와 관을 밝게 만든다는 사실을 30년 전부터 알고 있었다. 그들은 이 광선을 논리적으로 음극선cathode ray이라고 불렀는데, 왜냐하면 누구도 이것이 정확히 무엇인지 몰랐기 때문이다. 오늘날 우리는 이것들이 원자 궤도에서 튀어나온 전자라는 것을 알고 이것이 전기를 만든다는 사실도 알고 있지만 당시만 해도 음극선은 미스터리였다.

1890년대 초 물리학자 필립 레너드(Philip Lenard, 1862~1947)는 음극선이 유리관의 작은 알루미늄 창을 통과해 약 7센티미터까지 갈 수 있다는 새로운 속성을 발표했는데, 뢴트겐을 비롯한 많은 과학자들이 이에 흥미를 느꼈다.

1895년 11월 8일 밤, 뢴트겐은 레너드의 실험을 단순하게 반복하던 중 우연히 위대한 발견에 이르게 된다. 그는 크룩스관이라고 불리는 유리 진공관을 차광지로 싼 뒤 광선이 알루미늄과 관 밖을 지나가는지 관찰하기 위해 방을 어둡게 하고는 발광하는 빛을 보려고 했다. 그는 테이블에서 1.8미터 가량 떨어진 곳에 작은 인화 스크린을 우연히 놓아두었다. 그리고는 전등을 끄고 크룩스관에 전기를 쏘아 튜브 밖의 빛을 관찰했다. 그때 전혀 예상하지 못한 일이 발생했다. 음습한 황록색 빛이 크룩스관 근처가 아닌 1.8미터 밖의 어둠 속에 나타난 것이다. 뢴트겐은 어리둥절해하며 장비를 체크하고 재차 방전이 되도록 했다. 처음과 마찬가지로 똑같은 이상한 빛이 방 끝에 나타났다. 그는 전등을 켜고 빛이 어디서 나타나는지를 살폈다. 알고 보니 인화 스크린이 우연히 거기에 놓여 있었던 것이다. 그는 계속 크룩스관을 방전시키고는 자신이 본 현상을 의심하지 않을 때까지 계속해서 빛을 체크하고 또 체크했다. 어떤 종류의 광선이 크룩스관을 빠져나와 스크린에 부딪쳐 발광하고 있었다. 스크린에 도달하기 위해서는 적어도 1.8미터는 나아갈 수 있어야 하는 만큼 그것은 음극선은 아니었다. 당시 음극선이 도달할 수 있는 거리는 7센티미터에 불과하다고 알려져 있었는데 그것은 1.8미터나 도달했기 때문이다.

뢴트겐은 난생처음 보는 현상에 대한 흥분과 호기심으로 그날부터 6주에 걸쳐 새로운 광선에 대해 연구했다. 그는 곧 이 보이지 않는 광선이 도달할 수 있는 거리는 광선이 가진 특징 가운데 하나에 불과하다는 사실을 알게 되었다. 우선 인화 스크린에 쏘았을 때 스크린의 피복된 면에서도 발광했는데 이는 광선이 스크린의 뒷면을 통과할 수 있다는 의미였다. 이 광선이 고체도 통과할 수 있을까? 계속된 실험을 통해 뢴트겐은 이 광선이 2개의 카드 꾸러미와 나무 벽돌, 심지어 1,000쪽에 달하는 책을 스크린 앞에 두어도 통과하여 스크린을 발광시킨다는 사실을 알아냈다. 반면 납처럼 밀도가 높은 물체는 통과하지 못하거나 부분적으로만 통과할 수 있어서 스크린에 음영을 남긴다는 사실도 알아냈다.

뢴트겐은 거듭된 실험 끝에 더욱 놀라운 발견을 했다. 광선을 쏘아 물체가 광선을 막을 수 있는지 알아보던 중 스크린에 물체를 들고 있는 자신의 손이 음영을 만든다는 사실을 발견한 것이다. 그것을 자세히 들여다보니 음영 내에 뚜렷한 모양이 나타났다. 뢴트겐 자신의 손가락뼈였다. 그는 마침내 기념비적 발견에 이르게 된다. 그가 알아낸 사실은 광선이 물체의 밀도에 따라 서로 다른 정도로 흡수되며 뼈와 근육, 지방 등으로 이루어진 인간 신체를 지나가는 광선은 스크린에 다양한 음영을 만들어 내어 결국 인체의 내부 구조를 밝힐 수 있다는 것이었다.

뢴트겐이 자기 자신의 뼈로 스크린에 음영을 나타나게 했을 때 그것은 동시에 두 가지 이정표를 만들어냈다. 사상 최초로 인체의 엑스선 이미지를 만들어낸 것과 최초의 형광 투시상을 만든 것이다. 그리고 몇 주 뒤인 1895년 12월 22일, 그는 자기 아내의 손을 인화판 위에 얹고 광선을 쏘아 최초로 영구적인 엑스선 이미지를 만들어냈다.

놀라운 발견을 이룬 뒤 뢴트겐은 실험실에서 잠을 자거나 종종 식사를 거르기도 하면서 7주 동안 비밀스럽게 연구에 몰두했다. 또한 아내와 가까운 친구 둘 외에는 아무에게도 자신의 발견을 알리지 않았다. 그는 한 친구에게는 굉장히 겸손한 투로 자신의 발견을 전했다.

"흥미로운 걸 발견했어. 그렇지만 내 발견이 정확한 건지 아직 잘 모르겠어."

이 기간 동안 뢴트겐은 자신이 발견한 새로운 광선이 다양한 물체를 통과할 수 있는지부터 시작해 다른 광선처럼 프리즘과 자기장으로 왜곡되는지 등의 속성을 탐색하고 확인하는 작업에 몰두했다.

크리스마스 휴가가 끝난 뒤 뢴트겐은 자신의 발견을 〈새로운 종류의 광선에 대하여〉라는 10쪽짜리 논문에 압축하여 담았는데, 이 논문에서 그는 '엑스선(X-ray)'이라는 용어를 처음으로 사용했다. 그리고 이 보이지 않는 광선은 음극선이 유리관 벽에 부딪칠 때 발생한다고 보고했다. 1895년 12월 28일 뢴트겐은 자신의 논문을 뷔르츠부르크 물리학-의학 협회에 보냈다. 며칠 뒤인 1896년 1월 1일 뢴트겐은 인쇄된 논문을 받왔고, 논문을 복사해서 그중 90부를 유럽 전역의 물리학자들에게 보냈다. 90부 가운데 12부에는 그가 만들어낸 9장의 엑스선 이미지가 포함되어 있었다. 대부분 나침반이나 박스 속의 물체 등 일반적인 물체 내부를 보여주었다. 그중 하나였던 반지를 낀 뢴트겐 부인의 손뼈 이미지는 세계적으로 큰 반향을 일으켰다.

큰 혼란이 야기되는 데는 불과 3일밖에 걸리지 않았다. 1896년 1월 4일 저녁에 열린 파티에는 프라하에서 날아온 손님이 있었다. 그는 뢴트겐에게서 논문과 엑스선 이미지를 받은 사람 중 하나였다. 그 손님은 이미지 원본을 빌리기 위해 파티에 참석했고, 그것을 빌려 가 자신의 아버지에게 보였다. 그의 아버지는 빈에서 가장 발행 부수가 많은 조간 신문인 〈디 프레스Die Presse〉의 편집인이었다. 다음 날 〈디 프레스〉 1면에는 '세상을 놀라게 한 발견'이라는 제목으로 뢴트겐의 엑스선 발견 소식이 실렸다. 그 뒤 얼마 지나지 않아 이 이야기는 전 세계 신문에 보도되었다.

이정표 2

1년간의 폭풍, 그리고 외설적이며 무례한 광선

뢴트겐이 엑스선을 발견한 뒤 1년 동안 과학자와 대중들이 보인 반응의 강도와 범위를 굳이 과장할 필요는 없다. 왜냐하면 그들은 그 발견에 대해 더할 수 없이 큰 충격을 받았기 때문이다. 뢴트겐이 자신의 발견을 공표했을 때 명망 있는 동료 학자들도 믿을 수 없어 했다. 뢴트겐에게 논문과 이미지 사진을 받은 사람 가운데 한 명은 이렇게 회상했다. "나는 내가 동화책을 읽고 있다고 생각하지 않을 수 없었다. … 살아 있는 사람의 뼈 사진을 프린트해 오다니, 마법이 아니라면 어떻게 그것이 가능할 것인가." 한 의사는 뉴스가 전해진 직후 한 동료가 그에게 다가와 뢴트겐의 괴이한 실험을 흥분하면서 설명했다고 회상했다. 그는 믿기 어려운 사실을 비웃었고, 동료는 화를 내며 자리를 떴다. 그러나 그 뒤 의사는 이것을 논의하는 다른 그룹의 의사들을 만나 직접 논문을 읽게 되었다. 논문을 읽은 뒤 그는 "정말이지, 할 말이 없었다."고 말했다.

오래지 않아 그 사건을 의심하는 사람은 거의 없어졌다. 〈런던 스탠다드〉는 1895년 1월 7일 "이 일은 조롱거리나 사기가 아니다. 이것은 독일 교수가 발견한 위대한 성과다."라고 썼으며 1월 7일 자 〈프랑크푸르트 자이퉁〉은 뢴트겐의 실험결과를 보도하면서 "이 발견을 제대로만 활용한다면 매우 획기적인 결과를 가져올 것이다. … 물리학과 의학 양쪽에서 흥미로운 결과를 가져올 수 있다."라고 했다.

1월 말 〈란셋The Lancet〉은 이 발견이 "신체 내부를 검사하는 데 실로 혁명적인 방법을 만들어 낼 수 있을 것이다."라고 했으며, 2월 1일 〈영국의사협회지British Medical Journal〉에 게재된 한 논문은 "숨겨진 구조를 드러내는 사진은 세상을 매우 놀라게 할 만한 위업이며 교육 받지 못한 사람이라도 상상할 수 있을 만큼 사람들을 자극한다."라고 썼다.

처음 몇 주 동안 많은 과학자들이 우리가 상상할 수 있는 그대로 반응했다. 그들은 자기들이 사용할 크룩스관과 그 밖의 장비들을 경쟁적으로 사들였고 스스로 엑스선을 만들어낼 수 있는지 실험했다. 실제로 첫 달에 많은 사람들이 엑스선을 만드는 데 성공했다. 1896년 2월 12일 〈전기공학〉은 "진공관과 유도 코일을 가지고 있으면서 뢴트겐 교수의 실험을 반복해 보지 않은 사람은 아마도 없을 것이다."라고 언급했고, 1주 뒤 〈전기 세계〉는 "필라델피아의 모든 크룩스관이 동이 났다."고 보도했다. 과학자들이 자문을 주고받느라 전신선도 매우 바빠졌다. 시카고의 어느 의사가 발명가 토머스 에디슨Thomas Edison에게 기술적인 자문을 구하는 전보를 보내자 에디슨은 그 즉시 다음과 같이 전보로 답했다. "이 일은 너무 새로워 정확한 방향을 알기 어렵다. 실험을 위해 2~3일이 더 필요하다."

소식이 전파되고 핫 이슈가 되자 몇몇은 이 소란에 대하여 냉소적인 태도를 드러내기도 했다. 3월, 영국의 〈팔 몰 가제트Pall Mall Gazette〉은 다음과 같이 썼다. "우리는 뢴트겐선에 신물이 난다. … 그래 이제 우린 다른 사람의 뼈를 맨눈으로 볼 수 있다. 이것이 얼마나 역겹고 무례한 일인지 생각해 볼 필요조차 없을 것이다." 그리고 1896년 2월 22일 〈메디컬 뉴스Medical News〉의 편집자는 "이 가공되지 않은 뿌연 음영으로 얼마나 많은 도움을 받을 수 있을지 실로 의문이다."라고 썼다.

그러나 많은 과학자들에게 엑스선의 중요성은 의심할 여지가 없었다. 1896년 1월 23일 뢴트겐은 뷔르츠부르크의 물리학-의학협회 회원, 교수, 고위 관료, 학생들을 포함한 많은 청중들 앞에서 자신의 발견에 관해 대중 강연회를 열었다. 뢴트겐은 우레와 같은 환영을 받았고 강연 중에도 여러 차례 박수를 받았다. 강연이 막바지에 달했을 때 그는 유명한 해부학자 루돌프 폰 콜리커(Rudolph von Kolliker, 1817~1905)를 청중 속에서 불러내 그의 손을 엑스선으로 찍었다. 곧 엑스선 이미지가 만들어지고, 그것을 들어 올리자 청중들은 다시 한 번 폭발적인 갈채를 보냈다. 폰 콜리커는 뢴트겐에게 박수를 보낸 뒤 만세 삼창을 부르자고 외쳤다. 폰 콜리커가 이 광선을 뢴트겐의 이름을 따서 뢴트겐선으로 부르자고 제안했을 때 다시 한 번 우레와 같은 갈채가 터져 나왔다.

발견 후 첫해의 통계는 뢴트겐의 발견에 대한 엄청난 관심을 확실하게 보여준다. 1896년 말, 전 세계적으로 엑스선에 관한 50여 권의 책과 1천여 건의 논문이 출판되었다.

대중들 역시 열광적이었다. 하지만 이에는 불합리한 공포와 신경질적인 유머, 그리고 몰상식한 돈벌이도 많았다. 초기의 오해 가운데 가장 큰 것은 엑스선이 단지 다른 형태의 사진이라는 것이었다. 발견 초기의 많은 카툰이 이러한 오해를 소재로 많은 재미를 보았다. 1896년 4월 27일 〈라이프Life〉에 실린 한 카툰에서는 사진사가 여성을 찍기 위한 준비를 하면서 그녀에게 함께 찍을 것인지 아닌지를 물었다. 그녀가 "무엇을 같이 찍는다는 거죠?"라고 묻자 사진사는 "뼈요"라고 답했다.

이러한 오해에서 나온 공포는 외설적인 욕망으로 가중되었다. 엑스선 카메라를 들고 다니면 순진한 행인들의 속을 찍을 수 있다는 의미였기 때문이다. 발견 후 몇 주 지나지 않아 런던의 한 회사는 '엑스선 차단 속옷, 특히 민감한 여성을 위해 만들어진 란제리'라며 속옷을 선전하기 시작했다. 에디슨도 우편으로 괴상한 요청을 받고는 골치 아파했다. 한 호색한이 에디슨에게 오페라글라스를 보내 "여기에 엑스선을 맞춰 주세요"라고 했고 다른 사람은 "제발 저에게 1파운드를 찍은 엑스선 사진과 영수증을 가능한 한 빨리 보내주세요"라고 부탁하기도 했다고 한다.

이러한 오해의 소지를 없애기 위해 에디슨과 과학자들은 대중에게 직접 뢴트겐 광선을 교육할 목적으로 전시회를 열기도 했다. 재미있는 것은 나중에는 과학자들이 대중들에게 교육을 받았다는 사실이다. 런던에서 열린 한 전시회에서는 두 명의 노인이 작은 엑스선 방에 들어가 문이 단단하게 잠겨 있는지를 물었다. 그리고는 진지하게 촬영기사에게 각자의 뼈를 보여주되 허리 아래는 안 된다고 요구했다. 촬영기사가 주문에 따라 준비하자 서로 친구의 뼈를 먼저 보겠다고 말다툼이 일어났다. 다른 곳에서는 한 소녀가 촬영기사에게 남자 친구의 엑스선을 남자 친구가 모르는 채로 찍을 수 있는지를 물었다. 그녀는 "그가 몸속도 건강한지 알고 싶어서"라고 이유를 덧붙였다고 한다.

엑스선은 인간의 어리석은 희망과 속임수를 드러내기도 했다. 컬럼비아 대학은 어떤 사람이 엑스선을 개의 머리에 쪼이면 곧 그 개가 배고파한다는 사실을 발견했다고 보고했다. 뉴욕의 한 신문은 내과·외과 의사협회에서 엑스선이 의대생들의 두뇌에 해부 개념도를 집어넣는 용도로 사용될 수 있다는 사실을 발견했다고 보도하며 "해부학 지식을 배우는 어떤 고전적인 방법들보다 훨씬 오래가는 이미지를 만들어낸다."고 주장했다. 또 아이오와의 한 신문은 콜롬비아 대학 졸업생들이 엑스선을 이용하여 13센트짜리 금속 조각을 153달러 가치의 금으로 바꾸었다고 보도하기도 했다.

그러나 사람들은 곧 엑스선이 현실적으로도 가치 있게 활용될 수 있다는 사실을 깨닫기 시작했다. 1896년 콜로라도의 한 신문은 엑스선 이미지가 부러진 다리를 잘 치료하지 못한 외과의의 의료 과실 소송에 활용되고 있다고 보도했다. 흥미롭게도 판사는 엑스선 증거를 채택하기를 거부했는데 왜냐하면 이러한 일이 가능하다는 증거가 없었기 때문이다. 그는 "마치 유령 사진을 보는 것 같다."고 말하며 엑스선 이미지를 증거로 채택하기를 거부했다. 하지만 다른 판사는 엑스선 증거를 채택하면서 "현대 과학은 인체 조직의 속을 볼 수 있도록 했다."고 말했다.

엑스선 발견 첫해에 세상이 그것을 견딜 수 있게 도운 것은 유머 감각이었을 것이다. 1896년 어느 신문의 정치 평론란에는 다음과 같은 풍자 기사가 실렸다. 페르시아의 왕(샤)이 자기 궁정의 모든 관리에게 뢴트겐 사진을 찍도록 하고는 "한 시간 동안이나 엑스선에 노출시켰는데 누구에게서도 기개氣槪를 찾아볼 수 없구나"라고 한탄했다는 것이다. 또 다른 유머로 1896년 3월 〈전기 세계〉는 로마 숫자에 꽂힌 어느 여성이 "나에게 10(로마 숫자 X)자 선이 무엇인지 물어왔다."고 했다. 그리고 1896년 8월 〈전기 기사〉는 어떤 사진사가 자신이 엑스선을 활용하여 이혼을 방지할 수 있다면서 낸 광고에 혼란스러워 하며 다음과 같이 덧붙였다. "우리는 그가 엑스선을 사용해서 모든 비밀의 골자를 찾아낼 수 있다는 얘기로 추측했다."

1896년 초 〈사진Photography〉에 게재된 시는 새로운 광선에 대한 대중의 예민한 반응을 잘 보여준다. "X-actly So!"라는 제목의 시는 다음처럼 끝맺는다.

나는 현혹되었다네.
충격을 받고 놀라워했다네
지금부터 나는
그들이 응시하는 것을 듣는다네
망토와 가운을 통과하고, 심지어 기둥도 뚫고 지나가는.
이 외설적이고 무례한 뢴트겐선.

이정표 3

미지의 영역을 지도화하다 엑스선이 진단 의학에 일으킨 혁명

생명을 위협하는 상처와 질병이 신체 어느 부위에 있든지 볼 수 있다는 획기적인 장점에도 불구하고 엑스선이 발견된 뒤 의학적 사용이 최초로 이루어진 것은 드라마틱하지 않았다. 그것은 고작 바늘을 찾아낸 것에 불과했다. 뢴트겐의 발견이 세상에 알려진 지 이틀 뒤인 1896년 1월 6일, 영국 버밍햄에 있는 퀸 병원에 손이 아프다고 호소하는 한 여성이 찾아왔다. 다행히도 필요한 장비가 갖춰져 있었고, 의사는 엑스선을 쏘아 그녀의 손을 아프게 하는 가느다란 침입자를 찾아내 제거했다. 하지만 당시 바늘에 찔리는 사고가 잦았음을 생각한다면 빗나간 바늘을 쉽게 찾아냈다는 것의 의미를 간과해서는 안 될 것이다.

맨체스터 대학의 한 물리학자는 1896년 초에 다음과 같은 불평을 털어놓았다. "내 실험실은 환자를 데려온 의사들로 감당이 안 될 정도다. 몸의 별의별 부위에 바늘이 들어갔을 것으로 의심되는 환자들이다. 어떤 주에는 발레리나의 발에 꽂힌 바늘을 찾기 위해 사흘간 오전 내내 실험실을 내주어야 했다."

그러나 얼마 지나지 않아 의사들은 엑스선을 이용해 좀 더 심각한 손상을 찾아내기 시작했다. 북아메리카에서 최초로 엑스선을 병의 진단과 수술 가이드로 사용한 것은 1896년 2월 7일이다. 몇 주 전인 크리스마스 때 톨슨 커닝Tolson Cunning이라는 젊은 남자는 난투극을 벌이다 다리에 총상을 입었다. 몬트리올 종합병원의 의사들은 총알을 찾지 못했지만 45분에 걸친 엑스선 검사로 납작한 총알이 환자의 경골과 비골 사이에 있다는 사실을 알아냈다. 이 엑스선 이미지는 의사들이 총알을 제거

하는 데 도움을 주었을 뿐 아니라 커닝이 그 뒤 총격자에게 소송을 제기했을 때도 도움이 되었다. 다행이든 아니든 엑스선은 곧 응급 상황에서 주연이 되었다. 1896년 초 〈전기 기술자The Electrician〉는 이러한 상황을 "인간이 계속 서로에게 총을 쏘아대는 한 엑스선은 총알의 위치를 찾아내는 유용한 수단이 될 것이고, 의사는 기뻐하며 총알을 제거할 것이다."라고 풍자하기도 했다.

엑스선은 자신의 가치를 계속 증명했다. 당시 엑스선 장비는 대부분 병원이 있는 도심에서 조금 떨어진 대학 물리학 실험실에 있었는데, 의사들은 의료 현장 가까이에 언제나 엑스선 장비가 있기를 바라게 되었다. 1896년 4월 초 미국 최초로 뉴욕 의과대학과 시카고의 하네만Hahnemann 병원 및 의과대학에 방사선과가 생겼다. 의과대학에 방사선과가 설치된 것에 대해 〈전기 기사〉는 "수술 시에 엑스선 촬영이 유용하다는 사실은 매우 자주 언급되었다. 이에 따라 병원 당국은 엑스선 촬영 목적으로 작은 병동 하나에 크룩스관과 다른 신기술 관련 장비들을 갖출 것이라 한다."고 보도했다.

엑스선 장비는 전쟁에서도 쓰였는데, 1896년 5월 영국 전쟁성에서는 엑스선 장비 2세트를 주문하면서 "나일 강 유역에 주둔한 군대의 군의관들에게 엑스선 장비는 총알을 찾고 골절의 범위를 결정하는 데 큰 도움이 될 것이다."라고 했다. 흥미롭게도 1차 세계대전 중 병원이 엄청난 부상병들로 가득 찼을 때 노벨상 수상자 마리 퀴리(Marie Curie, 1867~1934)는 엑스선의 활용도를 더욱 넓혀 다수의 생명을 구하게 된다. 퀴리가 만들어낸 것은 곧 '깜찍한 퀴리'라고 불렸는데, 엑스선 장비를 장착하고 엔진으로 움직일 수 있는 자동차였다. 이 자동차는 전선과 파리 시내 및 근교의 병원을 오가면서 부상당한 병사들을 치료하는 데 큰 도움을 주었다.

엑스선은 바늘과 총알을 찾는 것 외에 다른 분야에도 활용되었다. 그 중 중요한 것이 바로 결핵의 진단이었다. 결핵은 19세기 후반과 20세기 초 유럽과 미국에서 가장 중요한 사망 요인이었다. 1896년 초, '미국 최초의 방사선의학자'로 불리는 프란시스 헨리 윌리엄스(Francis Henry Williams, 1852~1936)는 보스턴 시립병원에서 흉부 질환을 진단할 수 있도록 투시경을 테스트하고 있었다. 그해 4월 윌리엄스는 주요한 의학 저널에 연구 결과들을 보고하면서 "가장 흥미로운 증례 가운데 하나는 한 결핵 환자의 오른쪽 폐에서 볼 수 있다. 양쪽 폐에 투과되는 광선량의 차이는 매우 놀랍다. … 병변이 있는 폐는 정상 폐보다 훨씬 검게 나타난다."라고 썼다. 1897년 초 다른 환자들의 폐병을 연구하면서 윌리엄스는 많은 사람에게 모범이 될 만한 논문을 저술했다. 그 논문에서 윌리엄스는 "흉부 엑스선 검사를 통해 우리는 결핵, 폐렴, 경색, 수종, 동맥류로 인한 폐울혈 등을 알 수 있다."라고 썼다.

치과 분야에서 처음으로 엑스선을 사용했다고 보고한 것은 1896년 초 윌리엄 모튼(William J. Morton, 1846년 에테르를 마취제로 처음 공개적으로 사용한 모튼의 아들)이었다. 뉴욕치과의사협회의 4월 학술모임에서 모튼은 치아의 밀도가 주위 뼈보다 더 높기 때문에 "살아 있는 치아를 엑스선으로 촬영하면 아무리 흔들리는 치관이라 하더라도 깊게 뿌리박혀 있는지를 확인할 수 있다."고 말했다. 모튼은 엑스선이 금속 봉을 찾아내고, 치아의 병을 밝히고, 심지어 부러져서 사라진 드릴 조각도 찾아낼 수 있다는 사실을 알았다. 그러나 치과에서 제대로 엑스선을 사용하게 된 것은 몇십 년이 지나서였다. 높은 전압과 노출된 선, 그리고 환자 머리와 가까운 이유 등으로 전기 쇼크나 감전사의 가능성이 말 그대로 높았기 때문이었다. 현대 치과에서 본격적으로 엑스선을 사용하게 된 것은 1933년 개선된 엑스선 장비가 만들어지고 전선들도 작은 유닛 속에 집어넣게 되면서부터다.

진단 목적의 엑스선 사용이 확대되면서 응급 상황에서 특히 유용하게 쓰였다. 엑스선 발견이 세상에 알려진 지 한 달이 지난 어느 날 열 살 난 소년이 우연히 못을 삼켰다. 의사는 아이의 목구멍에서 아무것도 찾지 못하자 못이 소년의 위에 있을 것이라 결론을 내리고 소년에게 '으깬 감자를 많이 먹으라'고 조언했다. 소년은 며칠 내로 괜찮아졌지만 심한 기침이 시작되었다. 엑스선 장비로 촬영해 보았지만 첫 번째 검사에서는 아무것도 발견하지 못했다. 의사는 소년이 기침을 하는 중에 다시 한번 촬영을 했고 기침을 할 때 5센티미터 폭으로 오르내리는 물체를 발견했다. 물체는 으깬 감자가 들어 있는 소화관에 있지 않았고 엉뚱하게도 기관지 쪽에 있었다. 소년은 못을 삼킨 것이 아니라 호흡기로 들이쉰 것이었다. 못의 위치를 찾아낸 그 증례를 보고하면서 의사는 이제 외과에서 수술을 통해 마무리해야 한다는 결론을 내렸다.

경우에 따라서 엑스선은 인체뿐만 아니라 정신 상태를 진단하는 데도 유용하게 쓰였다. 1896년 3월 〈유니온 메디컬Union Medical〉은 어느 젊은 여성이 의사에게 팔의 통증을 없애는 수술을 해달라고 요청했다는 기사를 게재했다. 그녀는 이것이 골 질병의 일종이라고 믿었다. 의사는 그녀의 통증이 경미한 정신적 외상에 의한 것이라고 진단했고, 엑스선 검사로 그 진단이 옳았음이 판명되었다. 그 후 환자는 완전히 치유되어 퇴원했다.

구체적으로 어떻게 활용할 것인지와는 무관하게 엑스선이 의술을 근본적으로 바꾼 것은 분명했다. 3월 6일, 엑스선을 발견한 지 3개월 뒤 펜실베이니아 대학의 교수 헨리 카텔Henry Cattell은 〈사이언스Science〉에 "이제 외과의가 수술 전에 수술할 부위를 엑스선으로 촬영하지 않고 수술하는 것이 도덕적으로 정당한지 의문시되고 있다. 엑스선 사진은 정확히 알 수 없는 수술 부위를 찾아내는 지도가 되고 있다."고 썼다.

이정표 4

털이 난 모반에서 치명적 암까지 새로운 형태의 치료

"소, 소장님, 털이 없어졌어요!"

이 말이 의학 발전에 혁신적인 영향을 끼친 중대한 사건의 시작을 예고하는 것으로 들리지는 않을 것이다. 그렇지만 1896년 11월 빈의 엑스선 전문가 레오폴드 프로인드(Leopold Freund, 1868~1943)는 왕립 연구소의 소장실로 뛰어들어오면서 이렇게 외쳤다. 엑스선을 이용한 치료에 최초로 성공을 거둔 것이다. 프로인드의 손에 이끌려 함께 들어온 행운의 환자는 등의 거의 대부분이 털로 뒤덮인 모반 기형을 가진 소녀였다. 프로인드는 다량의 엑스선 노출로 탈모가 생길 수 있다는 소식을 신문에서 읽은 뒤 엑스선이 그녀를 도울 수 있을지 실험해 보고자 했다. 그는 매일 2시간씩 열흘간 소녀의 모반 상부에 엑스선을 쪼았다. 그러자 털은 없어지고 둥그스름한 반점만 남았다. 이것은 엑스선의 치료 가능성을 보여준 명백한 증거였다.

프로인드를 비롯한 다른 사람들이 깨달은 것처럼 엑스선의 유용한 효과는 해로운 효과와도 밀접한 관련이 있었다. 당시의 조잡스러운 장비와 긴 노출 시간을 생각해 볼 때 피부에 화상을 입거나 털이 빠지는 등 해로운 효과가 일어난 것은 놀라운 일이 아니었다. 그리고 이러한 효과는 초기의 선구자들이 엑스선을 치료에 사용할 수 있을지 탐구하도록 하는 기회를 제공했다. 흥미롭게도 엑스선의 치료 가능성을 최초로 제안한 인물은 미생물 이론 발견에 큰 역할을 한 조셉 리스터였다. 1896년 9월 과학진보협회에서 한 연설에서 리스터는 "엑스선에 오래 노출된 뒤 화상이 심해진 것이 보인다."고 말하며 "인체를 통과하는 광선이 내부 장기에 아무런 영향을 끼치지 않은 것이 아니라 해로운 염증 또는 유익한 자극과 같은 반응이 길고도 지속적으로 작용을 일으킨다는 생각을 하게 되었다."라고 말했다.

곧 엑스선이 피부병을 치료하는 데 효과적이라는 사실이 발견되었고, 몇 가지 암의 개방성 상처를 줄이는 효과도 함께 발견되었다. 몇몇 의사들은 엑스선이 암으로 인한 통증과 염증을 억제하는 데 특히 효과적이라는 사실을 발견했다. 예를 들어 프랑스 의사 빅토르 드피네Victor Despeignes는 구강암 환자와 위암 환자를 엑스선으로 치료한 뒤 "뢴트겐선은 마취 효과가 있으며 환자의 상태를 개선시켜 준다."라고 결론 내렸다. 프란시스 윌리엄스Francis Williams 역시 엑스선이 유방암 환자의 통증을 경감시켰고, 치료 12일째 되는 날 장비 손상으로 치료를 중단하자 통증이 다시 나타났다고 보고했다.

비록 드피네는 엑스선이 암이 자라나는 데는 "거의 영향을 미치지 못했다."라고 보고했지만, 1913년에 엑스선 관 기술이 획기적으로 진전한 이후 더 좋은 효과를 보게 되었다. 쿨리지관이 개발된 것이다. 연구자들은 높은 엑스선 에너지가 정상 세포에는 영향을 제대로 미치지 못하지만 암세포는 죽일 수 있다는 사실에 놀라워했다. 이 발견은 현대적인 암 치료법으로 엑스선을 사용하는 데 유용한 근거를 제시했다. 암세포는 정상 세포보다 빨리 자라기 때문에 엑스선으로 더 잘 파괴되고 재생이 어렵다.

물론 모든 사람이 엑스선을 통해 위중한 질병을 치료할 수 있는지를 찾는 데만 열중한 것은 아니다. 1896년 7월 '영국 사진저널'은 프랑스인 고두앙M. Gaudoin이 엑스선이 탈모를 일으킬 수 있다는 뉴스를 듣고 나서 제모 사업에 뛰어들었다고 보도했다. 고두앙은 "우리나라 여성들 가운데 상당수가 부드러운 콧수염을 가지고 있으며, 이것은 결혼할 나이의 아가씨나 기혼 여성 모두에게 환영 받지 못한다."라며 이들을 도울 수 있기를 희망한다고 말했다. 많은 손님이 몰려들었지만 결국 치료는 실패로 돌아갔다. 그는 손님들이 지불한 돈을 돌려주면서 그들의 분노를 달래야 했고 재빨리 사업에서 손을 뗐다.

이정표 5

어두운 면이 드러나다 엑스선의 치명적 위험

1896년 여름, 새로운 광선의 기적에 대한 여러 보고를 보며 윌리엄 레비William Levy는 자기 뇌 속에 박혀 있는 총알을 제거할 때가 드디어 왔다고 확신했다. 10년 전 그는 도망치는 은행 체납자가 쏜 총에 맞았다. 총알은 그의 왼쪽 귀를 스치면서 머리에 박혔다. 총격에서 살아남은 레비는 미네소타 대학 교수를 찾아가 엑스선으로 의사들이 머릿속의 총알을 찾아내 제거할 수 있는지를 물었다. 그리고 7월 8일, 그는 14시간 동안 머리의 여러 부위에 엑스선을 쬐었다. 입안에 엑스선을 쏘이기도 했다. 엑스선 검사 후 별다른 통증은 없었지만 며칠이 지나지 않아 피부가 빨갛게 변하며 기포가 생기기 시작했다. 입술은 부풀어 올라 갈라졌으며 피가 났고 입안은 온통 화상을 입어 액체만 겨우 마실 수 있었다. 오른쪽 귀는 정상 크기의 두 배로 부풀어 오르고, 오른쪽 머리털은 완전히 뽑혀 나갔다. 그 와중에 좋은 소식도 있었는데 두 개의 엑스선 이미지로 총알의 위치를 찾아냈다는 것과 4개월이 지나 회복을 하면 수술 여부를 결정하는 더 많은 엑스선을 찍을 수 있다는 점이었다.

1896년에 레비가 경험한 부작용들은 보이지 않는 뢴트겐 광선이 인체에 무해한 것이 아님을 입증하는 증거가 되었다. 몇몇 과학자들은 엑스선이 비난받아야 되는지에 관해 의문을 품으면서 화상이나 탈모는 광선을 생산하는 데 필요한 방전으로 인한 것이라고 주장했다. 만약 엑스선이 고정된 장치에 의해 만들어진다면 손상을 피할 수 있다는 것이었다. 그러나 오래지 않아 과학자들은 부풀어 오르고 빨개진 손가락을 증거로 제시하며 고정된 기계에서 만들어진 엑스선 역시 해롭기는 마찬가지임을 밝혔다. 그리고 얼마 후 엑스선이 조직에 단기적인 손상을 일으킨다는 사실이 분명해졌다. 그러나 이때까지만 해도 광선이 장기적인 영향도 미칠 수 있다는 점을 예측한 사람은 없었다.

엑스선의 사용 초기에 얼마나 오랜 시간 노출시켰는지를 생각해 보면 엑스선에 직접 노출되는 경우 신체가 손상될 수 있다는 사실은 놀랄 일이 아니다. 당시 엑스선 촬영은 1시간 또는 그 이상 지속되는 경우가 허다했다. 초기 엑스선 연구의 비극은 과학자나 의사 모두 자신들의 손과 손가락을 엑스선에 계속 노출시킴에 따라 가장 먼저, 그리고 가장 많이 고통받아야 했다는 점이었다. 클래런스 돌리Clarence Dally의 경우가 가장 유명한 사례다. 그는 토머스 에디슨의 초기 엑스선 연구를 돕는 조수였는데, 종종 방어막 없이 엑스선 광선 아래 물체를 들고 서 있어야 했다. 그는 1904년 암이 커져 양팔을 절단했음에도 불구하고 결국 사망했다. 이 비극은 엑스선의 위험에 대해 전 세계적인 경각심을 불러일으켰다. 에디슨은 형광투시경 개발에서 선구적 연구를 했지만 이 일이 있고 나서 엑스선 연구를 그만두게 되었다.

흥미로운 것은 몇몇 초기 개척자들은 직관과 행운이 함께 한 덕분에 피해 받지 않았다는 사실이다. 예를 들어 뢴트겐은 실험의 대부분을 큰 아연 박스 속에서 수행했는데, 이는 어느 정도 차폐 효과를 보였다. 프란시스 윌리엄스는 연구 초기부터 자기 자신을 보호했는데 그는 나중에 "나는 물체를 뚫는 정도의 힘을 가진 광선이라면 인체에 어느 정도 영향을 미칠 것이라고 생각하여 나 자신을 보호하려 애썼다."라고 말했다.

하지만 불행하게도 초창기에는 엑스선을 차폐시키지 않은 채 사용했고, 그로 인해 많은 초기 개척자들이 희생당했다. 1921년 유럽의 유명한 방사선학자 두 사람이 사망하자 〈뉴욕 타임스〉는 엑스선 노출의 위험에 관한 기사를 실었다. 그 기사에는 1915년부터 1920년 사이에 사망한 방사선학자와 기술자들의 실태가 실렸다. 대부분이 돌리처럼 암의 전이와 악화를 막기 위해 여러 차례 수술과 절단을 견뎌내야 했지만 그 인내는 대부분 헛된 시도에 그치고 말았다. 그리고 몇몇은 최악의 상황에서도 영웅적인 면모를 보였다. 파리 병원의 전자 치료부 부장으로 일하던 의사 막심 메나르Maxime Menard는 얼굴 화상과 손가락 절단으로 고생한 뒤에 다음과 같이 말했다.

"엑스선이 나에게 해를 끼쳤다고 해도, 나는 최소한 이것으로 다른 사람들을 구할 수 있었다는 사실을 기억합니다."

마침내 엑스선과 그것의 생물학적 효과를 새롭게 이해하게 됨으로써 엑스선의 위험이 분명하게 밝혀졌다. 현재 우리가 알고 있듯이 엑스선은 전자기 방사선으로서 빛의 한 형태이며, 에너지가 굉장히 많아 원자에서 전자를 떼어낼 수 있고 분자 수준에서 세포 기능을 변화시킨다. 즉 엑스선이 신체를 투과할 때는 세포를 파괴하거나 세포에 손상을 입히는 작용을 한다. 세포들이 죽으면 화상이나 탈모와 같은 단기적 부작용이 생길 수 있다. 그렇지만 만약 엑스선이 세포를 죽이지 않은 채 단지 DNA만 손상시킨다면 세포는 계속 분화하여 딸세포들에게 변형된 DNA를 전달하게 된다. 그리고 몇 년 또는 몇십 년 뒤 변형된 DNA는 암으로 발전한다.

다행스러운 것은 1910년대에 엑스선의 위험이 드러나자 과학자와 의사들이 보호용 고글과 차폐 장치를 점점 더 많이 사용하게 되었다는 점이다. 이처럼 고통을 감수한 기념비적인 발견이 있고 나서야 엑스선은 더 안전하고 밝은 의학의 미래로 사람들을 안내할 수 있게 되었다.

이정표 6

현대로의 도약 쿨리지 고온관

뢴트겐이 처음 엑스선 발견을 발표했을 때부터 과학자들은 엑스선의 이미지를 조금 더 선명하게, 노출 시간을 조금 더 짧게, 신체를 조금 더 잘 투과하게 하려고 장비를 개선하기 위해 노력했다. 손뼈는 상대적으로 가늘고 평평하며 오랜 노출 기간 동안 고정하기 편리했으므로 이미지를 얻기가 쉬웠다. 하지만 흉부와 복부에 들어 있는 장기의 이미지를 얻는 데는 좀 더 많은 어려움이 뒤따랐다. 첫 10년간의 기술적 발전에 힘입어 방사선학자들은 다양한 신체 장기의 엑스선 이미지를 만들어낼 수 있었지만, 이미지의 질이나 노출 시간에는 여전히 한계가 있었다. 이것은 대부분 엑스선 관 자체의 설계 때문이었다.

크룩스관 같은 초기 엑스선관의 근본적인 문제는 그 자체가 진짜 진공관이 아니었다는 점에 있었다. 관은 항상 가스의 남은 분자들을 함유하고 있었다. 이것은 좋은 것일 수도 나쁜 것일 수도 있었다. 가스 분자는 엑스선을 생성하는 데 필요했다. 왜냐하면 가스 분자가 음극과 충돌하면서 음극선을 만들어내고 이것이 엑스선을 만들어냈기 때문이다. 하지만 남은 가스 분자는 반복해서 사용하면 유리관의 성질 자체를 바꿔 엑스선 생산 능력을 약화시켰다. 변화된 관은 엑스선 투과력을 더 증가시켰고 밀도는 낮아져서 이미지의 질은 나빠졌다. 나중에 엑스선관은 불규칙한 결과를 낳았다. 뢴트겐도 편지에 다음과 같이 적었다. "관의 성질에 관해서는 그 어떤 것도 다루고 싶지 않다. 이것들은 여성보다 더 변덕스럽고 예측하기 어렵다."

초기 엑스선관의 기술적 결함을 보완하기 위해 다양한 설계들이 도입되었다. 그렇지만 전문가들이 방사선학의 발전에서 가장 중요한 사건이라고 부르는 일은 20년 뒤에나 일어났다. 1913년 제네럴 일렉트릭사의 연구소에서 일하던 윌리엄 쿨리지(William Coolidge, 1873~1975)는 뜨거운 엑스선관을 개발했고, 그 뒤 이것은 쿨리지관이라고 불리게 되었다. 쿨리지는 자신의 초기 연구에 기반하여 금속 텅스텐을 이용해서 음극을 만드는 방법을 고안했다. 텅스텐은 모든 금속 가운데 가장 높은 용해점을 가진 물질이다. 텅스텐으로 음극을 만들고 음극을 통해 전기를 흐르게 하고 뜨겁게 하자 음극선이 만들어졌다. 음극선은 가스 분자 충돌이 아닌 열에 의해 만들어졌고 쿨리지관은 완전한 진공 상태를 유지할 수 있었다.

또 디자인 변경을 통해 쿨리지관은 노출량을 지속적이고 확실하게 조절해 안정적인 것이 되었다. 뿐만 아니라 기술자들은 이제 독자적으로 엑스선 밀도와 투과량을 조절할 수 있게 되었다. 음극의 온도를 바꿈으로써 엑스선 밀도를 조절하고 관의 전압을 변화시킴으로써 투과량을 조절할 수 있게 된 것이다. 그리고 완전한 진공 상태에서 엑스선을 만들어낼 수 있게 됨에 따라 그것이 깨지거나 잘못 사용되지 않는 한 무한정 사용할 수 있게 되었다.

1920년대 중반이 되어서 쿨리지관은 과거의 가스관을 완전히 대체하게 된다. 쿨리지는 그 뒤 몇 가지 부분을 더 고안하여 높은 전압으로 고주파 엑스선을 만들어낼 수 있게 했다. 이를 통해 몸 표면의 피부층을 상하게 하지 않으면서 몸속 깊은 부위의 조직을 치료하는 심부 치료가 발전할 수 있게 되었다. 쿨리지의 기념비적인 엑스선관 재설계 덕분에 1920년대 이후부터 엑스선은 진단과 치료 영역 모두에서 사용 범위가 확장될 수 있었다. 쿨리지의 고온관 설계는 여전히 대부분의 현대 엑스선관의 기초가 되고 있다.

이정표 7

마지막 비밀이 밝혀지다 엑스선의 실체

만약 당신이 1896년에 과학자나 일반인으로 엑스선 발견에 흥분했다면 당신은 엑스선이 무엇인지를 설명하는 이론에 대해서도 흥미를 가졌을 것이다. 예를 들어 물리학자인 알버트 마이클슨(Albert Abraham Michelson, 1852~1931)은 엑스선을 '에테르를 소용돌이치며 흐르는 전자기파'라고 설명했다. 토머스 에디슨이 엑스선을 '고음의 음파'라고 설명했지만 나중에 그것은 난센스라고 평가절하되었다. 다른 이론을 살펴보면 엑스선이 반대 증거가 있음에도 실제로는 음극선이라는 관점도 포함되어 있었다.

흥미로운 것은 뢴트겐이 자신의 금자탑적인 1895년 논문에서 이미 실체에 근접했다는 점이다. 그는 엑스선이 빛에 가깝다고 보았다. 왜냐하면 그것이 인화지에 이미지를 만들어낼 수 있기 때문이었다. 그는 또한 엑스선이 빛과 달리 프리즘에 굴절되지 않고 자기磁氣나 다른 물체에 의해 구부러지지 않는다는 사실을 발견했다. 이러한 모순된 속성 때문에 당시 물리학자들은 엑스선의 미스터리한 실체에 관해 빛이 입자나 파동으로 만들어질 수 있느냐와 같은 큰 논쟁을 벌이게 된다. 그러나 오래지 않아 엑스선이 실제로 빛이라는 것을 보여주는 증거가 늘어났고 파동의 형태로 전파되는 전자기 방사선이라는 사실이 밝혀졌다. 가시광선 파장의 1만분의 1에 불과할 정도로 엑스선의 파장이 너무 짧았기 때문에 뢴트겐 등이 오해한 것이었다.

1912년 4월 23일 물리학자 막스 폰 라우에(Max von Laue, 1879~1960)의 기념비적인 실험을 통해 마지막 증거가 발견되었다. 그는 엑스선이 전자기파라는 사실을 어떻게 밝힐 수 있을까를 고민하는 동시에 원자가 격자 모양 구조로 배열되어 있는지를 숙고했다. 당시에는 이 두 가지를 서로 관련 없는 문제로 여겼다. 번쩍이는 아이디어가 떠오른 폰 라우에는 두 가지 문제를 동시에 해결하는 간단한 실험을 했다. 그는 엑스선 광선을 황산구리 결정에 통과시켰다. 만약 원자가 격자 모양으로 구조화되고 엑스선이 파동으로 이루어져 있다면 원자 사이의 간격이 파장이 짧은 엑스선 광선을 회절시키기에 충분할 만큼 좁을 것이라고 가설을 세웠다. 폰 라우에의 실험은 두 가지 이론을 동시에 만족시켰다. 엑스선이 결정에서 나와 인화지에 부딪쳐 만들어낸 분명한 간섭 패턴을 근거로 폰 라우에는 결정 내의 원자가 격자 모양으로 배열되어 있으며 엑스선이 파동 형태, 즉 빛의 형태로 이동한다는 점을 밝혀냈다. 이러한 기념비적인 발견으로 폰 라우에는 1914년에 노벨물리학상을 수상한다.

20세기 이후 기념비적 업적은 계속된다

지금까지는 주로 엑스선의 발견과 의학 분야의 적용에서 가장 중요한 진전들을 다루었지만 최근에 새로운 기념비적 업적들이 계속해서 쌓이고 있다. 그 가운데는 조영제 개발 등 진단방사선 영역에 광범위하게 활용되는 것도 있으며, 저농도의 엑스선으로 유방암을 발견하고 진단하는 유방 촬영술처럼 특정 신체 부위에 사용하여 건강과 의학에 큰 영향을 미친 것도 있다. 비록 1913년 독일 외과 의사 알베르트 살로몬(Albert Salomon, 1891~1966)이 최초로 엑스선을 유방 질환 검진용으로 사용했지만 초기의 기술은 조잡하고 신뢰성이 떨어졌다. 1930년 방사선학자 스태포드 워렌(Stafford Warren, 1896~1981)은 유방 엑스선의 임상 적용에 관해 처음으로 신뢰할 만한 데이터를 보고했고 나아가 1960년에는 텍사스 주립대학 방사선학자 로버트 이간Robert Egan이 유방촬영 기술에 관한 기념비적 연구를 출판하기에 이르렀다. 논문에서 그는 유방 촬영술로 97% 내지 99%의 유방암을 발견할 수 있다고 주장했다. 이간의 연구 결과는 유방 촬영술의 신뢰성을 높였고, 그에 따라 그것은 유방암 조기 진단에 광범위하게 활용되기 시작했다. 2005년 유방 촬영술은 미국 내에서만 1,830만 건이 이루어졌으며, 이는 모든 엑스선 검사의 30%에 해당하는 것이다.

그렇지만 가장 놀라운 것은 최근의 업적들이 엑스선을 완전히 새로운 방식으로 사용함으로써 신체 내부 세계를 더욱 잘 관찰할 수 있게 된 것이다. 1970년대까지 엑스선 이미지는 평면적이고 2차원적이라는 중요한 한계를 가지고 있었다. 깊이를 표현할 수 없었기 때문에 내부 장기에 관한 엑스선 이미지는 장기와 조직이 겹쳐지면 원하지 않는 음영이 생기고 명암 대비가 분명하지 못해 이미지가 흐릿하고 모호했다. 이 때문에 의사들은 추가적인 이미지를 얻기 위해 노력했고, 종종 정면과 측면 양쪽에서 엑스선을 두 번씩 촬영했다. 그렇지만 1971년 영국 기술자 고드프리 하운스필드(Godfrey Hounsfield, 1919~2004)가 컴퓨터단층촬영기(computed tomography, CT)를 고안해 내면서 이러한 한계를 극복했다. CT는 엑스선을 사용하여 신체 부위를 일련의 횡단면으로 촬영할 수 있게 만든 것이었다. 이제 신체에 한 각도로 광선을 쪼아 단순한 이미지를 만드는 것만이 아니라 CT를 이용하여 여러 차례 여러 각도에서 촬영하여 수집된 상을 전기 신호로 바꿀 수 있게 되었다. 이 신호는 컴퓨터로 보내져 데이터를 상세한 횡단면으로 재구성하여 3차원 이미지를 얻을 수 있게 되었다. 이미지가 구성될 동안 데이터가 서로 겹치지 않았고 CT 탐지기가 필름보다 더 민감했기 때문에 CT는 전통적인 엑스선보다 장기와 조직의 변화를 훨씬 잘 나타낼 수 있다.

CT의 개발은 1960년대와 1970년대 두 가지 발전에 기인한다. 하나는 엑스선 감지기를 통해 수집된 어마어마한 양의 정보를 처리하는 데 필요한 강력한 미니컴퓨터의 출현이었다. 두 번째는 알란 코맥(Alan Cormack, 1924~1998)의 연구로, 그는 신체 내 여러 조직의 밀도를 계산하고 이 정보로 횡단면 엑스선 이미지를 만들 수 있게 예측하는 수학 모델을 고안했다. 하운스필드와 코맥은 CT 개발 연구로 1979년 노벨생리의학상을 수상했다.

CT는 처음으로 뇌의 회백질과 백질의 분명한 상을 만들어냈고, 이것은 그 후 신경과 질환을 진단하는 데 큰 도움이 되었다. 점차 더 얇은 단면과 더 넓은 부위를 더 빨리 스캔할 수 있도록 수많은 진전이 있었다. 오늘날 CT 스캐너는 신체 어느 부위에 대해서도 정교한 가상 3D 이미지를 만들어낼 수 있다. 최근에는 CT로 대장의 내부 이미지를 생산하는 가상 대장경이 만들어지기도 했다. 이 가상 대장경은 길고 구부러진 광학 튜브를 대장으로 집어넣는 전통적인 대장경보다 덜 침습적이어서 앞으로 대장암을 조기 진단하는 데 중요한 도구가 될 전망이다.

엄청난 범위의 활용도 그러면서도 언제나 믿음직한 의학의 가이드

의학 분야에서의 역할 외에도 엑스선은 과학과 사회의 수많은 영역에 중요한 영향을 미쳤다. 발견 후 몇 년이 지나지 않아 엑스선은 주철과 총의 흠결 찾는 것부터 잠수함의 전신 케이블 절연 검사, 비행기의 구조 검사, 심지어 생굴 속의 진주를 검사하는 데 이르기까지 수많은 산업 영역에 활용되었다. 엑스선은 또한 기초생물학에 응용되었고(단백질과 DNA의 구조 규명), 미술(회화의 위조와 사기 적발), 고고학(고고학 발굴

지의 유물과 유해 조사), 보안(가방, 짐, 우편물 검사)에도 응용되었다.

하지만 중요한 것은 엑스선이 인간 생명을 구하고 질병을 치료하는 데 커다란 영향을 미쳤으며, 의학 분야에서 가장 큰 발전을 이룩했다는 사실이다. 미국질병관리본부에 따르면 엑스선은 여전히 가장 널리 활용되는 의학 검사다. 예를 들어 2005년 5,610만 건의 엑스선 촬영 처방이 내려졌는데 이는 초음파, MRI, PET 등의 검사량의 2배에 달하는 것이다. 진단 검사 빈도로 보았을 때 엑스선은 혈구 검사, 콜레스테롤 측정, 혈당 측정의 세 가지 주요 혈액 검사와 소변 검사를 제외하고는 가장 높은 빈도로 행해지는 검사다.

물론 엑스선은 무시할 수 없는 중요한 한계도 있다. 오늘날에 엑스선은 다른 진단 기술과 함께 사용되거나 때로는 그것으로 대체되곤 한다. MRI나 초음파, PET 등은 엑스선만으로는 얻을 수 없는 해부학적·생리학적 관찰 소견을 제공한다. 또한 엑스선의 누적 효과는 주요한 고려 사항이다. 예를 들어 CT 혈관 조영술은 비침습적으로 관상동맥을 검사하고 심혈관계 질병의 위험도를 측정하는 새로운 도구로 각광받고 있지만 이는 700번의 표준 엑스선에 환자를 노출시키는 것과 같은 누적 효과를 가지며, 그렇게 큰 것은 아니지만 실제로 발암 위험이 뒤따른다. 아무리 기술이 진보하고 기념비적인 업적이 성취되더라도 위험과 이익이 균형을 이루는지를 계속 평가해야 하는 것이다.

그럼에도 불구하고 엑스선이 최초로 발견되고 이 작고 보이지 않는 광선이 처음으로 신체 내부의 이미지를 보여주었을 때의 놀라움과 그것에 대한 감사를 잊어버려서는 안 될 것이다. 그리고 우리는 엑스선이 종종 보여주는 이미지 속에 감춰진 미스터리나 비밀과는 관계가 없다는 사실을 잊어서는 안 될 것이다.

2004년 소름 끼치는 네일건 사고로 다친 39세의 건설 노동자의 사례를 살펴보자. 네일건에 의해 8센티미터짜리 못 6개가 그의 얼굴과 척추, 두개골에 박힌 뒤 그는 두려움에 떨며 로스앤젤레스의 병원으로 후송되었지만 거기에 미스터리는 없었다. 59세의 독일 여성이 4살 때 8센티미터짜리 연필을 들고 가다 넘어져 연필이 그녀의 뺨을 관통하고 머릿속으로 사라진 이후로 두통과 코피, 후각 상실로 고통받았을 때도 미스터리는 없었다. 두 사례 모두 의사들은 엑스선을 이용해 침입자를 찾아냈고, 수술을 통해 그것을 성공적으로 제거했기 때문이다.

이들 사례에서 엑스선은 믿음직한 가이드 이상이며, 엑스선의 발견이 세상에 알려진 지 이틀 만에 의사가 최초로 한 여성의 손에서 바늘을 제거하는 데 도움을 준 것처럼 인류가 가장 신뢰할 수 있는 친구다. 한 세기가 지난 오늘날에도 엑스선은 의사들이 몇백만 명의 생명을 구하고 병을 치료하는 데 필요한 로드맵을 제공하고 진단과 치료의 양면에서 계속된 성과를 이룰 수 있도록 하고 있다.

6장

수백만 명의 목숨을 구한 상처

백신의 발견

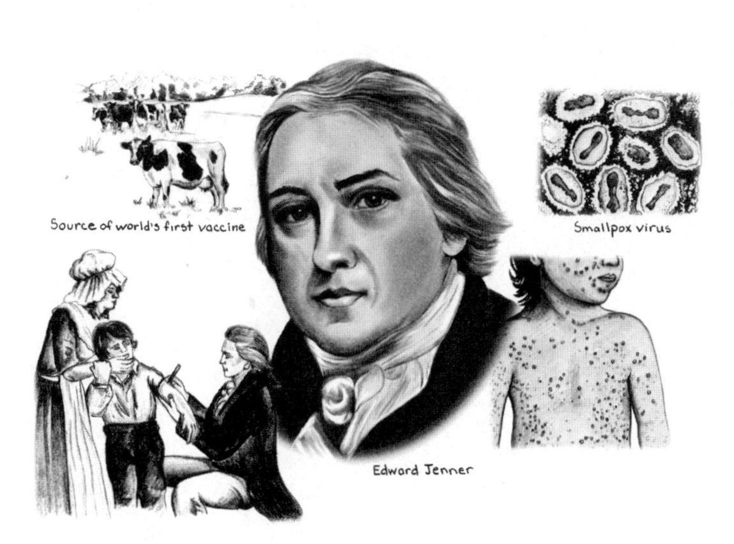

닭들은 독성이 약화된 박테리아에 접종된 것처럼 병을 앓기는 했지만 죽지는 않았다. 그러나 파스퇴르의 다음 발견은 더욱 중요하다. 그 후 닭들에게 치명적인 닭 콜레라 박테리아를 다시 주입했는데도 실험 닭들은 닭 콜레라에 걸리지 않았고, 그것은 닭들이 그 병에 완전히 면역되었다는 것을 증명했다. 파스퇴르는 자신이 백신을 만드는 새로운 방법을 발견했다는 사실을 깨달았다.

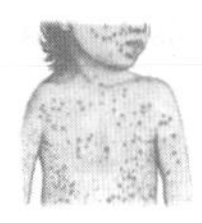

클라라와 에드가 제1막

우리가 재채기를 할 때는 미세균들이 시속 160킬로미터의 속도로 분출된다. 재채기를 할 때마다 4만 개의 작은 물방울이 방 안을 가득 채우는데, 눈에 보이지 않는 미세한 크기의 미생물은 자신에게는 바다만큼 거대하게 느껴지는 물방울에 들러붙어 다음 희생자를 기다리며 몇 분간 떠돌아다닌다. 하지만 그 기다림은 그리 길지 않다.

네 살배기 클라라는 단지 코를 훔치며 숨을 쉬었을 뿐이지만 적군은 클라라의 코와 목에 안착한 뒤 몇 시간 지나서 림프 마디까지 도착한다. 적군은 세포 속에 침입하여 세포들을 노예로 만들고는 자신들의 자손을 대량으로 번식시킨다. 불과 한나절 만에 규모를 늘린 적군은 더 많은 세포를 감염시키기 위해 후손을 세포 밖으로 배출하기 시작한다. 며칠 뒤 기세를 몰아 적군은 클라라의 혈관 속으로 침투한다.

치명적인 침략이 지속됨에 따라 클라라의 몸을 건강한 상태로 유지시켜 주던 호위병들은 대응에 실패한다. 들키지도, 저지당하지도 않으면서 적들은 조용히 침입한다.

여기서 적군이란 두창을 일으키는 바리올라 바이러스를 말한다. 바리올라 바이러스는 곱슬곱슬한 벽돌 모양으로 크기가 매우 작고 마치 작은 집처럼 솟아 있다. 그에 비해 적혈구는 축구 경기장만 해서 적군을 아주 왜소하게 보이게 한다. 다른 바이러스들처럼 바리올라 바이러스는 유전적으로 원시적인 상태로 생물과 무생물 사이의 음습한 경계에 살고 있다. 몇만 년 동안 그들의 조상은 아프리카에서 설치류에 기생하여 살았다. 그러다 약 1만 6천 년 전에 희귀한 200개의 유전자들이 돌연변이를 일으키며 인간에게만 전염되는 새로운 형태의 바이러스로 재탄생했다. 그때부터 이 새로운 종은 자신들이 기생하는 인간의 30퍼센트를 죽이는 것으로 숙주에게 보답했다.

수천 년에 걸쳐 바리올라 바이러스는 숙주에 기생하며 자신들의 거주지를 아프리카에서 아시아와 유럽으로 옮겼다. 바리올라 바이러스는 한 사람만 감염되어도 다섯 명에서 여섯 명에게 전염될 수 있기 때문에 유행병의 위험을 촉발시키는 동시에 다른 문명권으로 쉽게 전파되었다. 바이러스가 인간에게도 기생할 수 있다는 사실은 기원전 1580년 이집트 미라의 피부 발진 부위에서 처음으로 관찰되었다. 그리고 200년 뒤 첫 번째 두창 유행 기록이 이집트와 히타이트 간의 전쟁에서 보고되었고 기원전 1122년 무렵에는 고대 중국과 인도 등지에서도 두창으로 추정되는 질병이 보고되었다.

클라라와 에드가 제2막

침입한 적군은 클라라의 몸속에서 폭발적으로 증식한다. 하지만 적군이 침입한 지 2주가 지나도록 클라라는 단지 고열과 오한, 피로감으로 시작해 심한 두통과 요통 그리고 구역질을 느끼는 첫 번째 증상만을 경험했을 뿐이다. 그 증상들은 며칠 내에 수그러들지만 이어서 진짜 통증이 나타난다. 이제 바이러스는 그녀의 피부에 있는 작은 혈관에 침투하여 새로운 공격을 하기 시작한다.

공격의 결과로 생긴 발진은 처음에는 혀와 입에 작고 붉은 반점으로 나타난다. 곧 그것은 그녀의 얼굴을 지나 하루가 지나기 전에 전신으로 퍼진다. 다음 몇 주 동안 그것은 다음과 같은 예정된 코스를 밟는다. 얼굴을 뒤덮은 평평한 붉은 반점은 걸쭉하고 희뿌연 액체로 가득 찬 돌기를 만들고 이 돌기는 배꼽 같은 함몰을 만든 뒤 이어서 액체로 찬 둥근 고름집을 만들어 피부를 마치 수백 개의 구슬이 깔린 것처럼 보이게 만든다. 고름집은 악취를 풍기며 전신으로 퍼져 나가 마치 악마가 몸속에서 끓어오른 것처럼 보이게 한다. 마침내 그 고름집들은 점점 말라 딱딱해져 딱지를 만들어낸다. 딱지가 떨어지면서 고름집은 흉측한 흔적을 남긴다. 얼굴은 상처에 의해 곰보가 되고 만다.

그러나 이런 것들은 클라라가 운 좋게 살아남았을 경우에만 가능하다. 종종 그 고름집들이 매우 넓게 늘어나 서로 맞닿을 때가 있는데, 이 경우 환자의 3분의 1 정도는 면역 시스템이 지나치게 활성화되어 그 조직이 파괴된다. 바리올라 바이러스는 신체의 여러 부위를 공격하기 때문에 대부분의 경우 살아남더라도 장님이 되거나 팔다리를 못 쓰게 된다. 한편 발진 중 전염될 위험이 있을 때가 있는데 그때 환자 옆에 누군가가 있다면 그것은 다음 세대의 바이러스를 증식시키는 일로 연결된다.

두창이 크게 유행한 것을 최초로 기록한 '안토니우스 역병'은 서기 165년부터 180년까지 지속되어 인류에게 엄청난 타격을 주었다. '안토니우스 역병'은 300만 명에서 700만 명에 이르는 사람의 목숨을 앗아갔으며, 어떤 학자들은 이것이 로마 제국의 몰락에 결정적인 역할을 했다고 주장하기도 한다. 몇 세기가 흘러 십자군 전쟁이 발발하고 이슬람 세계가 팽창하자 바리올라 바이러스는 이와 더불어 세계를 향해 죽음의 행진을 이어나가 1500년대 무렵에는 전 세계 인류에게 위협을 가하게 된다. 에스파냐와 포르투갈의 정복자들에 의해 신대륙(아메리카 대륙)에 상륙한 두창은 아스테카 원주민 350만 명을 죽음으로 몰아갔으며, 아스테카 제국과 잉카 제국의 멸망을 이끌었다. 18세기에 이르면서 두창은 풍토병 또는 전염병으로써 주요 유럽 도시들에서 해마다 40만 명의 목숨을 앗았다. 당시 유럽을 통치하던 5명의 군주도 두창으로 인해 목숨을 거두었으며, 당시 모든 실명의 3분의 1이 두창에 의한 것이었다.

클라라와 에드가 결론

며칠 앞서 사랑스러운 아이들을 떠나보낸 에드가는 죽어가는 부인 클라라를 돌보기 위해 방으로 들어갔다. 아내의 고통스러운 사투를 지켜보며 그는 어렸을 때 자신이 같은 질병에 걸렸을 때를 회상했다. 클라라는 증상이 시작된 지 겨우 2주 만에 숨을 거두었는데 그녀가 죽던 순간 방 안은 그녀가 남긴 거친 재채기와 얕은 호흡에서 나온 적들로 가득 차 있었다. 적들은 곧 에드가의 코에 진지를 만들고 침투작전을 개시했다.

그러나 바이러스는 운이 좋지 않았다. 오래전 맞닥뜨렸던 경험을 기억하는 에드가의 몸속 세포들은 즉시 바이러스의 침투를 감지했다. 세포들은 활발히 움직여 대오를 갖추고 바이러스에 대항할 수 있는 결정적인 무기를 만들어냈다. 그 무기는 바로 외부 침입자들을 공격하기 위해 정교하게 고안된 특수 단백질인 항체였다. 항체들은 바이러스가 세포에 달라붙는 것을 저지하여 바이러스가 세포 안에 침투하여 복제되어 널리 퍼지는 것을 차단했다. 바이러스는 무력해졌고 결국 사멸되었다. 결국 몇 주가 지나도 에드가는 아무런 증상도 겪지 않았다.

두창의 침투를 막을 수 있는 결정적인 단서는 910년 페르시아의 의사인 알-라지(Muhammad ibn Zakariya al-Razi, 865~925)에 의해 처음 보고되었다. 이슬람의 위대한 의사 알-라지는 두창에 대해 처음으로 합리적인 견해를 기술했을 뿐 아니라 두창의 공격에서 살아남은 자들이 어떻게 두창의 공격을 피해 갈 수 있었는지에 대한 결정적인 단서들을 기록했다.

비슷한 시기, 중국에서 두 번째 결정적인 단서를 제공하는 기록이 나타났다. 사람들이 두창 환자의 딱지를 빻아 가루를 내 들이마시거나 피부에 상처를 내 그 가루를 문지르면 두창에 걸리지 않는다는 것이었다. 고름 묻히기variolation라는 이 처치는 썩 달갑지 않았지만 실제로 예방에 효과가 있었다. 하지만 중국과 인도에서만 행해졌을 뿐 폭넓게 받아들여지지는 않았는데 아마 이런 처치를 하다 두창에 걸려 사망하는 경우가 종종 있었기 때문일 것이다.

치명적인 전염병의 공격은 전 지구적으로 확대되어 몇 세기에 걸쳐 간헐적인 유행으로 지속되었다. 1만 6천 년 동안 인류를 향한 두창의 무차별 공격으로 클라라와 에드가의 경우처럼 비극적인 이야기가 수없이 반복되었다. 18세기 후반에 이르러 영국의 글로스터셔에 있는 한 의사가 상황을 반전시킬 수 있는 호기심 어린 실험을 행하기 전까지는 말이다.

1796년 5월 14일 역사적인 전환

건강한 8살짜리 사내아이 제임스 핍스James Phipps는 방으로 끌려 들어왔다. 한 의사가 그의 팔을 잡아 피부 두 군데를 자그맣게 절개하고는 무언가를 절개된 상처 부위에 채워 넣었다. 이것은 우두라는 질병에 걸린 우유 짜는 여성의 손에 난 상처에서 채취한 부스러기였다.

제임스의 표피에 자리 잡은 우두 바이러스라는 미생물체는 근처 세포로 들어가 복제를 시작했다. 바이러스가 복제되기 시작한다면 걱정하겠지만 이 우두 바이러스는 두창 바이러스와는 달리 별로 위험하지 않았다. 며칠 동안 세포들은 제임스의 몸속에서 침입자를 정교하게 공격하는 항체를 생산하기 시작했다. 제임스는 가벼운 증상만을 앓았고, 우두 바이러스는 곧 사라졌다. 과학적인 증명은 나중에야 이루어졌지만, 이를 통해 제임스는 우두에 의한 공격에서 벗어났다. 또 우두 바이러스는 치명적인 친척인 두창 바이러스와 매우 비슷하기 때문에 두창에 대해서도 면역력을 가지게 되었다.

1796년 5월 에드워드 제너(Edward Jenner, 1749~1823)가 우유 짜는 여인의 손에 생긴 병에서 얻은 우두 바이러스를 제임스 핍스에게 접종한 이후 과학자들이 그것의 작용 원리를 이해하기까지는 100년 가까운 시간이 필요했다. 하지만 제너는 이미 천 년 이상 축적된 단서들을 가지고 우두를 즉시 실용화했고, 그렇게 함으로써 의학사에 있어 위대한 혁신 가운데 하나인 백신이라는 과학의 토대를 만들었다.

백신의 영리한 비밀 전술 질병과 싸우는 방법을 인체에게 가르쳐 준다

많은 사람이 인류 역사상 최악의 질병이라고 여기는 병, 즉 두창에 대한 최초의 백신이 그토록 효과적이었다는 사실은 인류에게 큰 행운이었다. 오늘날에는 두창이 사람들에게 준 공포를 기억하는 사람이 거의 없지만 효과적인 백신이 발명되고 150년이 지난 1950년대만 해도 해마다 5,000만 명이 두창에 걸렸고 그중 200만 명이 목숨을 잃었다. 세계보건기구WHO의 기록에 따르면 지금까지 인류에게 두창만큼 큰 피해를 입힌 질병은 없다.

200년 전 제너의 역사적 발견 이래 백신 분야의 발전은 질병의 복잡함과 인체의 오묘함을 보여주면서 길고도 뚜렷한 발자취를 남겼다.

오늘날 백신은 두 가지 이유로 질병에 대항하는 가장 특별한 방법 가운데 하나로 평가된다.

첫째, 다른 치료방법과 달리 백신은 직접적으로 질병을 공격하지 않는다. 대신 우리 몸 스스로 항체를 생산할 수 있도록 훈련시킴으로써 질병에 대항하게 만든다.

둘째, 초기의 발전 속도는 더디었지만 놀랄 만한 업적들이 이어지면서 다양한 백신들이 생산되었다. 오늘날, 백신은 두창과 디프테리아, 파상풍, 황열, 백일해, B형 헤모필루스 인플루엔자, 소아마비, 홍역, 볼거리, 풍진과 같은 10가지 주요 질병을 예방할 수 있다.

백신의 발견에서 에드워드 제너의 공헌은 크게 부각되는 반면 제너보다 몇십 년 앞서 영국 남부에서 발생했던 사건은 별로 회자되지 않고 있다. 벤자민 제스티(Benjamin Jesty, 1736~1836)라고 불리는 한 농부가 두창으로부터 가족을 구하기 위해 위험을 무릅쓰고 감행한 기념비적 사건 말이다. 제스티는 마을에 두창이 유행하자 자기 부인과 어린 두 자식을 데리고 멜버리 버브와 나무로 우거진 위글 강의 비탈길 주변 수풀을 뚫고 3킬로미터나 되는 산행을 해 엘포드에 있는 목장에 도착했다. 제스티는 가족들을 병든 소 옆에 앉혀 놓고는 날카로운 바늘을 들었다.

이정표 1

우유 짜는 여인들이 알고 있었던 사실 목장에서의 과감한 실험

다시 생각해보면 이전에는 아무도 그런 생각을 하지 않았다는 사실이 놀랍다. 1700년대 중반, 농민들 사이에는 증상이 상대적으로 가벼운 우두에 걸린 사람은 그보다 훨씬 위중한 질병인 두창에 걸리지 않는다는 사실이 널리 알려져 있었다. 농장에 산발적으로 발생했던 우두는 소젖에 고름집을 만들어 우유 생산량을 감소시켰기 때문에 목장주들에게는 익숙한 골칫거리였다. 우두가 목장주들에게 달갑게 여겨지지 않았던 또 한 가지 이유는 소젖 짜는 여인 가운데 누군가가 상처를 통해 병에 옮으면 곧 피부에 비슷한 고름집이 생기고 이어서 열과 두통 등 다양한 증상이 나타나 며칠 동안 일을 할 수 없었기 때문이다. 하지만 우두에 걸린 여인들은 다행히 곧 회복되었고 다시는 우두에 걸리지 않았을 뿐 아니라 두창에도 면역이 생겼다.

한편 1721년 영국에서는 두창에서 보호받기 위해 살아 있는 두창 바이러스를 사람에게 직접 접종하는 위험한 시술법인 '인두 접종variolation'

이 소개되었고, 이 방법은 1700년대 중반까지 널리 퍼져 많은 의사들이 인두 접종을 시행했다.

그러나 이 둘 사이에는 결정적인 간극이 있었는데, 사람들은 벤자민 제스티가 소를 키우는 목장으로 가족 피난을 감행하기 전까지는 낙농업 노동자들이 알고 있던 우두와 의사들이 시행한 인두 접종을 연결시키지 못했던 것이다.

벤자민 제스티는 부유한 농장주였다. 그는 의학적 경험은 부족했지만 유식하다는 평판이 자자했으며, 새로운 문물에 대한 호기심도 풍부했다. 때문에 1774년 도르셋 지방에 있는 제스티의 마을에 두창이 유행했을 때 가족의 건강을 염려한 그는 곧 우두 접종을 떠올렸다. 우두가 두창으로부터 사람들을 보호할 수 있다는 사실을 아무도 믿지 않았지만 그는 그것에 관한 소문을 들은 적이 있었다. 과거에 우두에 걸렸던 두 하인이 자신들이 두창에 걸린 두 소년을 돌보았지만 그 병에 걸리지 않고 살아남았다는 이야기를 들려준 적이 있었기 때문이다. 제스티는 이 정보를 동네 의사에게 배운 인두 접종 방법과 함께 잘 기억하고 있었다.

1774년 봄, 37세의 제스티는 이전까지는 아무도 시도하지 않은 간극을 뛰어넘어 이 두 가지 사실을 연결시켰다. 자신이 사는 지역에 두창이 유행하자 그는 가족을 데리고 멜버리 버브의 나무로 우거진 비탈길과 수풀을 뚫고 3킬로미터를 걸어 엘포드의 목장에 도착해 우두에 걸린 소를 찾았다. 그리고는 부인이 쓰는 바늘 하나를 뽑아 소의 상처 부위에 찌른 뒤 당시 대부분의 사람들이 무모하다고 여기던 행위를 감행했다. 자신의 가족들에게 우두에 걸린 소의 고름을 접종한 것이다. 먼저 아내 엘리자베스의 팔꿈치 아래 부위에 접종을 한 뒤 세 살배기 아들 로버트와 두 살배기 아들 벤자민의 팔꿈치 위에 각각 접종했다. 제스티는 젊은 시절 우두에 걸린 적이 있었기에 자신에게는 접종하지 않았다.

이 무모한 실험은 처음에는 거의 재앙에 가까운 실패로 끝날 뻔했다. 접종을 받은 뒤 엘리자베스는 팔에 염증이 생기고 심한 고열을 앓아 제대로 치료받지 않았으면 죽을 뻔한 위기를 넘겼다. 하지만 실험은 결국 성공해 엘리자베스는 회복되었고, 제스티의 부인과 두 아들은 그 뒤 두창이 여러 차례 유행했음에도 불구하고 두창에 걸리지 않았다. 게다가 두 아들은 인두 접종에 어떤 반응도 보이지 않아 면역이 생겼음을 입증했다.

제스티 가족의 이야기가 퍼지면서 꽤 큰 파장이 일었다. 인간과 동물 사이에 무언가가 섞이는 것을 신에 대한 모독이라고 여기던 사람들은 제스티를 조롱하고 멸시했으며 흙과 돌을 던지기도 했다.

제스티의 실험은 성공했지만, 그는 안타깝게도 다른 사람들에게 우두접종을 시행하지는 않았다. 에드워드 제너가 제스티의 실험에 대해 알고 있었다는 어떠한 증거도 없다. 그렇지만 우두 접종의 초석을 닦은 그의 업적은 결국 인정되었다. 제스티의 발견을 세상을 바꿀 새로운 단계로 이끈 것은 제너였지만 말이다.

이정표 2

민간신앙에서 현대 의학으로 제너, 접종vaccination의 과학을 발견하다

제너가 의학사의 열 가지 혁신 가운데 한 가지를 이룰 수 있었던 원인은 무엇일까? 에드워드 제너는 단순히 인간에게 치명적인 한 가지 질

병을 정복하려 한 것이 아니라 여덟 살 때 자기를 거의 죽음으로 몰고 갔던 그 병으로부터 사람들을 보호하려는 간절한 바람을 가지고 있었다.

제너가 1757년 인두 접종을 받았을 당시, 그 시술법이 영국에서 35년 동안 시행되어 왔고 안전하다고 인식되었으며 별 거부감 없이 받아들여지고 있었다는 사실이 참 아이러니하다. 인두 접종은 분명히 위험했다. 인두 접종을 받은 사람 50명에 한 명꼴로 두창에 걸려 죽었다. 하지만 무방비 상태에서 두창에 걸렸을 경우 3분의 1이 죽음을 맞이하는 것보다는 그 정도가 훨씬 낮았기 때문에 인두 접종은 여전히 선호되었다.

제너의 고통은 개인에게는 안타까운 일이지만 인류 전체에게는 이로운 것이 되었다. 자신이 겪은 무서운 경험 덕분에 그는 평생 인두접종에 대해 혐오감을 가지게 되었고, 그로 인해 두창 예방법을 연구하고자 하는 강력한 동기를 가질 수 있었으니 말이다. 벤자민 제스티가 앞서 경험한 것처럼 퍼즐에 맞는 조각들이 여러 해에 걸쳐 제너에게 다가왔다. 글로스터셔에서 태어난 제너가 13세 되던 1749년 첫 번째 단서가 찾아왔다. 그 시절 외과 의사의 조수로 일하고 있던 제너는 우유 짜는 어느 여인이 "나는 곰보가 되지 않을 거야"라고 말하는 모습을 어깨너머로 보고는 그 말에 대해 큰 관심을 가졌다. 그녀는 곰보가 두창에서 살아남은 행운의 증거로 보일 수도 있다고 말했다.

그녀가 확신할 수 있었던 이유는 무엇이었을까?

"나는 절대 두창에 걸리지 않아."

그녀가 말을 이었다.

"그건 우두에 걸렸기 때문이지."

민간에 전해지는 우유 짜는 여인들의 이러한 확신은 어린 제너에게 강력한 인상을 남겼다. 그 일을 겪은 뒤 그는 우두와 두창의 연관성에 대해 지속적인 관심을 갖기 시작했다. 하지만 불행하게도 그의 삶의 초기를 살펴보면, 제너가 비공식적인 의료계 모임에서 여러 차례 그 주제에 대해 언급했음에도 동료들의 공감을 얻지는 못했다. 제너의 친구이자 전기 작가인 존 바론John Baron이 "그렇게 도움도 안 되는 주제로 우리를 계속 괴롭힌다면 제너를 추방할 것"이라고 위협했을 정도로 제너의 동료들은 그 문제에 대해 거부감을 나타냈다.

1772년 23세의 제너는 의학 수련을 마치고 글로스터셔의 버클리에서 의사로서의 삶을 시작했다. 1780년 무렵에도 여전히 그는 우두와 두창 사이의 연관성에 대해 큰 관심을 가지고 있었다. 그는 우두에 감염되었던 사람들을 조사했고, 그들이 인두 접종에 반응을 나타내지 않는다는 점을 통해 두창에 면역력을 가지고 있다는 사실을 알아냈다. 1788년 제너는 자신이 우유 짜는 여인들의 감염된 손에서 본 우두 병변을 스케치하여 그것을 런던의 몇몇 의사들에게 보여주며 우두가 두창을 막을 수 있다는 주장을 펼쳤지만 대부분은 반응을 보이지 않았다. 그 뒤 그가 우두와 두창 사이의 연관성을 연구하기 위해 동료들에게 도움을 요청했을 때도 그들은 제너의 생각을 비웃으며 단순히 시골 여인들의 수다 정도로 치부했다.

그러나 제너는 포기하지 않고 연구를 지속해 마침내 1796년 5월 14일 직접 그 일을 해냈다. 그를 도와 일하던 노동자의 아들인 여덟 살짜리 제임스 핍스(James Phipps, 1788~1853)에게 최초로 우두 접종을 시행한 것이다. 제너는 사라 넴Sarah Nelmes이라는 우유 짜는 여인의 손에서 채취한 전염성 있는 우두 물질을 그 소년에게 접종한 것이다. 22년 전에 초석을 닦은 벤자민 제스티처럼 제너의 실험은 성공적이었다. 핍스는 그 뒤 몇 차례에 걸쳐 인두 접종을 받았지만 아무런 반응이 나타나지 않았고, 이로써 두창에 면역이 생겼다는 사실이 입증되었다. 핍스는 평생 두창에 걸리지 않았으며, 그 스스로 20회에 가까운 인두 접종을 통해 자신의 면역력을 입증했다.

그럼에도 불구하고 그의 성공에 대한 소식은 20년 전 제스티의 것보다 더 환영받지 못했다. 1796년 제너가 왕립학회에 핍스의 경우와 우두 접종 뒤 두창에 면역이 생긴 열세 명에 대한 기록을 정리한 보고서를 제출했을 때도 근거가 충분하지 않다는 이유로 무시되었다. 게다가 제너의 실험은 기존 지식을 변형한 신빙성 없는 것으로 받아들여졌다. 뿐만 아니라 제너는 "명예를 지키고 싶다면 그와 같은 터무니없는 생각을 널리 알리지 않는 것이 좋을 것"이라는 경고를 받기도 했다.

제너는 자신의 생각이 터무니없다거나 신빙성이 낮다는 비판에 대해 아무런 대응도 할 수 없었다. 그러나 이를 계기로 그는 더 많은 자료를 모을 수 있었다. 하지만 불행하게도 그는 다음 우두가 유행하기까지 1년을 더 기다려야 했다. 제너는 두 아이에게 접종을 시행했다. 그는 두 아이 가운데 한 아이의 병변에서 채취한 것을 가지고 더 많은 아이들에게 접종을 시행했다. (이른바 '팔에서 팔로'라고 불리는 방법이다) 뒷날 인두 접종을 통해 그 아이들이 모두 두창에 면역이 생겼음이 밝혀졌을 때 제너는 자신의 주장이 입증되었음을 확신했다. 그러나 제너는 다시 왕립학회에 보고서를 제출하지 않고 자신의 발견을 직접 출판하기로 마음먹었다. 이제는 고전이 된 64쪽 분량의 책 《우두의 원인과 효과에 관한 연구An Inquiry into the Causes and Effects of Variolae Vaccine, or Cowpox》는 이렇게 세상에 선보이게 되었다.

도약의 달성 출판에서 사회적 공인까지

제너는 이 책에서 여러 가지 중요한 사항들에 대해 언급했다. 우두 접종을 통해 두창을 예방할 수 있다는 것은 물론 사람과 사람 사이의 접종이라는 '팔에서 팔로arm-to-arm' 방법을 통해 면역력을 전파시킬 수 있고, 두창와 달리 우두는 치명적이지 않으며 국소적이고 전염력이 없는 가벼운 병변만을 발생시킨다는 사실 등을 주장했다. 또한 이 책에서 제너는 라틴어의 소를 뜻하는 'vacca'에서 따온 'vaccine'과 접종, 즉 'vaccination'의 기원이 된 'vaccinae'라는 용어를 처음으로 사용했다.

그러나 이러한 새로운 증거에도 불구하고 제너는 계속해서 동료들의 조롱과 비웃음을 받아야 했다. 반대는 여러 곳에서 일어났다. 일부 의사들은 우두가 가벼운 질병이라 비판했고, 어떤 의사들은 제너의 실험을 반복해 보았지만 접종 효과가 나타나지 않았다고 주장했다. 그리고 여전히 많은 수의 사람들이 종교적이고 도덕적인 이유를 근거로 우두 접종에 반대했다. 이런 주장을 하던 사람들은 우두 접종을 하면 소처럼 변한다는 주장을 펼치기도 했다. 당시의 이런 생각은 우두 접종을 받은 아기의 머리에 소뿔이 나는 것처럼 묘사한 만평 등에서 잘 드러난다.

하지만 제너의 주장을 신뢰한 의사들이 그 기술을 시행하자 점점 더 많은 성공 사례가 보고되었고, 비록 백신의 안정성과 효과에 대한 논쟁은 완전히 끝나지 않았지만 결국 백신은 인정받게 되었다. 아울러 제너는 연구를 지속하며 발견한 새로운 증거들을 토대로 자신의 주장을 수정, 보완하거나 더 분명히 하는 책을 여러 권 발간했다. 제너의 주장이 전부 옳은 것은 아니었지만(제너는 우두 접종 효과가 평생 지속된다는 잘못된 확신을 가지고 있었다) 제너의 우두 접종은 놀랄 만큼 빠른 속도로 퍼지기 시작했다. 몇 해 지나지 않아 우두접종은 영국뿐 아니라 온 유럽을 거쳐 전 세계로 퍼져 나가기 시작했다. 미국에서 첫 우두접종은 1800년 7월 8월에 시행되었다. 하버드 의학교의 교수인 벤자민 워터하우스 Benjamin Waterhouse가 자신의 5살짜리 아들과 다른 두 아이에게 접종을 했다. 그 뒤 워터하우스는 우두 접종을 미국 남부 지역으로 확산시키기 위해 대통령 토마스 제퍼슨에게 백신을 보냈으며, 이를 받은 제퍼슨은 곧 자신의 가족과 200명의 이웃에게 접종을 받도록 했다.

1801년, 제너는 우두 접종의 성공을 거의 확신하고 있었다. 그는 "온 유럽과 세계를 통틀어 우두 접종의 수혜를 받은 사람이 셀 수 없다. 또한 우두 접종의 성과는 매우 확실해서 이제까지 인류의 가장 끔찍한 적이었던 두창이 결국 박멸될 것이 틀림없다는 점에 대해 의견을 달리하기 어려울 정도가 되었다."라고 쓰기도 했다.

비록 제너가 활동하던 시대에는 아무도 백신이 어떻게 작용하는지 또 무엇이 두창을 일으키는지 몰랐고, 제너가 두창을 예방하기 위해 인간에게 우두 접종을 시술한 최초의 인간이 아님에도 불구하고 오늘날 역사가들은 제너가 우두 접종이 효과가 있다는 사실을 과학적으로 입증한 최초의 인물이기 때문에 이 혁신적인 발견의 업적을 기꺼이 제너에게 바치고 있다. 또한 제너가 인류 역사에서 치명적인 질병을 예방할 수 있는 최초의 합리적인 방법을 제공했다는 사실도 매우 중요하다.

하지만 제너의 성공에도 불구하고 그가 만든 백신이 몇 가지 심각한 단점을 지니고 있다는 사실은 분명했다. 하나는 면역 효과가 평생 지속되지 않는다는 것이며, 또 하나는 아무도 그 이유를 정확히 알지 못한다는 것이었다. 일부 과학자들은 면역력의 소실이 '계대繼代'라고 불리는 방법 때문일지 모른다고 생각했다. 즉 우두 접종이 '팔에서 팔'이라고 하는 접종방법을 통해 시술되기 때문에 효과가 점차 약해진다는 것이었다. 달리 말해 면역을 발생시키는 역할을 하는 요소가 이 사람에서 저 사람으로 전달될 때마다 병과 싸우는 능력이 점점 더 약해진다는 것이었다.

동시에 제너의 우두 접종은 까다로운 의문을 야기했는데, 예를 들어 왜 어떤 위험한 질병에 대항하기 위해 해가 별로 없는 비슷한 질병을 사용하는 그의 방법이 다른 질병들에 대해서는 사용할 수 없는가 하는 점이었다. 오늘날 우리가 알고 있듯이 사실 제너의 백신은 정말 엄청나게 운이 좋은 경우다. 두창 바이러스가 크게 해롭지 않으면서 생김새가 매우 닮은 우두 바이러스라는 사촌을 두고 있다는 사실 자체가 특이한 것으로, 이는 인간에게 감염을 일으키는 다른 종류의 병원체에서는 거의 찾아보기 어렵다. 실제로 백신을 만들 다른 방법이 없었다면 백신의 역사는 지금보다 훨씬 초라하고 단출할 수밖에 없었을 것이고, 아마도 그것은 우두 이후 80여 년 동안 백신의 발전이 막다른 지경에 이를 수밖에 없었던 이유이기도 했다. 병원균의 발견에서 결정적인 역할을 한 과학자가 오랜 휴가 끝에 결국 도약의 계기를 만들기 전까지 말이다.

이정표 3

오랜 휴가와 게으른 실험 백신에 관한 새로운 개념을 이끌다

루이 파스퇴르는 1870년대부터 이미 의학사에서 매우 중요한 위치를 차지하고 있었다. 30년에 걸쳐 그는 발효, 저온 살균, 섬유 산업 구출, 자연발생설 반박 등을 통해 미생물 이론의 확립에 결정적인 기여를 했다. 그러나 1870년대 후반에 파스퇴르는 다시 한 번 역사적인 발견을 할 준비를 하게 되는데, 이때 그는 꽤나 상서롭지 못한 선물인 닭 머리를 받은 뒤였다.

그것은 협박도 아니었고 흉측한 장난은 더더욱 아니었다. 그 닭은 닭 콜레라로 죽은 것이었다. 닭 콜레라는 당시 닭 100마리 가운데 90마리나 죽일 수 있을 정도로 속수무책인 질병이었다. 파스퇴르에게 연구용 검체를 보낸 수의사는 그 병이 어떤 특정 미생물에 의한 것이라고 믿었다. 파스퇴르는 곧 그 생각을 증명했다. 닭 머리에서 미생물을 배양한 뒤 다른 건강한 닭에 주입하여 그 건강한 닭이 닭 콜레라로 즉시 죽는다는 사실을 입증한 것이다. 이러한 발견은 세균설을 입증하는 데 도움이 되었지만, 파스퇴르의 박테리아 배양은 그의 게으름과 행운 덕분에 곧 더욱 커다란 역할을 하게 된다.

1879년 여름, 파스퇴르는 긴 휴가를 즐기고 있었다. 자신이 배양한 닭 콜레라균은 까맣게 잊은 채 말이다. 그는 배양균을 공기 중에 노출시킨 채 휴가를 떠났다. 휴가에서 돌아와 실험 닭에 그것을 주입했을 때 그는 배양균이 더 이상 치명적이지 않다는 사실을 발견했다. 닭들은 독성이 약화된 박테리아에 의해 접종된 것과 같은 효과를 얻어 병을 앓기는 했지만 죽지는 않았다. 그러나 파스퇴르의 다음 발견은 더욱 중요하다. 그 후 닭들에게 치명적인 닭 콜레라 박테리아를 다시 주입했는데도 실험 닭들은 닭 콜레라에 걸리지 않았고, 그것은 닭들이 그 병에 완전히 면역되었다는 것을 증명했다. 파스퇴르는 자신이 백신을 만드는 새로운 방법을 발견했다는 사실을 깨달았다. 독성이 약화된 균을 접종함으로써 접종받은 생물체에는 치명적인 형태의 균과 싸울 수 있는 힘이 생긴다. 그는 1881년 〈영국의사협회지〉에 발표한 논문에서 다음과 같이 말했다. "우리는 우두 접종의 원리를 이용했다. 닭들이 약화된 균의 접종으로 그 균과 싸울 힘을 갖게 되면 다시 치명적인 균을 주입하더라도 아무런 고통을 겪지 않게 될 것이다. … 닭 콜레라는 그것들에게 피해를 입힐 수 없다."

이러한 놀라운 발견에 고무된 파스퇴르는 새로운 접근 방법이 기존 질병에 대한 백신을 만드는 데 어떻게 이용될 수 있는지를 연구하기 시작했다. 그의 다음 성공은 탄저병에 대한 연구에서 이루어졌다. 당시 탄저병으로 양의 10~20%가량이 죽어 양 사육업은 큰 피해를 입고 있었다. 앞서 코흐가 탄저병은 박테리아에 의해 발병한다는 사실을 밝힌 바 있었다. 파스퇴르는 그 탄저균으로 백신을 만드는 연구에 착수했다. 양의 면역력을 강화하면서도 실제 병에 의한 피해는 생기지 않도록 탄저균의 독성을 약화시킬 수 있는지가 관건이었다. 그는 온도를 높여 탄저균을 배양하는 데 성공했다. 그리고 파스퇴르는 이번이야말로 자신의 발견을 의심하는 연구자들에게 공개 실험을 통해 자신의 능력을 입증할 수 있는 절호의 기회임을 직감했다.

1881년 5월 5일, 파스퇴르는 독성이 약화된 새로운 탄저 백신을 양 24마리에게 접종했다. 그리고 약 2주 뒤인 5월 17일 더 강하지만 여전히 약독화된 백신을 다시 주입했다. 마지막으로 5월 31일 그는 백신을 접종한 양 24마리와 전혀 백신을 접종하지 않은 양 24마리에게 각각 탄저균을 주입했다. 이틀 후 상원의원, 과학자, 기자들을 포함한 많은 군

중이 결과를 보기 위해 모여들었다. 백신을 접종한 양은 모두 살아 있는 반면 접종하지 않은 양은 모두 죽었거나 죽어가고 있었다.

이 또한 위대하지만, 파스퇴르가 이 분야에서 이룬 가장 유명한 업적은 인간에 대한 첫 번째 백신인 광견병 백신의 개발일 것이다. 당시에는 광견병에 걸린 개에 물리면 무섭고(긴 바늘을 불에 달군 뒤 개에 물린 상처부위에 쑤셔 넣었다) 끔찍한(상처 부위에 화약을 뿌린 뒤 불을 붙였다) 방법만으로 치료할 수 있었다. 원인 바이러스는 너무 작아서 현미경으로 볼 수 없었고 배양할 수도 없었기 때문에 무엇이 광견병을 일으키는지 누구도 알지 못했지만 파스퇴르는 그 병이 중추신경계를 침범하는 미생물에 의한 것임을 확신했다. 광견병 백신을 만들기 위해 파스퇴르는 토끼의 뇌에서 그 미지의 미생물을 배양했다. 그리고는 그 조직을 말린 뒤 약독화시켜 백신을 만들었다.

충분한 실험을 거치지 않았기 때문에 사람에게 그 실험적인 백신을 주입하는 것은 파스퇴르를 고민하게 만들었다. 하지만 1885년 7월 6일 광견병에 걸린 개에 물려 열네 군데에 상처를 입은 아홉 살짜리 조셉 마이스터Joseph Meister가 찾아왔을 때 파스퇴르는 생각을 바꾸지 않을 수 없었다. 열흘에 걸쳐 실시된 13회의 접종은 성공적이었고 결국 소년은 살아났다. 인간에게 치명적인 독소를 주입한다는 일부의 비난에도 불구하고 15개월 만에 1,500명에 달하는 사람이 광견병 백신을 접종받았다.

이렇게 파스퇴르는 연구를 시작한 지 8년 만에 제너 시대 이후 최초로 약독화 현상을 발견했을 뿐 아니라 실제로 닭 콜레라, 탄저병, 광견병에 대한 성공적인 백신을 만들어 냈다. 그러나 그의 위대한 업적을 뒤트는, 당시에는 알지 못했던 것이 한 가지 있었다. 그것은 그의 작업이 바이러스의 독성을 감소시킨 것이 아니었다는 점이다. 파스퇴르가 나중에 깨달았듯이 그의 광견병 백신에 들어 있는 바이러스의 대부분은 약독화된 것이 아니라 죽은 것이었다. 그리고 그 속에 바로 다음번에 다룰 중요한 발견의 씨앗이 숨어 있었다.

이정표 4

새들을 위한 새로운 사死백신

19세기 후반, 백신의 발전은 새로운 황금시대의 탄생이 가져온 혜택 위에 있었다. 임질(1879년), 폐렴(1880년), 장티푸스(1882년), 그리고 디프테리아(1884년)를 비롯하여 수많은 질병을 일으키는 박테리아의 발견이 그것이다. 그 당시 미국농림부에 근무하던 세균학자 테오발드 스미스(Theobald Smith, 1859~1934)는 당시 축산업에 막대한 피해를 입히고 있던 질병인 돼지 콜레라를 일으키는 미생물을 발견하는 임무를 맡았다. 스미스와 그의 상관인 다니엘 샐몬(Daniel Salmon, 1850~1914)은 원인 박테리아를 분리, 동정하기 위해 노력하는 중에 훨씬 더 중요한 발견을 해냈다. 열에 의해 죽은 박테리아를 비둘기에 주입하면 그 비둘기에 치명적인 박테리아에 대한 면역력이 생긴다는 사실이었다. 1886년에 발표된 뒤 곧 이어 여러 연구자에 의해 입증된 이 발견은 새로운 이정표를 의미했다. 백신은 단지 약독화된 것뿐만 아니라 죽은 미생물의 배양을 통해서도 만들어질 수 있다는 사실이 밝혀진 것이다.

사死백신의 개념은 백신의 안전성에서 중요한 발전을 의미했다. 특히 살아 있거나 약독화된 미생물을 통해 만들어진 백신에 반대하던 사람들에게는 더욱 그러했다. 다른 과학자들은 곧장 다른 질병들에 대한 사백신을 만드는 연구에 착수했다. 그리고 불과 15년 만에 그 혜택은 비둘기를 넘어 인간에게로 확장되었다. 사백신 연구는 인간에게 큰 피해를 입혀온 세 가지 질병 콜레라, 페스트, 장티푸스에 성과가 있었다.

1800년대 후반 콜레라는 세계적으로 심각한 질병 가운데 하나였다. 물론 1840년대에 존 스노우가 오염된 물을 통해 콜레라가 전염된다는 사실을 밝혀냈고, 1883년에는 로베르트 코흐가 비브리오 콜레라균에 의해 발생한다는 사실을 입증했지만 콜레라로 인한 피해는 여전히 심각했다. 콜레라균 발견 이후 생백신과 약독화된 콜레라 백신을 개발하려는 시도는 일부 성공했지만 그것은 부분적이지만 심각한 부작용이 나타나 곧 금지되었다. 그리고 10여 년이 지난 1896년에 빌헬름 콜Wilhelm Kolle이 콜레라균을 열에 노출시켜 최초로 사백신을 개발하는 위업을 달성했다.

장티푸스는 살모넬라 타이피Salmonella typhi라는 세균에 의해 발생하며, 오염된 음식이나 물을 통해 전염되는 위협적인 질병이었다. 누가 실제로 장티푸스 사백신을 인간에게 최초로 접종했는지는 명확하지 않지만 1896년에 영국 세균학자 암로스 라이트(Almroth Wright, 1861~1947)가 죽은 살모넬라균을 접종받은 사람이 장티푸스에 성공적으로 면역력이 생겼다는 결과를 발표했다. 라이트의 장티푸스 사백신은 그 뒤 4,000명이나 되는 인도 군대의 자원자를 대상으로 한 실험을 통해 입증되어 본격적으로 쓰이기 시작했다. 몇 해 뒤 남아프리카에서 벌어진 보어 전쟁에 참전 중인 영국 군대의 접종에 사용되기 위해 라이트의 백신은 운반되었지만 백신 반대론자들은 백신 수하물을 수송선에서 바다로 버리는 등의 행동으로 접종을 방해했다. 결과는 참혹했다. 5만 8천 명 이상의 영국군이 장티푸스로 고통받았고, 그 가운데 9천여 명이 사망했다.

중세 시대에 수천만 유럽인의 목숨을 앗아간 질병인 페스트(흑사병)는 보통 쥐벼룩에 물려 전염된다. 원인균인 파스퇴렐라 페스티스(뒤에 예르시니아 페스티스로 개칭)는 1894년에 발견되었다. 2년 뒤 인도 뭄바이에 페스트가 유행할 당시 러시아 과학자 발데마르 하프킨(Waldemar Haffkine, 1860~1930)은 그곳에서 콜레라 백신에 대해 연구하고 있었다. 하프킨은 곧 연구 주제를 바꾸었고, 1897년 자신의 몸에 직접 접종하여 안전성을 입증함으로써 페스트에 대한 사백신을 개발하는 데 성공했다. 그 도전은 충분한 값어치가 있었다. 몇 주 만에 8천 명에 달하는 사람들이 접종을 받았다.

그렇게 하여 제너의 위대한 업적이 있은 뒤 겨우 한 세기 만인 20세기 초 의학은 두 가지 생백신(두창과 광견병)과 세 가지 약독화백신(닭 콜레라, 탄저병, 광견병), 그리고 세 가지 사백신(장티푸스, 콜레라, 페스트)을 가지게 되었다.

이정표 5

수동 면역의 힘 디프테리아와 파상풍에 대항할 새로운 백신

1800년대 후반 디프테리아는 수없이 많은 사람의 생명을 앗아간 질병 가운데 하나였다. 디프테리아로 인해 독일에서만 한 해 동안 5만 명의 어린이가 사망할 정도였다. 코리네박테리움 디프테리아라는 균에 의해 발병하는 이 병은 숨을 쉬기 어려울 정도로 기도를 붓게 만들고, 심장과 신경계에 침범하여 피해를 입힌다. 1888년 과학자들은 디프테리아가 독소를 생산하여 치명적인 손상을 입힌다는 사실을 발견했다. 그리고 2년 뒤 독일인 생리학자 에밀 폰 베링(Emil von Behring,

1854~1917)과 일본인 의사 기타사토 시바사부로(北里柴三郎, 1853~1931)는 결정적인 발견을 하는데, 동물이 디프테리아에 걸릴 경우 그 동물이 독소를 중화할 수 있는 강력한 물질을 생산한다는 사실을 알아낸 것이다. 즉 항독소를 발견한 것이다. 이것은 만약 그 동물에서 추출한 항독소를 다른 동물에 주입한다면 디프테리아를 예방할 수 있을 뿐만 아니라 이미 병에 걸려 있는 상태일지라도 치료할 수 있다는 것을 의미했다.

1년 뒤인 1891년 12월 최초로 디프테리아 항독소가 어린이 환자에게 접종되었다. 그 뒤 더욱 정제하는 데 성공하여 1894년 디프테리아 항독소 백신은 상업적 생산을 하기에 이른다. 항독소 백신은 비록 한계를 가지고 있었지만 곧 파상풍을 포함한 다른 중요한 질병에도 쓰임으로써 전염병 예방은 한 단계 더 발전하게 된다.

항독소 백신은 면역에서 이제껏 없었던 수동 면역이라는 새로운 개념을 가지고 있다는 점에서 중요한 발견이었다. 능동 면역은 앞에서 논의한 대로 백신을 통해 우리 몸이 어떤 미생물에 대항하여 스스로 싸우는 힘을 강화하는 것을 말한다. 그리고 수동 면역은 인간이나 동물에게서 다른 인간이나 동물에게 보호 물질을 전달하는 것을 말한다. 디프테리아나 파상풍 백신 외에 또 다른 수동 면역의 예는 모유 수유를 통해 엄마에서 아기에게 항체가 전달되는 것을 들 수 있다. 그러나 수동 면역의 단점은 대개 면역력이 영구적인 능동 면역과 다르게 시간이 흐름에 따라 면역력이 감소한다는 것이다.

폰 베링은 디프테리아 백신을 발견하는 데 기여한 공적으로 1901년 노벨생리의학상 분야 최초의 수상자라는 영광을 안게 되었다. 더욱이 그의 업적은 곧 연구자들에게 제너 시대 이래로 풀리지 않던 생백신,

약독화백신, 사백신 또는 항독소를 어떻게 만들 것인지에 앞서 그것들이 정확히 어떻게 작용하느냐라는 거대한 미스터리를 해결하는 단초를 제공했다.

이정표 6

이해의 시작 면역학의 탄생

물론 여러 해에 걸쳐 백신이 어떻게 작용하는지에 대해 설명하는 많은 학설이 제기되었다. 예를 들어 파스퇴르를 비롯하여 몇몇 학자가 주장한 탈진 학설은 접종된 미생물이 몸속에서 감소되며 죽을 때까지 어떤 것을 소비한다는 주장이었다. 또 다른 학설은 '해로운 정체'라는 것인데, 이는 접종된 미생물이 그것들 스스로의 증식을 방해하는 물질을 생산한다는 가설이었다. 그러나 두 학설 모두 우리 몸이 백신에 능동적인 반응을 하지 않는다거나 접종된 미생물이 스스로 죽을 때까지 우리 몸은 단지 수동적인 방관자로 남아 있다는 그릇된 관점을 가지고 있었다. 결국 두 학설 모두 새로운 근거와 함께 새로운 백신이 등장하면서 폐기되었다.

하지만 메치니코프와 에를리히라는 두 과학자의 위대한 업적은 새로운 이해를 이끌어냈을 뿐만 아니라, 과학의 새로운 장을 열게 된다. 이 연구로 이들은 1908년 노벨생리의학상을 받았다.

툭 던진 이야기가 면역체계에 대한 발견을 이끌어내다

엘리 메치니코프(Eli Metchnikoff, 1845~1916)의 위대한 생각은 1883년으로 거슬러 올라간다. 러시아 출신의 미생물학자 메치니코프는 획기적인 실험을 하고 있었다. 그가 관찰하고 있던 세포들은 상처나 손상에 반응하여 조직들을 통과해 이동할 수 있는 능력을 가지고 있었다. 게다가 이 세포들은 외부 물질을 둘러싸 포식하고 소화시키는 능력까지 지니고 있었다. 메치니코프는 뒤에 이 과정을 파고사이토시스phagocytosis라고 불렀다. (그리스어로 파고는 포식, 사이토스는 세포를 의미한다)

처음에 메치니코프는 세포들이 영양분을 섭취하는 방법으로 파고사이토시스를 이용하는 것으로 생각했다. 그러나 메치니코프는 이것을 단순히 일요일의 늦은 아침 식사 정도로 치부하지 않았다. 그의 예감은 그가 로베르트 코흐의 견해에 동의하지 않으면서 생겼다. 로베르트 코흐는 1876년 탄저균이 백혈구를 공격한다는 자신의 생각을 설명했다. 메치니코프가 코흐의 생각에 대해 툭 던진 획기적인 이야기는 탄저균이 백혈구를 공격하는 것이 아니라는 것이었다. 대신 백혈구가 탄저균을 에워싸고 먹어치운다는 것이었다. 이 생각을 통해 메치니코프는 파고사이토시스가 외부 침입자를 포획하고 파괴하는 방편, 즉 한 가지 방어 수단이라는 사실을 깨달았다. 간단히 말해 그는 우리 몸이 질병에 대해 스스로 어떻게 방어하는지에 대한 거대한 수수께끼(면역체계)를 밝혀내는 데 결정적인 주춧돌을 발견한 것이었다.

1887년 메치니코프는 대식세포大食細胞의 일종인, 이물질을 포식하는 백혈구를 분류했다. 그리고 면역체계가 작동하는 핵심적인 원리를 알아냈다. 면역체계가 적절히 기능하기 위해서는 몸속에서 어떤 물질을 우연히 마주칠 때마다 '내 몸의 것인가, 내 몸의 것이 아닌가'라는 매우 간단하지만 결정적인 질문을 던져야 한다는 것이었다. 그 질문에 대한 대답이 두창 바이러스, 탄저균 또는 디프테리아 독소라면 그것들은 내 몸의 것이 아니기 때문에 면역체계는 공격을 시작할 것이다.

새로운 학설 면역기능과 항체가 만들어지는 비밀을 푸는 데 기여하다

다른 많은 과학자처럼 폴 에를리히(Paul Ehrlich, 1854~1915)의 위대한 발견도 부분적으로 전에는 세상에 없었던 새로운 기술이 나오면서 이루어졌다. 독일 과학자인 에를리히를 위한 새로운 기술이란 바로 염색법이었는데, 이를 통해 특수한 화학물질로 세포와 조직을 염색하여 새로운 구조와 기능을 밝혀낼 수 있게 되었다. 1878년 겨우 스물네 살이었을 때 그는 이 방법으로 다양한 종류의 백혈구를 포함한 면역체계의 주요한 세포들의 역할을 설명할 수 있었다. 1885년에 이르러 에를리히는 그동안의 발견들을 토대로 세포들이 특수 영양분을 어떻게 섭취하는지 설명할 수 있는 새로운 가설을 세우기 시작했다. 그는 우리가 지금은 수용체라고 부르는 세포막에 있는 다양한 '사이드 체인'이 각각 특정한 물질과 결합해서 그 물질들을 세포 속으로 끌어들일 수 있다고 주장했다.

면역학에 대해 점점 더 흥미를 갖게 된 에를리히는 자신의 수용체 이론으로 디프테리아나 파상풍 백신의 작용 기전을 설명할 수 있을지 탐구하기 시작했다. 앞에서 보았듯이 베링과 기타사토는 어떤 동물이 디프테리아균에 감염되면 항독소를 생산한다는 사실과 이 항독소는 제거될 수도 있고, 동물이나 사람을 디프테리아에서 보호하기 위한 백신으로 사용될 수 있다는 사실을 발견했다. 나중에 밝혀졌지만 이 항독소가 바로 항체다. 디프테리아 독소를 중화시키고 포획하기 위해 세포가 만드는 특수 단백질 말이다. 에를리히는 항체를 가지고 선구적인 연구를 수행하면서 자신의 수용체 이론이 항체의 작용을 어떻게 설명할 수 있을지 고심했다. 그리고 그는 곧 혁신적인 생각에 도달하게 된다.

에를리히의 초창기 사이드 체인 이론에 의하면, 세포는 그 표면인 세포막에 각각의 특정한 영양소와 결합하도록 고안된 다양한 수용체를 가지고 있다. 에를리히는 나중에 이 이론을 확장시켜 박테리아나 바이러스와 같은 해로운 물질은 영양소를 모방할 수 있기 때문에 특정한 수용체에 결합할 수 있다고 생각했다. 에를리히는 또한 세포가 외부 침입자를 막기 위해 어떻게 항체를 생산하는지 설명했다. 그에 따르면 해로운 물질이 세포의 수용체와 결합하면 세포는 그 해로운 물질의 형태와 특성을 인식할 수 있고, 그 침입자에 결합한 수용체와 동일한 수용체를 대량으로 생산하기 시작한다. 이 수용체는 그 뒤 세포에서 떨어져 다른 해로운 물질을 찾아서 달라붙어 무력화시킬 수 있는 매우 특수한 단백질인 항체가 된다는 것이다.

에를리히의 이론은 결국 특수한 외부 침입자가 몸속에 들어오면 세포가 그것을 어떻게 인식하며, 그 침입자를 찾아서 공격할 수 있는 특정한 항체를 어떻게 생산하는지를 설명해냈다. 이 이론의 장점은 우리 몸이 특정한 질병에 대한 항체를 어떻게 생산할 수 있는지 설명해 준다는 데 있다. 그 항체가 기존의 질병에 대한 반응이든 인두 접종에 의한 것이든 우두 접종에 의한 것이든 말이다.

물론 에를리히가 모든 사실을 올바르게 증명한 것은 아니었다. 한 가지 예를 들자면 모든 세포가 외부 침입자에 결합할 수 있고 또 항체를 생산할 수 있는 것은 아니라는 사실이 밝혀졌다. 실제로 그 결정적인 임무는 B림프세포라는 특수한 타입의 백혈구에 의해 이루어지며, 그 뒤 수십 년에 걸쳐 이루어진 추가 연구들을 통해 면역체계를 구성하는 B세포와 다른 많은 세포와 물질들이 관여하는 매우 복잡한 역할들을 설명해야만 했다.

그럼에도 불구하고 오늘날 메치니코프와 에를리히의 위대한 발견은 현대 면역학과 백신의 작용 기전을 설명하는 데 있어서 상호보완적인 두 개의 주춧돌로 인정받고 있다.

20세기와 21세기의 백신 황금시대를 넘어서

19세기 말 백신은 정말 중요한 의학적 혁신을 이루었다. 두창, 광견병, 장티푸스, 콜레라, 페스트, 디프테리아에 대한 백신이 생산되었을 뿐만 아니라 백신의 근본적인 원리도 많이 밝혀졌다. 사실 20세기 동안 백신 분야에서 이루어진 일련의 성과들은 19세기 말에 알려진 기본 개념들을 정교하게 다듬은 것이라고 할 수 있다.

하지만 1923년 디프테리아, 1927년 파상풍 백신이 개선된 데 이어 결핵(1927년), 황열(1935년), 백일해(1926년), 인플루엔자 A(1936년), 발진티푸스(1938년)에 대한 백신들이 개발되면서 백신 연구는 20세기 초반 중요한 발전을 이루게 된다. 게다가 1931년에는 미국의 병리학자 어니스트 윌리엄 굿파스춰(Ernest William Goodpasture, 1886~1960)가 수정란을 이용하여 바이러스를 배양하는 새로운 방법을 개발함으로써 싸고 안전하게 백신을 생산할 수 있게 되었다.

2차 세계대전 이후 20년은 백신 개발의 황금시대라 불릴 정도로 많은 발전이 있었다. 1949년 보스턴 어린이 병원에 근무하던 존 엔더스(John Enders, 1897~1985)와 그의 동료들은 살아 있는 인간 세포에 서식하는 바이러스를 숙주 바깥에서 배양하는 기술을 개발했다. 그들의 성과는 소아마비 백신 개발로 이어졌을 뿐만 아니라 백신 연구가 폭발적으로 증가하는 데 촉매제가 되었으며 오늘날까지 지속되는 발전을 이끌어 냈다. 2차 세계 대전 이래로 경구 주사 및 소아마비 백신 이외에도 수두, 홍역, 풍진, 로타바이러스, 일본뇌염, 라임병, A형 간염, B형 간염, 뇌수막염, 폐렴, 그리고 인플루엔자 백신들이 차례차례 개발되었다. 뿐만 아니라 장티푸스, 광견병, 콜레라, 탄저병, 두창에 대한 백신들은 더욱 개선되었다.

최근 백신의 종류는 매우 다양하지만 분류방식을 살펴보면 오늘날 백신이 어떻게 만들어지는지에 대한 흥미로운 정보를 얻을 수 있다. 감염된 소에서 채취한 우두 고름을 가지고 팔에 상처를 냈던 것에 비하면 정말 놀랄 만한 발전이다.

크게 보아 백신은 살아 있거나 불활성화 되어 있는 두 가지로 나뉜다. 앞에서 살펴본 것처럼 생백신이나 약독화백신은 더 이상 해롭지는 않으면서 면역력을 강화할 수 있도록 질병을 일으키는 미생물을 변형시켜 만든다. 이 카테고리에는 바이러스 백신과 박테리아 백신이 모두 포함된다. 오늘날 약독화 바이러스 백신으로는 수두, 홍역, 풍진, 조스터바이러스, 로타바이러스, 그리고 두창 백신 등이 있다.

복잡한 과정을 통해 만들어진 몇 가지 하위 카테고리의 백신을 포함하여 앞에서 언급한 사백신도 불활성화 백신에 포함된다. 불활성화 백신은 두 가지 주요 타입인 전백신과 분할백신으로 나뉘는데, 전백신은 박테리아와 바이러스의 전부 또는 부분으로 구성된다. 1) A형 간염, 광견병, 인플루엔자에 대한 바이러스 백신들 그리고 2) 백일해, 장티푸스, 콜레라, 그리고 페스트에 대한 박테리아 백신들로 이루어진다. 분할 백신은 흥미로운 지점에 놓여 있다. 그것은 세 개의 주요한 하위 타입으로 구성된다. 1) 서브 유닛 백신: 그 질병을 일으키는 미생물의 부분들로 만들어지는데 B형 간염, 인플루엔자, 인유두종, 그리고 탄저병에 대한 최신 백신들이 여기에 속한다. 2) 독소백신: 디프테리아와 파상풍에 대한 백신처럼 개선된 항독소 백신이 여기에 속한다. 3) 폴리사카라이드 백신: 예를 들어 폐렴이나 뇌수막염에 대한 백신들처럼 어떤 박테리아의 표면에 있는 설탕 분자 사슬로부터 만들어진 백신을 말한다.

마지막으로 유전적으로 재조합된 새로운 카테고리의 백신은 유전공학기술을 통해 만들어진다는 사실을 보여준다. 과학자들은 유전공학 기술을 통해 백신이 면역 반응을 촉진시키는 단백질을 생산하는 박테리아나 바이러스의 특수한 유전자를 밝혀낼 수 있다. 그러한 유전자는 효모 세포에 삽입되어 해당 단백질을 대량 생산하게끔 조작된다. 그리고 단백질은 백신을 만드는 데 사용된다. 주입된 백신은 면역 반응을 일으키고, 우리 몸은 그 단백질에 대한 항체를 만들어낸다. 이렇게 함으로써 유전적으로 조작된 단백질에 대항해 생산된 그 항체들은 본래 그 단백질을 생산해내는 유전자를 가진 바이러스나 박테리아에 맞서 싸울 것이다. 유전공학적 방법으로 만들어낸 백신으로 B형 간염 백신과 인유두종 백신이 있다.

오늘날의 관점 관심, 변화, 희망

오늘날 많은 의료 전문가들이 백신의 발견을 의학 역사에 있어 가장 커다란 혁신이라고 여긴다. 그들은 백신이 다른 어떤 의학적 발견이나 개입보다 고통과 장애와 죽음에서 인류를 지켜왔다며 항생제조차 그에 미치지 못한다고 말한다. 어떤 학자는 깨끗한 물을 제외하고 백신만큼 인류의 생명을 많이 구해낸 것은 없다고도 말한다.

그러나 생명을 구했다는 것 이외에도 백신은 우리의 삶을 변화시키고 세상을 보는 관점을 바꾸었다. 우선 1800년대 백신의 발전은 세균설을 발견하고 받아들이는 데 중요한 기여를 했다. 악마나 종교적 힘이 아닌, 눈에 보이지도 않는 작은 박테리아와 바이러스에 의해 병이 발생한다는 사실을 깨달은 것은 사고의 패러다임 자체를 뒤바꾼 사건이었다. 두 번째로 백신은 우리 몸속에 면역체계라고 하는 새로운 세계가 있음을 알려주었으며 우리 몸이 어떻게 질병과 싸우는지 처음으로 제대로 된 설명을 했다. 세 번째로 백신은 우리가 퇴치하고자 하는 바로 그 병을 사람에게 미리 접종함으로써 우리 몸 스스로 병에 대항하는 방법을 가르쳐주고 의학이 항상 약이나 외과 수술에 의존할 필요가 없음을 보여주었다. 그리고 마지막으로 백신은 개인의 책임에 대해 새로운 경종을 울렸다. 전염병에 대항하기 위해 백신을 맞을 것인지 아닌지에 대한 결정은 개인의 건강 차원을 넘어 전체 사회의 건강과 관련이 있기 때문이다.

어떤 사람이 백신 접종을 받을 것인지 아닌지 선택하는 이 마지막 지점은 매우 중요하다. 실제로 걸리지 않은 질병에 대해 미리 치료하는 것이 오히려 병을 일으킬까 봐 두려워하는 사람에게 감정적인 저항을 불러일으킬 수도 있다.

최근의 한 가지 사례는 몇 가지 백신 제조에 수은이 함유된 티메로살이라는 방부제를 사용한 것이 자폐증 유발과 관련이 있는지 하는 문제다. 1999년 티메로살이 해롭다는 증거가 충분하지 않음에도 불구하고, 미국식품의약국은 백신을 제조한 제약회사에게 백신에서 방부제를 제거할 것을 요구했다. 많은 연구를 통해 티메로살이 신경발달 장애나 어린이들의 자폐증을 일으킨다는 것은 근거가 없음이 밝혀졌음에도 백신 반대 그룹에 의한 선전과 잘못된 정보의 확산으로 많은 부모들 사이에 공포감이 조성되었고, 결국 많은 어린이들이 백신 접종을 받지 않았다. 2007년 〈뉴잉글랜드 의학저널〉에 발표된 한 논문은 인플루엔자와 관련된 그런 시나리오의 위험성에 대해 지적했다. 인플루엔자는 해마다 수많은 환자를 발생시키며 100명에 가까운 어린이의 목숨을 앗아갔다. 그러나 "부정적인 방송 매체의 영향으로 많은 부모들이 자기 아이들에게 백신을 맞추지 않았고 그 아이들이 백신을 맞지 않음으로써 실제로 인플루엔자에 의해 죽거나 입원할 위험성이 증가했다고 입증된 것은 아니지만 이론적으로는 더 높아졌다."고 말했다.

부작용의 위험에 대해 염려하는 것은 옳은 일이지만, 전문가들은 잘 설계된 연구들을 근거로 백신이 심각한 부작용을 일으킨다는 생각은 기우라고 말한다. 더군다나 수많은 과학적 증거들이 우려와는 달리 다발성 경화증이나 수두, 홍역, 풍진 같은 질병의 발생과 백신 사이에는 연관성이 없음을 보여주고 있다. 의학 전문가들이 자주 지적하듯이 백신 접종을 회피하는 것은 이른바 집단 면역의 감소를 통해 더 많은 사람들에게 실제로 위험을 가져다줄 수 있다. 집단 면역은 백신을 접종한 사람이 많을수록 전체 인구 집단이 그 질병에서 잘 보호된다는 개념이다. 백신 접종을 거부하는 사람들은 미생물들이 전염력을 지닌 채 확산할 수 있도록 무임승차를 시켜주는 것이며, 그에 따라 그가 속한 공동체의 방어망에 피해를 입히고 있는 셈이다.

백신은 앞으로 더 많은 잠재력을 제공할 것으로 예상된다. 최근에는

24가지 이상의 감염병을 백신으로 예방할 수 있고, 유전자나 단백질 조작처럼 새로운 기술과 전략이 새로운 백신 개발로 연결될 것이다. 하지만 이러한 과학적 도전은 많은 사람에게 위협으로 비쳐진다. 말라리아나 에이즈에 대한 백신을 발견하기 위해 진행되고 있는 연구에서 볼 수 있듯이 말이다.

아프리카 1만 6천 년 전, 그리고 오늘

1977년 10월 26일, 소말리아 메르카에 있는 한 병원의 요리사가 지구상에 남은 마지막 두창 감염자라고 밝혀졌을 때 그는 언짢기도 했지만 한편으로는 대단한 행운을 가진 영웅이 되었다. 아프리카에서 최초로 동물에서 인간으로 두창 바이러스가 옮겨진 뒤 1만 6천 년이 지난 시점이었다. 1980년 세계보건기구는 공식적으로 두창이 지구상에서 완전히 퇴치되었다고 선언했는데, 이것은 또 한 가지 점에서 큰 의의를 가졌다. 두창은 지구상에서 박멸된 최초이자 아직까지는 유일한 인간 질병이기 때문이다.

30년 뒤 이루어진 발표에 대해 많은 사람들이 궁금해 할 것이다. 2007년에 미국식품의약국은 새로운 백신을 승인했다. 눈치 빠른 독자는 알아차렸겠지만, 바로 두창 백신이다.

왜 완전히 퇴치된 질병에 대한 새로운 백신을 만들었을까? 냉정하게 답하자면 인류가 완전히 퇴치할 수 없는 한 가지 치명적인 위협 때문에 두창은 계속해서 존재할 거라는 것이다. 즉 연구 목적으로 보관되어 있는 두창 바이러스가 남아 있기 때문에 그 바이러스를 훔쳐 인류에게 무기로 사용할 사람들에 대항하여 우리 몸을 보호하기 위해서라도 더 새롭고 좋은 백신이 요구된다는 것이다.

병원체와의 전쟁은 계속된다. 바이러스는 재채기에서 분무된 방울 형태로 우리 몸에 들어와 자리 잡을 것이고, 우리 몸을 향해 치명적인 공격을 전개할 것이다. 이에 대항하여 백혈구는 새롭게 만든 항체를 가지고 반격할 것이다. 그리고 인간은 자신들이 개발할 수 있는 모든 가공할 무기를 가지고 싸울 것이다. 그리고 우리 몸속에서 벌어지는 그 전쟁에서 백신은 인체가 승리할 수 있도록 방어막을 쳐주는 효과적인 수단을 제공할 것이다.

7장

고대의 곰팡이에서 현대판 기적까지

항생제의 발견

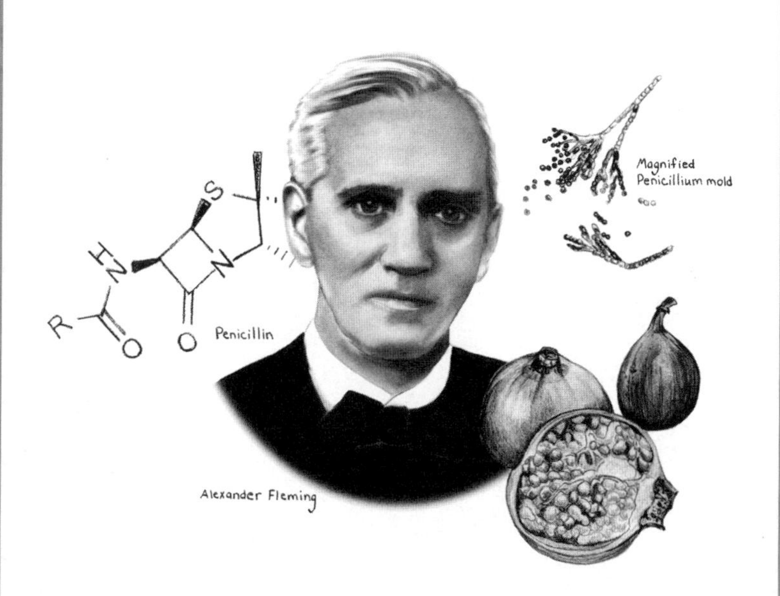

페니실린은 균이 완전히 자라버리면 항생효과가 없어진다. 그리고 그것은 인체 내에서도 마찬가지였다. 혈액이든 조직이든 간에 페니실린은 오직 자라나는 박테리아에 대해서만 작용했다. 여기서 한 가지 의문이 든다. 어떻게 플레밍의 그 우연한 곰팡이 포자는 바로 그 순간에 자라나는 포도상구균을 죽일 페니실린을 생성한 것일까?

몇 세기 동안 구릉을 터전으로 살아온 사람들에게 900미터 높이의 산은 경치도 물론이거니와 비옥한 땅에서 생산되는 먹을거리들 때문에 목가적으로 보였을 것이다. 구릉은 이탈리아의 남서부 해안을 따라 나폴리 만으로부터 떠오르는데 포도밭과 논, 과수원들로 뒤덮였다. 구릉 정상에는 참나무와 너도밤나무가 자라고, 사슴과 야생 곰이 서식한다. 구릉의 목초지에는 우유와 치즈를 생산하는 염소들이 가득하다. 천 년 넘게 아무 문제가 없어 보였다는 것을 생각한다면 남동쪽과 서쪽의 두 마을인 폼페이Pompeii와 헤르쿨라네움Herculaneum이 시한폭탄의 한가운데 위치하고 있다는 사실을 아무도 몰랐다는 것을 이해할 만하다.

갑작스러운 폭음을 동반한 경고성 진동이 몇 차례 있었던 베수비오Vesuvio 산은 서기 79년 8월 24일 아침 구름, 재, 그리고 시커먼 부스러기와 함께 검고 거대한 독가스를 16킬로미터 상공으로 뿜어냈다. 그 검은 구름은 오후 내내 남동쪽 폼페이로 움직였다. 그리고 이내 땅에는 화산재가 내리기 시작했다. 날이 저물 무렵 마을은 두께 90센티미터가 넘는 재로 뒤덮였다. 많은 사람들은 두려움에 떨며 마을을 떠났고 일부는 남았다. 그들은 재를 피해 지붕 아래로 숨었지만 다음 날 아침 6시 무렵 모두 운명의 날을 맞았다. 화산재와 숯, 지속적으로 분출된 가스가 온 마을을 뒤덮었고, 그로 인해 주민 2만 명 가운데 2천여 명이 목숨을 잃게 된 것이다.

그 무렵 베수비오 산에서 겨우 16킬로미터 떨어진 헤르쿨라네움이라는 작은 마을은 이미 파괴되었다. 새벽 1시 무렵, 거대한 폭발은 두터운 화산재를 만들어 시속 240킬로미터가 넘는 속도로 서쪽 비탈을 따라 움직였고, 몇 초 만에 헤르쿨라네움은 30미터 두께의 재와 숯으로 뒤덮였다. 당시 헤르쿨라네움에는 5천 명 정도의 주민이 살았는데 대부분은 몇 시간 앞서 대피했지만 운이 없어 피하지 못한 250명은 목숨을 잃었다. 그것은 근 2천 년 뒤인 1982년에 이르러서야 고고학자들이 250명의 유골을 발견함으로써 밝혀지게 된다. 그 유골들은 다양한 자세로 해변과 근처 보트 창고 안에서 발견되었는데 섭씨 600도에 달하는 뜨거운 화산재 아래 순식간에 매몰되었기 때문에 거의 완벽하게 보존되어 있었다.

아침에 무화과 두 개를 먹고 생각나는 이야기

1980년대에 고고학자들은 고대 헤르쿨라네움을 탐사하면서 당시의 고대 로마인들이 죽음에 이르기까지 영위한 삶을 자세히 알 수 있었다. 잘 보존된 목제 서랍과 찬장에서 올리브 오일, 자두 잼, 마른 아몬드와 땅콩, 염소젖으로 만든 치즈, 계란 완숙, 포도주, 빵, 마른 무화과, 그리고 석류를 포함한 음식물 찌꺼기까지 다양한 유물이 발굴되었다. 연구자들이 현대의 과학적인 장비로 고대 해변에서 발굴한 유골의 주인공들이 로마의 샌들을 신은 채 다리에 어떤 상처를 입었고, 요리할 때 나오는 연기를 실내에서 지속적으로 들이마심으로써 갈비뼈에 어떤 손상을 입었으며, 해충들에 의해 생긴 뼈의 상처들을 포함하여 어떤 질병을 앓았고 건강이 어떠했는지와 같은 놀라우리만치 자세한 사실들을 알아낼 수 있다는 것 또한 그리 놀랍지 않다. 오히려 놀라운 것은 과학자들이 찾아내지 못했던 것에 있었다. 감염의 증거 말이다.

2007년 〈국제 골骨고고학 저널International Journal of Osteoarchaeology〉에 실린 한 논문에 언급된 것처럼 250구의 헤르쿨라네움 유골 가운데 162구를 조사한 결과 단 한 케이스에서만 일반적인 감염의 증거가 나타났다. 이 발견이야말로 진정한 수수께끼다. 왜냐하면 감염은 위생 환경이 좋지 않던 당시에는 더 흔했을 것이기 때문이다. 그런데 왜 감염이 고대 헤르쿨라네움 사람들 사이에 드물었던 것일까? 마을 사람들의 음식을 자세히 살펴보면 비밀의 단서가 드러난다. 마른 석류와 무화과, 두 가지 음식물을 현미경으로 관찰해본 결과 그것들이 스트렙토미세스균에 오염된 과일이라는 사실이 밝혀졌다. 스트렙토미세스균은 대부분 해롭지 않고 널리 퍼져 있는 흔한 세균으로 몇 가지 이유 때문에 사람들의 관심을 끈다. 한 가지는 그것들이 토양에 풍부하게 서식한다는 것이다. 그것들은 토양에서 식물과 동물들을 분해하여 환경에 중요한 역할을 하는 다양한 물질들을 방출한다. 또 한 가지 중요한 사실은 스트렙토미세스균이 오늘날 인간과 동물에게 사용되는 항생제의 3분의 2가량을 포함하여 놀랄 만큼 다양한 약제를 생산한다는 것이다. 이런 항생제 가운데 한 가지가 테트라사이클린이다. 오늘날 테트라사이클린은 폐렴, 여드름, 요로감염, 위궤양을 일으키는 감염을 포함하여 다양한 감염증을 치료하는 데 사용된다.

과학자들은 헤르쿨라네움 유골을 검사했을 때, 그것들이 항생성분인 테트라사이클린에 노출되었다는 사실을 발견했다. 그렇다면 헤르쿨라네움 사람들은 어떻게 테트라사이클린에 노출될 수 있었던 것일까? 연구자들은 석류와 무화과가 박테리아에 분명히 오염되었다는 사실을 발견했다. 아마도 짚 밑에 과일을 묻어 말리는 로마식 음식물 보관 방식 때문에 그랬을 것이다. 이로써 한 가지 미스터리는 풀린다. 그 고대 사람들은 스트렙토미세스균에 오염된 석류와 무화과를 먹음으로써 자신들도 모르는 사이에 테트라사이클린 항생제를 지니게 되어 일반 감염증에서 자신들을 보호했다. 그러나 이것은 또 다른 의문을 불러일으킨다. 이런 식의 치료가 어떻게 우연히 발생할 수 있단 말인가?

당시 로마제국 내 다른 지역의 기록에 따르면 고대의 의사들은 감염증을 치료하기 위해 석류와 무화과를 포함한 다양한 음식물을 처방했다. 예를 들어 서기 1세기의 의사 아울루스 코르넬리우스 켈수스(Aulus Cornelius Celsus, 기원전 25~서기 50 무렵)는 편도염과 구내염 등 감염증을 치료하기 위해 석류를 사용했다. 그리고 다른 로마 의사들은 폐렴, 치주염, 편도염, 피부염 등을 치료하기 위해 무화과를 사용했다. 고대 헤르쿨라네움 의사들이 감염증을 치료하기 위해 일부러 박테리아를 함유한 과일을 처방했다는 확실한 증거는 없지만 이러한 사실들은 누가 최초의 항생제를 발견했는지에 대한 새로운 암시를 던져준다.

의학사가들이 걱정할 필요는 없다. 마른 과일이나 고대 로마인, 그리고 스트렙토미세스균이 2천 년 뒤인 1945년에 최초의 항생제 페니실린을 발견해서 노벨생리의학상을 받은 세 사람에게 부여된 권위를 빼앗지는 않을 테니까. 노벨상이 그들에게 주어진 것은 당연한 일이다. 왜냐하면 페니실린이 1928년 알렉산더 플레밍(Alexander Fleming, 1881~1955)에 의해 처음으로 발견되고, 뒤에 하워드 플로리(Howard Florey, 1898~1968)와 언스트 체인(Ernst Chain, 1906~1979)에 의해 치료용으로 널리 쓰일 수 있도록 정제됨으로써 사람들의 삶에 엄청난 영향을 미쳤기 때문이다. 페니실린은 죽음을 초래하는 치명적인 감염병들을 쉽게 치료할 수 있게 하여 수많은 사람의 목숨을 구했다. 정상 세포에는 별 피해를 주지 않으면서 병원균을 죽이거나 억제하는 약에 붙여진 명칭인 항생제는 20세기를 대표하는 '기적의 약'이 되었고, 의학사에 길이 남을 위대한 혁신이 되었다.

항생제와 관련된 이야기에는 아이러니와 논란이 뒤따른다. 19세기 후반 박테리아가 해로운 질병들을 일으킬 수 있다는 사실이 밝혀지자 과학자들은 질병과 싸울 수 있는 항생제를 찾기 시작했다. 하지만 오늘날은 역설적으로 항생제 남용자들이 앓는 질병들을 치료하기 위해 새로운 항생제를 찾아내야 하는 상황에 부닥쳐 있다.

기반 구축 고대의 치료사들부터 미생물과의 전쟁까지

알렉산더 플레밍이 페니실린을 발견한 이야기는 많은 사람에게 곰팡이의 역겨운 이미지를 떠올리게 한다. 축축한 샤워 커튼이나 오래된 카펫 또는 빵 조각에 붙어 있는 어두운 녹색의 얼룩 같은 곰팡이 말이다. 플레밍은 빵 상자나 축축한 욕실이 아니라 실험실의 유리 배양접시에서 독특한 형태의 곰팡이를 발견했지만 어찌되었든 페니실린을 포함한 많은 항생제들이 곰팡이의 산물이라는 것은 부정할 수 없는 사실이다. 이 곱슬한 곰팡이의 치유력을 예전부터 모든 문명권의 치료사나 의사들이 알았다는 사실을 생각해 보면 최초의 항생제가 곰팡이에서 만들어졌다는 것이 그다지 이상한 일은 아닐 것이다.

곰팡이의 치유력에 대한 최초의 언급은 가장 오래된 것으로 알려진 의학 문서들에서 발견된다. 파피루스는 기원전 30세기 무렵까지 거슬러 올라가 이집트의 치료사 임호텝(Imhotep, 기원전 2650~2600)에 관한 이야기를 전한다. 그 고대 문서에 따르면 치료사들은 개방형 상처를 치료할 때 신선한 고기, 꿀, 기름, 그리고 곰팡이가 핀 빵을 사용했다. 그 뒤의 기록에는 다음과 같은 언급도 나온다. 중앙아시아에서는 무당이 상처 치료에 씹은 보리와 사과를 처방함으로써 곰팡이를 사용했으며, 캐나다의 한 지역에서는 호흡기 감염을 치료하기 위해 흔히 곰팡이가 낀 잼을 섭취하도록 했다. 1940년대 어떤 의사가 남긴 기록에 따르면 유럽의 일부 지역에서 농부들이 상처를 입거나 멍이 들었을 때 손쉽게 곰팡이 낀 빵을 사용한 것은 '잘 알려진 사실'이었다. 그 의사는 "빵을 얇게 썰어 물과 함께 잘 반죽하여 상처에 발라 붕대로 감아두면 상처 부위에는 어떤 감염도 생기지 않았다."라고 기록했다.

이러한 이야기들에도 불구하고 민간 의술에서 곰팡이를 사용한 것은 현대의 항생제 발견에 별다른 기여를 하지는 못했다. 과학자들이 미생물과 싸우기 위해 미생물을 사용함으로써 병을 치료할 수 있다고 생각한 것은 1800년대 후반 병원균들이 발견되고 '미생물 병인론'이 확립되면서부터다.

그에 관한 가장 빠른 기록 가운데 하나는 조셉 리스터Joseph Lister가 외과 수술 시의 감염을 막기 위해 처음으로 방부제를 사용한 것이다. 리스터는 1871년 페니실린의 발견을 이끈 곰팡이와 비슷한 종인 페니실리움 클라우쿰이라는 곰팡이를 가지고 실험을 했다. 이 실험에서 그는 특이한 발견을 했다. 보통 사방으로 마구 뻗으며 위세를 자랑하던 박테리아들이 이 곰팡이가 있을 경우 상대적으로 무기력해질 뿐만 아니라 대다수는 거의 운동능력을 잃었다. 리스터는 매우 고무되어 그 곰팡이가 사람에게도 비슷한 효과를 나타내는지 연구하겠다는 편지를 동생에게 썼다. "적절한 상황이 주어진다면 나는 페니실리움 글라우쿰이 인체 조직에서도 유기체의 성장을 저해하는지 관찰할 것이다."

리스터는 항생제를 발견한 최초의 사람이 될 뻔했지만 아쉽게도 그의 연구는 더 이상 진행되지 않았다.

몇 해가 지난 1874년 영국 의사 윌리엄 로버츠(William Roberts, 1830~1899)는 〈왕립학회 소식지〉에 그 곰팡이가 있을 경우 박테리아가 성장하기 어렵다는 점을 언급하는 비슷한 기록을 남겼다. 로버츠는 "이 곰팡이가 박테리아의 성장을 막고 있는 것처럼 보인다."라고 썼다. 2년 뒤, 물리학자 존 틴달(John Tyndall, 1820~1893)은 페니실리움과 박테리아 사이의 길항 관계를 비유적으로 묘사했다. 틴달은 "박테리아와 페니실리움 사이의 분쟁과 정복이라는 범상치 않은 정황이 포착되었다."라고 썼다.

그러나 틴달은 페니실리움이 어떤 물질을 방출하여 박테리아를 공격하는지를 연구하는 대신 그 곰팡이가 단순히 박테리아를 질식시킨다고 믿는 잘못을 저지름으로써 명성을 얻을 기회를 놓치고 말았다.

곧 다른 과학자들도 비슷한 관찰을 하기 시작했다. 고요하게만 보였던 미생물의 세계는 놀랍게도 곰팡이와 박테리아 사이뿐만 아니라 종류가 서로 다른 박테리아들끼리도 전쟁에 휩싸여 있는 격동의 땅이었다. 1889년 프랑스 과학자 폴 뷔예망(Paul Vuillemin, 1861~1932)은 이 전쟁에 깊은 인상을 받고는 다가올 혁신을 예견하듯 새로운 용어를 만들었다. '생명에 대항하는'이라는 뜻을 가진 항생작용antibiosis이 그것이다.

이러한 단서들이 있었음에도 불구하고 왜 40년이나 지난 1928년이 되어서야 결국 플레밍이 최초의 항생제를 발견하게 되었을까? 역사학자들은 몇 가지 요인이 과학자들이 감염을 치료할 수 있는 약을 개발하는 데 집중하지 못하도록 했다고 말한다. 한 가지 예를 들자면, 1800년대 후반과 1900년대 초의 의사들은 방부제와 백신과 같은 다른 혁신적인 발견에 정신을 빼앗겼다. 더욱이 19세기에 곰팡이에 대한 과학자들의 지식은 신뢰받지 못했다. 사실 박테리아에 대항하는 곰팡이에 관한 초창기 연구에서 실험자들은 페니실리움 곰팡이나 푸른곰팡이의 여러 종류를 언급했을지도 모른다.

그리고 밝혀진 것처럼, 항생제의 개발을 이끌어낸 페니실리움 곰팡이는 당신의 집 욕실 벽에서 자라나는 오래전부터 잘 알려진 흔한 곰팡이가 아니었다. 그것은 특수하고 희귀한 종이었으며 그것이 생산해내는 항생물질인 페니실린은 파괴되기는 쉽지만 분리해내기는 어려웠다. 요컨대 플레밍이 그것을 발견한 것은 기적과도 같았다.

이정표 1

"이거 흥미로운데" 이상하고 우연한 페니실린의 발견

생각하고 싶지 않겠지만 우리는 수없이 많은 박테리아에 둘러싸여 살아가고 있다. 또한 우리는 매일 창과 문을 통해 실내에 들어와 싹을 틔울 만한 촉촉한 표면을 찾아다니는 눈에 보이지조차 않는 수많은 곰팡이 포자에 노출되어 있다. 사실 알렉산더 플레밍은 1928년 여름, 긴 휴가에서 돌아와 자신의 실험실 모퉁이에 놓여 있던 유리 배양접시 위에 무엇인가 자라고 있다는 사실을 알아차렸을 때 이 정도의 생각을 했을 뿐이다. 플레밍은 의사였으며 런던 성모 마리아 병원의 예방접종 부서에서 일하는 세균학자였다. 휴가를 떠나기 전에 연구 프로젝트의 일환으로 포도상구균을 배양접시에 도포한 뒤 휴가에서 돌아온 플레밍은 아무렇게나 유리 배양접시의 뚜껑을 열어젖혔다. 그리고는 접시를 들여다보며 말했다. "음, 이거 흥미로운데…."

플레밍은 포도상구균 무리들로 여러 개의 얼룩이 생긴 배양접시의 표면을 보고도 놀라지 않았고, 접시의 한 면이 곰팡이에 의해 큰 반점 모양으로 덮여 있는 것을 보고도 놀라지 않았다. 그렇게 2주가 지났다. 그 배양접시를 폐기하려고 마음먹은 순간 플레밍의 눈을 사로잡은 것은 그가 전에는 보지 못한 어떤 것이었다. 박테리아 집락이 접시의 대부분을 뒤덮고 있었지만 커다란 곰팡이 반점이 뿌연 고리를 형성하며 박테리아 집락을 끊어버린 지점이 있었던 것이다. 더욱이 그 곰팡이에 가장 가까이 있는 박테리아들은 분명히 파괴되어 마치 그 곰팡이가 매우 강력한 무엇인가를 생산하여 박테리아들을 죽이고 있는 것처럼 보였다.

불과 몇 해 전 인체 내의 많은 조직에서 만들어지는 항생물질인 라이소자임을 발견했던 플레밍은 이것이 매우 중요한 발견이라는 사실을 직감했다. 그는 뒤에 "이것은 특별하고 예상치 못한 현상이다. 그리고 연구가 필요할 듯하다."라고 기록했다.

그리고 몇 달 뒤 플레밍은 정확히 그것을 해냈다. 그 곰팡이를 배양했고, 그것이 방출한 신비의 노란 물질이 박테리아에게 어떻게 영향을 끼치는지를 연구했다. 그리고 그는 곧 그 곰팡이가 페니실리움의 특수한 종류라는 사실을 깨달았다. 그것이 방출한 물질은 포도상구균뿐만 아니라 많은 종류의 박테리아를 죽이거나 억제할 수 있었다. 몇 달 뒤인 1929년 그는 그 물질을 '페니실린'이라 명명하고, 그것의 놀라운 특성에 대한 첫 번째 논문을 발표한다.

무엇이 페니실린을 특별하게 만들었는가? 페니실린은 그가 몇 해 앞서 발견한 라이소자임과 달리 포도상구균, 연쇄상구균, 폐렴구균, 뇌수막구균, 임균, 디프테리아균 등을 포함하여 주요한 질환을 일으킨다고 알려진 많은 박테리아를 죽이거나 성장을 억제할 수 있었다. 게다가 페니실린은 놀라우리만치 강력해서 제대로 정제되지 않은 상태에서도 800분의 1 정도로 희석해야 포도상구균에 대한 억제 능력이 사라졌으며 전염병에 대항하는 백혈구뿐만 아니라 인체의 다른 세포들에 대해서는 전혀 독성이 없었다.

그러나 박테리아에 대한 페니실린의 특성과 별개로 가장 놀라운 것은 플레밍이 그것을 발견했다는 사실이다. 페니실린을 생산하는 그 곰팡이가 어느 여름날 실험실의 열려 있는 창문을 통해 들어와 그의 배양접시에 안착해 우연히 싹을 틔운 것이 아니라는 그의 고집스러운 믿음에도 불구하고, 뒷날 밝혀진 정황들을 살펴보면 그 특수한 곰팡이 포자의 안착이나 플레밍의 휴가 시기, 심지어는 그 지역의 날씨 패턴까지도 이 놀라운 우연의 공모자였음을 보여준다.

떠다니는 곰팡이에 대한 의문들

당시 플레밍의 실험실에서 일하던 한 과학자가 몇십 년 뒤 플레밍의 실험실 창문은 보통 닫혀 있었다고 회상함으로써 첫 번째 의문이 풀렸다. 플레밍은 배양접시가 길가로 떨어져 사람들에게 피해를 줄까봐 창턱에 배양접시를 두지 못하게 했던 것이다.

만약 그 곰팡이 포자가 건물 밖에서 날아든 것이 아니라면 어디서 온 것일까? 밝혀진 바로는 플레밍이 연구하던 그 실험실은 C.J. 라 투치라는 과학자의 실험실보다 한 층 위에 있었다. 라 투치는 곰팡이 전문가인 진균학자였고, 라 투치의 지저분한 실험실에는 우연히도 8가지의 페니실리움 곰팡이가 있었다. 그중 한 가지가 훗날 플레밍의 곰팡이와 동일한 것으로 밝혀졌다. 그러나 창문이 닫혀 있었다면 라 투치의 곰팡이 포자는 어떻게 위층으로 올라가 플레밍의 배양접시에 들어갔을까? 플레밍과 라투치의 실험실은 내부 계단으로 연결되어 있었고, 두 실험실 사이의 통로는 거의 항상 열려 있었다. 그렇다고 해도 그 곰팡이 포자가 플레밍이 배양접시의 뚜껑을 연 바로 그 순간 거기 나타났어야 했고, 또 그때 플레밍이 그 배양접시에 포도상구균을 도포하거나 플레밍이 현미경으로 배양접시를 관찰했어야만 가능한 일이었다. 우연의 일치치고는 기막힌 일치였다.

하지만 플레밍 발견의 우연은 거기에서 끝나지 않았다. 우선 다른 과학자들은 플레밍의 실험을 재현할 수 없었다. 그들이 가진 페니실린 샘플은 이상하게도 포도상구균에 효과를 나타내지 않았다. 이 미스터리는 나중에 밝혀졌는데, 페니실린은 자라고 있는 박테리아에게만 억제 효과를 나타낸다. 달리 말해 페니실린은 균이 완전히 자라버리면 항생 효과가 없어진다. 그리고 그것은 인체 안에서도 마찬가지였다. 혈액이든 조직이든 간에 페니실린은 오직 자라나는 박테리아에 대해서만 작용했다. 여기서 한 가지 의문이 든다. 어떻게 플레밍의 그 우연한 곰팡이 포자는 바로 그 순간에 자라나고 있는 포도상구균을 죽일 페니실린을 생성한 것일까?

1970년 런던 대학의 세균학 교수 로널드 헤어Ronald Hare는 특이하지만 그럴듯한 설명을 제시했다. 헤어는 플레밍의 휴가 시기의 날씨와 온도 조건을 조사하여 플레밍의 배양접시가, 그 곰팡이 포자가 페니실린을 생산할 수 있을 만큼 충분히 선선한 7월 말경에 곰팡이에 노출되었다는 사실을 알아냈다. 그 온도는 포도상구균이 자라기에는 충분히 따뜻한 온도였다. 만약 온도 패턴이 달랐다면 그 곰팡이는 박테리아가 성장을 끝낸 뒤에야 페니실린을 생산했을지 모른다. 그랬다면 박테리아는 페니실린의 항생 효과에 영향을 받지 않았을 것이고 플레밍은 휴가에서 돌아왔을 때 배양접시에서 흥미로운 현상을 발견하지 못했을 것이다.

마지막으로 배양접시에 안착한 그 곰팡이 포자는 다른 종류가 아니라 하필 페니실린을 생성하는 곰팡이였을까? 근처 곰팡이 전문가의 실험실에서 포자가 날아왔다고 가정하면 그럴듯하지만 이 점을 생각해

보자. 1940년대 과학자들은 플레밍의 곰팡이만큼 페니실린을 잘 만들어내는 곰팡이를 찾기 위해 집중적으로 연구했다. 하지만 실험된 약 1,000가지 곰팡이 종류 가운데 플레밍의 곰팡이를 포함한 단 세 가지만이 충분한 양의 페니실린을 생산했다.

1928년 알렉산더 플레밍의 발견은 항생제 개발의 초석으로 여겨진다. 당신은 그 뒤 10년 동안 그 발견에 대해 세상의 반응이 어떠했는지 잘 모를 것이다. 일부 과학자들이 플레밍의 1929년 논문을 읽고 자극을 받았고, 또 어떤 의사들은 몇몇 환자들에게 그것을 사용해 보기도 했지만 페니실린은 곧 잊혀졌다. 플레밍은 몇 가지 문제 때문에 낙담했다고 훗날 밝히기도 했다. 첫째 페니실린은 불안정하고 며칠 지나지 않아 항생 능력을 잃어버렸다. 둘째, 플레밍에게는 그것을 보다 강력한 형태로 바꿀 만한 화학적 지식이 없었다. 마지막으로 플레밍의 임상적인 관심을 동료 의사들은 무시했다. 그들은 환자들을 곰팡이가 만들어낸 노란색 물질로 치료하는 데 관심이 없었다. 그래서 플레밍은 곧 페니실린을 포기하고 다른 데로 관심을 돌렸다.

페니실린이 재발견되기까지 거의 십 년이라는 시간이 걸렸지만 그 사이 두 가지 중요한 성과가 이루어졌다. 그중 하나는 페니실린이 치료 효과가 있음이 처음으로 입증된 것이다. 그 성과는 오늘날 거의 알려지지 않은 한 의사에 의해 이루어졌다.

이정표 2

새로운 과업 성공적이었지만 잊혀진 최초의 치료들

세실 조지 페인Cecil George Paine은 학생 시절 성모 마리아 병원에서 플레

밍의 수업을 들었고, 그가 1929년에 발표한 페니실린에 관한 논문에 흥미를 가지게 되었다. 몇 년 뒤, 페인은 한 병원에서 병리의사로 일하게 되면서 그곳에서 그것을 실험해 보기로 결심한다.

1931년, 그는 플레밍에게 편지를 써서 페니실린 곰팡이 배양에 관해 물었다. 그는 플레밍의 조언을 따라 곧 독자적으로 페니실린 샘플을 생산했다. 이제 필요한 것은 실험 대상자였다. 페인은 훗날 말하기를 "나는 한 안과의와 친해졌고, 그에게 페니실린의 효과를 입증해 보고 싶지 않느냐고 물었다."

안과의사 너트A. B. Nutt는 왕립병원에서 일하는 수련의로 신뢰할 만한 사람이었다. 그는 출산 과정에서 세균에 노출돼 안염이 생긴 네 명의 신생아에게 페인이 페니실린 치료를 하도록 했다. 기록에 따르면 출생한 지 3주 된 사내아이는 눈에 엄청난 분비물이 있었고, 생후 일주일도 되지 않은 여자아이는 눈이 고름으로 가득 찼었다고 한다. 페인은 그 아기들에게 자신이 만든 페니실린을 주입했고, 뒤에 페니실린은 마술처럼 잘 들었다고 회고했다. 세 명의 아기들은 2, 3일 만에 증상이 상당히 호전되었다. 페인은 얼마 뒤 눈이 찢어져 감염된 한 광부에게 페니실린을 주입했고, 그것은 아주 빠르고 깨끗하게 증상을 낫게 했다.

그러나 이 역사적인 성과에도 불구하고, 페인은 다른 병원으로 옮겨 새로운 업무를 하게 되면서 페니실린을 포기한다. 그는 자신의 발견을 기록으로 남기지 않았고, 이 때문에 훗날 자신의 업적을 인정받지 못했다. 누군가 그에게 자신이 페니실린의 역사에서 어디쯤 자리매김할 수 있겠느냐고 물었을 때 그는 후회하며 말했다.

"아무 데도 없어요. 한 가련한 바보는 눈앞에 있는 당연한 사실을 알지 못했습니다. 제가 행운아였더라면 페니실린이 좀 더 일찍 세상에 나왔겠죠."

그러나 페인이 자신의 발견을 기록했다고 한들 세상이 과연 항생제의 개념을 받아들였을까? 많은 역사학자들은 그것이 매우 혁신적이었기 때문에 받아들여지지 못했을 것이라고 말한다. 그때까지 약이 환자의 다른 세포를 손상시키지 않으면서 어떻게 감염을 일으키는 세균만을 죽일 수 있는가에 대한 해답을 받아들일 준비가 되어 있지 않았다는 것이다. 아마 1935년 또 한 가지 기념비적 사건이 없었더라면 그 뒤에도 마찬가지였을 것이다.

이정표 3

프론토질 잊혀진 약, 세상을 변화시키다

1930년대 초 페니실린이 묻히면서 과학자들은 대안을 찾으려 했다. 사실 병을 고치기 위해 화학물질을 사용하려는 아이디어는 1910년에 입증되었다. 1885년 세포 수용체 이론으로 면역체계와 백신 작용을 밝히는 데 기여한 폴 에를리히는 공업용 염료에 대한 지식을 이용해 살바르산이라는 비소 화합물을 개발했다. 살바르산은 큰 반향을 일으켰고, 매독에 대한 최초의 효과적인 치료제로 세계적으로 가장 많이 처방되는 약이 되었다.

그러나 살바르산이 개발된 이후 1930년대 초반까지 과학자들은 화학물질을 이용해 감염을 치료하는 데 성공하지 못했다. 그리 좋은 생각은 아니었으나 의외의 결과를 나타낸 한 가지 예는 연쇄상구균 감염을 치료하기 위해 머큐로크롬이라는 수은 화합물을 사용한 것이다. 지금은 그 붉은 액체를 상처소독을 위해 사용하지만 1920년대에는 머큐로크롬을 정맥에 주입하면 감염을 치료할 수 있을 것이라 생각하기도 했다. 다행히 모든 사람들이 이런 생각을 받아들이지는 않았다. 1927년, 한 연구그룹이 머큐로크롬을 투여한 환자들에게서 보이는 회복 현상은 항생 효과 때문이 아니라 환자에게 체질적 변화가 생겼고 강력한 하제 효과와 강장 효과가 나타났기 때문이라고 주장했다.

1930년대에 화학 산업과 그 밖의 분야에서 항생 효과가 있는 물질을 찾기 위해 애쓴 것은 인정할 만하다. 항생제가 발견되기 전인 그 당시에는 일반적인 패혈성 인두염, 성홍열, 편도염, 다양한 피부 감염, 산욕열과 같은 연쇄상구균 감염을 비롯한 많은 단순 감염이 치명적인 병으로 빠르게 발전했다. 감염증에 대한 공포는 매리 울스턴크래프트가 1797년 출산으로 고통스럽게 죽어간 이야기(제3장)를 통해 회자되곤 했다. 1840년대에는 젬멜바이스 덕분에 산욕열 발생이 감소했음에도 불구하고 연쇄상구균 감염은 여전히 흔하고 위험했다. 특히 혈액을 타고 퍼지는 경우에는 더더욱 위험했다.

이런 상황에서 1927년 독일 과학자 게르하르트 도마크(Gerhard Domagk, 1895~1964)는 I. G. 파벤인 더스트리 연구소에서 연쇄상구균 감염 퇴치 화합물을 찾는 작업에 착수했다. 그리고 도마크와 그의 동료들은 염료산업에서 사용되는 수많은 화학물질을 테스트한 끝에 마침내 1932년 12월 20일 설폰아마이드로 알려진 화합물을 가지고 한 가지 화학물질을 만들어냈다. 그들은 여느 때와 같은 방법으로 그것을 가지고 실험을 했다. 치사량의 연쇄상구균을 실험용 쥐에게 주입하고 90분 뒤 그 절반에 새로운 설폰아마이드 화합물을 주입했다. 그리고 4일 뒤인

12월 24일 그들은 아주 놀라운 발견을 하게 된다. 화합물을 주입받지 않은 쥐는 모두 죽은 반면 설폰아마이드를 주입받은 쥐는 모두 살아 있었던 것이다.

뒤에 프론토질이라고 불리게 된 이 기적의 약은 곧 전 세계적인 유명세를 타게 된다. 과학자들은 그들이 이전에 실험한 약들과는 달리 프론토질이 연쇄상구균은 물론 임질이나 뇌수막염, 포도상구균 감염 치료에까지 효능이 있음을 밝혀냈다. 곧 다른 설폰아마이드 약들이 개발되지만 어느 것도 프론토질만큼 효과적이지는 못했다. 1939년 도마크는 이러한 업적으로 노벨생리의학상을 수상했다.

도마크의 노벨상 수상 발언을 주목할 필요가 있는데, 노벨상의 영예를 안을 만한 발견임은 사실이지만 누구나 그 어색한 불일치를 읽어낼 수 있기 때문이다.

"프론토질과 그 유도체 덕분에 매년 수만 명에 이르는 사람들이 목숨을 건졌습니다."

그러나 사회자가 그를 소개하며 했던 '의학에 있어 그야말로 혁명에 버금가는 발견'이라던가 '전염병 치료에 새로운 시대를 연'이라는 말은 곧 다가올 또 하나의 거대한 업적에 더 어울렸다.

도마크의 업적은 페니실린에 의해 그 빛이 바래긴 했지만 프론토질이 의학계에 새로운 인식의 전환, 즉 인체에 해를 끼치지 않고 세균의 감염을 막는 약을 만들 수 있다는 점을 확인시켜 주었다는 사실은 지금도 널리 인정되고 있다. 그리고 도마크의 이러한 발견은 훗날 다른 과학자들이 10년 전에 포기한 한 가지 약을 되살피게 하는 단초를 제공했다. 언젠가 알렉산더 플레밍은 이렇게 말했다.

"도마크 없이는 설폰아마이드도 없다. 설폰아마이드 없이는 페니실린도 없다. 페니실린 없이는 항생제도 없다."

이정표 4

요강에서 산업적 성취까지 혁명이 막바지에 이르다

1930년대 후반 영국 옥스퍼드 대학의 두 연구자가 플레밍이 발견한 항생물질의 특성을 연구하기 시작했다. 그 항생물질은 플레밍이 페니실린을 발견하기 몇 해 전 눈물과 체액에서 발견한 천연 항생체인 라이소자임이었다. 박테리아의 세포벽을 분해시키는 라이소자임의 능력에 관심을 가진 것은 독일 출신의 생화학자 언스트 체인과 오스트레일리아 출신의 병리학자 하워드 플로리였다. 1939년 라이소자임에 관한 연구를 마무리하던 중 체인은 이것을 재검토할 필요가 있음을 느끼고 때마침 우연히 플레밍이 1929년에 작성한 잘 알려지지 않은 논문을 보고 페니실린에 흥미를 갖게 된다. 그것은 그가 기적의 항생제를 꿈꾸었기 때문이 아니라 박테리아의 세포벽을 뚫는 페니실린의 독특한 능력 때문이었다.

체인은 페니실린을 더 면밀히 연구해야 한다며 플로리를 설득했지만 페니실린을 연구하기란 쉽지 않았다. 그들은 플레밍이 실험을 포기한 지 거의 10년이 지난 시점에서 어떻게 그 곰팡이 샘플을 찾아냈을까? 플레밍의 원래 곰팡이는 이미 오래 전에 사라졌다. 플로리와 체인은 그 후손을 찾았고, 우연히 옥스퍼드 대학의 다른 연구자가 이전에 플레밍에게 샘플을 얻은 적이 있으며, 그것을 그때까지 키우고 있다는 사실을 알아냈다. 체인은 그 곰팡이에 대해 알게 된 순간을 회상하며 "나에게

찾아온 행운에 아연실색했다. 그것도 바로 코앞, 이 건물에서라니"라고 말했다.

체인은 그에게 곰팡이를 받아 연구에 들어갔다. 그리고 1940년 초, 자신의 생화학 지식을 활용하여 플레밍이 하지 못한 적은 양의 농축된 페니실린을 생산하는 데 성공했다. 플레밍의 페니실린이 800분의 1로 희석할 때까지 박테리아가 성장하는 것을 억제할 수 있었다면 체인의 페니실린은 그보다 1,000배나 더 강력하여 백만분의 1로 희석해도 박테리아가 성장하는 것을 멈출 수 있었다. 놀라운 것은 그것이 여전히 인체에 무해하다는 것이었다.

체인과 플로리는 프론토질이 감염을 치료할 수 있다는 사실을 알고 있었던 만큼 재빨리 자신들의 연구 목적을 전환했다. 페니실린은 더 이상 세포벽에 작용한다는 추상적인 호기심거리가 아니었다. 그것은 질병을 치료할 수 있는 강력한 항생력을 가진 치료약이었다. 그리고 이를 동물에 실험할 계획을 세우면서 더욱 놀라운 일들이 벌어졌다. 1940년 5월 25일, 두 연구자는 쥐 8마리에게 치사량의 연쇄상구균을 주입한 뒤 그중 4마리에게만 페니실린을 추가로 주입하고는 밤을 새워 쥐를 관찰했다. 그리고 새벽 3시 45분, 페니실린을 주입하지 않은 쥐는 모두 죽은 반면 페니실린을 주입한 쥐들은 여전히 살아 있는 것을 그들은 똑똑히 보았다.

하지만 그들은 곧 또 한 가지 장애물에 부딪친다. 4마리 쥐를 치료하기 위해 필요한 페니실린을 생산하기 위해서도 상당한 시간과 노력을 기울여야 한다는 것이었다. 그렇다면 어떻게 인간을 치료하는 데 충분한 양의 페니실린을 얻을 수 있을까? 임상 시험으로 사람에게 즉시 치료를 시도해 보자는 데 의견 일치를 보았고, 공동 연구자 노만 히틀리(Norman Heatley, 1911~2004)는 곧 해결책을 제시했다. 그는 곰팡이가 자랄 수 있는 수백 개의 요강을 구한 뒤 도서관 책장에 걸려 있는 오래된 낙하산에서 뽑아낸 실크를 사용해 끈적거리는 소변을 걸러냈다. 이를 가지고 체인은 자신이 개발한 화학적인 방법을 이용해 페니실린을 추출했다. 1941년 초 그들은 포도상구균과 연쇄상구균 감염으로 고통받고 있는 6명의 환자를 치료하는 데 충분한 페니실린을 확보하여 5명에게는 정맥을 통해 페니실린을 주사하고, 한 명의 유아에게는 입을 통해 복용하도록 했다. 비록 한 명이 죽었지만 다른 5명에게서는 확실한 반응이 나타났다.

그러나 연구자들의 흥분은 전 세계 수천 명의 환자들을 대상으로 대규모 실험을 할 만큼의 페니실린을 어떻게 생산하느냐는 난관에 부딪치면서 곧 가라앉았다. 이 무렵, 페니실린에 대한 초기실험 소식이 퍼져 나갔다. 그것은 단순히 새로운 항생제의 발견이 아닌 프론토질과 설폰아마이드 제제보다 더 확실한 약의 개발을 의미했다. 〈란셋〉 1941년 8월호가 지적했듯이 페니실린은 다양한 질병의 원인이 되는 박테리아와 싸울 뿐만 아니라 고름이나 혈액, 그리고 다른 미생물에게까지 영향을 미치는 등 프론토질을 훨씬 능가하는 효과가 있었다. 이것은 상처를 치료하기 위해 사람들이 필요로 했던 바로 그 약이었다.

플로리와 체인은 다량의 페니실린을 만들 방법을 강구해야 했다. 불행히도 영국의 제약회사들은 영국이 2차 세계대전에 참전하면서 재원이 한계에 달한 나머지 그들을 도울 수 없었다. 결국 플로리와 히틀리는 미국 정부와 기업의 도움을 얻기 위해 1941년 6월 미국으로 갔다. 운좋게도 그들은 6개월이 지나지 않아 일리노이 주 페리아에 연구소를 설립할 수 있었다. 그것은 단순한 연구소가 아니라 20만 리터에 달하는 곰팡이 여과액을 추출할 수 있는 능력을 갖춘 미국농림부발효연구소였다. 100명 정도를 치료할 양으로 수천 명의 환자를 치료하기에는 충분치 않지만 영국에서 시간당 10리터 남짓을 추출한 것보다는 훨씬 많은 양을 추출할 수 있었다.

그런데 예상하지 못한 두 가지 행운이 찾아왔다. 하나는 옥수수 침전액과 관련된 숙성 과정을 강화하면 페니실린 생산을 10배 정도 증가시킬 수 있다는 사실이었고, 또 하나는 한 노동자가 우연히 썩어가는 멜론에서 어떤 곰팡이가 잘 자란다는 사실을 발견한 것이다. 이 경우 플레밍의 곰팡이보다 6배나 많은 페니실린을 만들어낼 수 있었다.

운명인지 행운인지 대서양 양쪽에서 마술 같은 일이 일어나 미국과 영국의 제약회사들은 2차 세계대전에서 상처와 부상을 입은 군인들을 치료하고도 남을 만큼 충분한 양의 페니실린을 생산하는 데 성공하게 된다. 1942년 3월까지만 해도 단 한 명의 환자를 치료하기에도 부족했던 것을 생각하면 엄청난 발전이었다. 덕분에 1942년 말에는 90명의 환자를, 1943년 8월에는 500명의 환자를 치료할 수 있게 되었고, 1944년 화이자 제약회사가 개발한 침수 숙성 기술 덕분에 노르망디 상륙작전에서는 부상당한 모든 군인과 상당수의 미국 시민까지 치료할 수 있을 만큼 많은 양의 페니실린을 생산하게 되었다. 마침내 항생제의 발견과 병원균 퇴치의 혁명이 이루어진 것이다.

이정표 5

검은 마술 페니실린으로 구원받은 첫 번째 환자

1942년 3월, 33세의 앤 밀러Anne Miller는 유산 후 전신에 퍼진 심각한 연쇄상구균 감염으로 죽어가고 있었다. 한 달 동안 의사들은 약물치료와 수술, 수혈 등의 방법을 써가며 그녀를 치료했지만 실패했다. 상태는 더욱 악화되었고, 밀러는 곧 죽음에 이를 것처럼 보였다. 그녀의 주치의 존 범스테드John Bumstead는 환자의 목숨을 살려낼 고민을 거듭했다.

그는 세균감염증을 치료할 수 있는 신약에 관련된 몇 가지 소식을 알고 있었다. 그것은 그때까지 아주 적은 양의 페니실린이 만들어졌다는 사실과 그 병원의 다른 의사 존 풀턴John Fulton이 그 약을 얻을 수 있는 세상에서 몇 안 되는 사람 가운데 하나인 하워드 플로리와 친분이 있다는 중요한 사실이었다. 마침 풀턴은 심한 폐렴으로 근처 병원에서 치료를 받고 있었는데, 그는 자신의 환자를 구하려는 마음에 풀턴을 찾아가 플로리에게 부탁해 그 약을 받아줄 수 있는지 물었다. 자신의 몸 상태가 좋지 않음에도 불구하고 풀턴은 동의했고 플로리에게 연락을 취했다. 매우 어려운 과정을 거쳐 3월 14일, 작은 소포 하나가 병원에 도착했다. 그 안에는 몹시 자극적인 냄새가 나는 적갈색 파우더가 담긴 유리병이 들어 있었다.

의사들이 그 유리병을 놓고 모였지만 그것으로 무엇을 해야 할지는 정확히 몰랐다. 논의 끝에 그들은 그것을 식염수에 녹여 걸러낸 뒤 소독을 거쳐 5,000단위를 밀러에게 정맥으로 주입하기로 결정했다. 의과대학생 한 명이 4시간에 한 번씩 페니실린을 그녀에게 주입하기로 했다. 페니실린을 처음 주입하기 전 밀러의 체온은 섭씨 41도에 육박했다.

그러나 페니실린 주입 후 극적인 효과가 나타나기 시작했다. 밤사이 밀러의 체온은 급격히 떨어졌고 이틀 만에 37.7도가 되었다. 그녀는 푸짐한 아침 식사를 할 수 있을 정도로 몸이 회복되었다. 회진을 위해 병실을 찾은 한 원로 의사는 그녀의 체온 차트를 보며 이렇게 중얼거렸다. "이런, 마술 같은 일이… ."

체온이 안정되고 증상이 호전될 때까지 치료 는 계속되었다. 죽음의 문턱에서 돌아 나온 밀러는 그 뒤 57년을 더 살다가 1999년 90세의 나이로 사망했다. 하지만 1942년에 그녀를 치료한 의사들은 그 신약이 그녀를 이렇게 오래 살게 할 것이라곤 상상조차 하지 못했다. 밀러에 대한 소식은 즉각적인 반향을 불러일으켰고 미국의 제약회사들은 앞다투어 페니실린의 생산량을 늘리기 시작했다. 그리하여 1943년 5월까지 400만 단위를 생산하더니 후반 7개월 동안에 무려 5,000배가 넘는 205억 단위를 생산했고 1945년에는 한 달 생산량이 6,500억 단위가 되었다.

페니실린의 개발에는 영국의 곰팡이 배양접시에서 페리오 연구소의 거대한 발효 시설에 이르기까지 생각하지 않은 행운이 따랐지만 무엇보다 끈질긴 노력이 가장 큰 역할을 했다. 특히 박테리아와 인체라는 고도로 섬세한 생명체에 관한 지대한 관심과 노력이 가장 큰 영향을 끼쳤다.

이정표 6

토양 속의 전투 두 번째와 세 번째, 그리고 네 번째 항생제의 발견

먼지보다 단순하고 흔한 것이 있을까? 우리는 보잘것없고 가치 없는

것을 표현할 때 먼지 같다고 한다. 그러나 셀먼 왁스만(Selman Waksman, 1888~1973)은 먼지에 강한 매력을 느꼈다. 1915년, 그는 뉴저지 농업실험소의 토양세균학 연구조수였다. 왁스만에게 먼지는 수많은 생명체들이 살고 있는 광활한 우주였다.

왁스만이 미세 박테리아와 곰팡이가 동식물을 분해해 식물이 자라는 데 필요한 유기 부식토를 만든다는 사실에만 관심이 있었던 것은 아니었다. 그는 그보다 토양 속 미생물들이 벌이는 끊임없는 전투와 그 전투를 수행하기 위해 만들어내는 화학무기에 관심을 가졌다. 과학자들은 여러 해 전부터 이런 미생물들의 전쟁을 알고 있었다. 왜 뷔예망이 1889년에 '항생작용'이라는 용어를 만들어냈는지 당신은 이미 알고 있을 것이다. 왁스만을 자극한 것은 단순히 박테리아가 서로 경쟁하며 싸우는 것이 아니라 토양 속에 있는 미지의 어떤 것이 특정한 박테리아들을 죽일 수 있다는 사실이었다. 그 박테리아는 바로 결핵을 유발하는 결핵균이었다. 1932년 왁스만은 토양 속에서 전쟁이 진행되는 동안 결핵균을 죽이는 그 무엇인가가 다른 박테리아로부터 방출되는 것 같다고 생각하기에 이른다.

1939년, 대서양 건너편에서는 다른 과학자들이 페니실린을 만드는 곰팡이에 대한 두 번째 관찰을 하고 있었다. 뉴저지의 루트거스 대학에서 왁스만과 그의 동료들은 먼지와 그 속의 미생물들을 연구하기 시작했다. 그중 한 가지가 결핵과 다른 인체 감염을 퇴치하는 데 유용한 물질을 생산할 것이라는 희망을 가지고. 그러나 플레밍의 경우와 달리 왁스만에겐 행운이 찾아오지 않았다. 왁스만 팀은 다른 방사선균류로 알려진 박테리아 그룹에 집중하여 철저하고 체계적인 관찰을 했다. 그 노력은 항생 성격을 가진 두 가지 물질의 발견이라는 결실로 나타났다. 1940년 액티노마이신을 발견한 데 이어 1942년에는 스트렙토스리신을 얻어낸 것이다. 두 가지 모두 인체에 사용하기에는 독성이 큰 것으로 밝혀졌지만 1943년 9월, 왁스만 실험실의 대학원생 알버트 샤츠(Albert Schatz, 1922~2005)는 다른 박테리아를 억제할 수 있는 물질을 생산하는 스트렙토미세스 박테리아의 두 가지 변종을 발견하는 성과를 이뤄냈다. 성장이 억제되는 박테리아란 바로 결핵을 유발하는 결핵균이었다.

그 새로운 항생제에는 스트렙토마이신이라는 이름이 붙여졌다. 샤츠의 발견이 있고 몇 주 뒤 1943년 11월 메이요 병원의 의사 코윈 힌쇼우Corwin Hinshaw는 동물실험을 하기 위해 스트렙토마이신 샘플을 요청했다. 그러나 힌쇼우가 샘플을 얻기까지는 무려 5개월의 시간이 걸렸고 그 양 또한 기니아피그 네 마리에게 주입할 만큼 매우 적었다. 하지만 이런 오랜 기다림은 충분한 가치가 있었다. 결핵에 대한 스트렙토마이신의 효과는 탁월하고 놀라웠기 때문이다. 이제 힌쇼우에게는 더 많은 기니아피그가 필요했다.

1943년 7월, 19세의 패트리샤 토마스Patricia Thomas는 미네소타 주 구드휴 군에 있는 미네랄 스프링스 요양원에 입원했다. 그녀는 자신의 주치의에게 결핵에 걸린 사촌과 지낸 날이 많았다고 말했다. 그 말에 주치의는 놀라지 않았다. 패트리샤는 본인 스스로 결핵이 상당히 진행되었다고 생각하고 있었고, 상태 또한 급격히 악화되고 있었다. 6개월이 지나면서 오른쪽 폐에 공동이 생기고, 왼쪽 폐에도 불길한 병변이 나타났다. 당연히 기침도 심해지고, 밤새 땀을 흘리며 오한과 고열에 시달렸다. 1944년 11월 20일 설치류를 대상으로 성공적인 실험이 행해지고

1년이 되는 즈음 힌쇼우는 패트리샤에게 기니아피그처럼 스트렙토마이신으로 결핵을 치료받는 첫 환자가 될 의향이 있는지를 물었다. 패트리샤는 제안을 받아들였다고 그것은 결과적으로 현명한 판단이 되었다. 6개월 뒤 그녀는 기적이라고 할 정도로 빠르게 회복되었다. 1945년 4월 치료는 중단되었고, 그 뒤 시행된 엑스선 검사에서도 병변이 확실히 호전되었다. 죽음의 문턱에서 되돌아온 패트리샤는 결혼 후 세 아이의 엄마로 살았다.

비록 스트렙토마이신이 완벽한 치료제는 아닌 것으로 밝혀졌지만 스트렙토마이신의 발견은 분명 항생제 역사에서 기념할 만한 사건이다. 일면만 보면 스트렙토마이신은 페니실린처럼 체액과 고름 속에 있는 박테리아를 퇴치할 수 있는 약이지만 결핵을 효과적으로 치유할 수 있는 수단을 제공했다는 점에서 큰 의미를 가진다. 왁스만이 1952년 노벨상을 받으며 말했듯이 스트렙토마이신은 병에 걸린 사람들을 쉽게 죽음으로 몰고 가는 두 가지 형태의 결핵에 탁월한 효과가 있었다. 스트렙토마이신은 결핵균이 뇌와 척수를 싸고 있는 막을 침범해서 생기는 결핵성 뇌수막염의 치료에 가히 압도적인 효과를 나타냈고, 의식을 잃고 쓰러져 가는 고열의 환자들도 수없이 구해냈다.

몇 해 지나지 않아 스트렙토마이신은 전 세계로 퍼졌다. 한 달에 25톤 이상 생산되는 베스트셀러 약은 이렇게 한 의사의 호기심에서 시작되었다. 왁스만은 훗날 스트렙토마이신이 그렇게 빨리 등장할 수 있었던 것은 부분적으로 1941년과 1943년 사이에 페니실린의 대량생산이 성공을 거두었기 때문이라고 회고했다. 1950년대 말에는 몇몇 나라에서는 스트렙토마이신 덕분에 결핵으로 인한 어린이 사망자가 90%나 줄어들었다. 하지만 이것은 시작에 불과했다. 1940년과 1953년 사이 왁스만과 그의 동료들은 수많은 항생제를 분리하는 데 성공했다. 스트렙토마이신과 네오마이신이 감염증 치료에 가장 유용하다고 밝혀졌음에도 그들은 멈추지 않았고 액티노마이신(1940년), 클라바신(1942년), 스트렙토스리신(1942년), 그리세인(1946년), 네오마이신(1948년), 프라디신(1951년), 칸디시딘(1953년), 칸디딘(1953년) 등의 다양한 항생제를 개발해냈다.

왁스만은 항생제가 아닌 다른 것으로도 명예를 얻었다. 1940년대 초 과학자들은 '박테리아 저항 물질'에 관한 많은 논문들을 발표했다. 그것은 〈생물학 개요Biologic Abstracts〉의 편집인 플린J. E. Flynn에게 이런 물질들을 통칭하는 새로운 용어가 필요함을 의미했다. 플린은 몇몇 연구자에게 용어를 만들자고 제안, 'bacteriostatic'과 'antibiotin' 같은 용어를 생각해냈다. 하지만 결국엔 왁스만이 제안한 용어를 사용하기로 결정했다. 플린은 훗날 이렇게 회고했다.

"왁스만 박사의 응답이 왔습니다. 그리고 이것은 명사로서… 현재의 의미로 사용되는 그 용어를 처음 접하는 것이었습니다."

이제는 전 세계적으로 널리 사용되고 있는 용어지만 왁스만이 만든 '항생antibiotic'이라는 단어는 1943년 〈생물학 개요〉에서 처음 사용되었다.

항생제의 오늘 새로운 믿음, 새로운 약, 새로운 관심과 우려

그 후 항생제는 다양한 방식으로 변형되어 왔다. 때론 좋게, 때론 나쁘게, 그리고 때론 예상한 대로, 때론 예상하지 못한 대로. 오늘날은

1940년대 이전에 느꼈던 공포를 쉽게 상상할 수 없을 것이다. 그때는 작은 상처나 흔한 질병만으로도 급격히 죽음으로 연결될 수 있었다. 의사들은 약과 연고, 주사제로 항생제를 사용하면서 환자들의 목숨을 구할 수 있었다. 항생제는 의사들이 상상해 마지않던 가장 만족스러운 수단이 되었다.

그러나 어떤 사람들은 항생제가 인간성의 어두운 면을 불러왔다고 주장하기도 한다. 한 예로 항생제가 질병 예방에 힘쓰는 대신 치료의 편리함에 더 많이 의존하게 했다는 것이다. 항생제가 성행위로 인해 옮겨지는 전염병과 같은 부도덕한 행위를 늘리는 데 기여했다는 주장도 있다.

마지막으로 항생제가 수백만 명의 생명을 구했음에도 불구하고 모든 사람에게 유용했던 것은 아니며, 항상 효과적이지 않았다는 점을 기억해야 한다. 전 세계적으로 매년 1,400만 명이 여전히 감염증에 의해 죽어가고 있다.

1940년대 이래 많은 항생제가 개발되고, 1982년부터 2002년까지만 해도 90가지의 항생제가 새로 유통되었다. 이런 상황에서 우리는 이들 모든 항생제가 한 가지 공통된 원리에서 비롯되었음을 기억해야 한다. 환자의 세포에는 해를 끼치지 않으면서 침범한 미생물을 억제하는 능력이 그것이다. 결국 항생제는 인간 세포에는 없지만 미생물에서는 발견되는 취약성을 이용하여 만들어진 것이다. 이런 원리에 비춰 항생제는 크게 다음의 네 종류로 분류할 수 있다.

1) 엽산 길항제

프론토질과 이 카테고리에 해당하는 다른 설파계 약물은 박테리아가 성장하고 복제하는 데 필요한 물질인 엽산의 합성을 차단한다.

2) 세포벽 합성 차단제

페니실린 그리고 페니실린에서 유도된 약물들은 박테리아가 세포벽을 만드는 것을 방해한다.

3) 단백질 합성 차단제

스트렙토마이신, 네오마이신, 테트라사이클린 그리고 이 계통에 속한 많은 항생제들은 박테리아 내에서 단백질을 만드는 작은 구조물인 리보솜을 공격 대상으로 한다.

4) 퀴놀린 항생제

요로 감염에 자주 사용되는 이러한 항생제는 박테리아가 DNA를 복제하는 데 필요한 효소를 차단한다.

그렇다면 의사들은 어떻게 수많은 유용한 항생제 가운데서 한 가지를 선택할까? 정확한 선택을 하기 위해서는 감염을 일으킨 박테리아를 확진하고 그 박테리아에 잘 듣는 특정한 항생제를 잘 알아야 한다. 감염 부위와 환자의 건강상태, 부작용, 가격도 고려해야 한다. 그러나 가장 중요한 것은 항생제를 반드시 사용해야 하는지 아닌지 여부를 판단하는 것이다. 1946년으로 돌아가 살펴보더라도 플레밍은 페니실린이 암, 류마티스 관절염, 다발성 경화증, 파킨슨병, 건선, 두창, 홍역, 인플루엔자, 감기와 같은 바이러스성 질환에는 효과가 없다고 명백히 밝혔다. 이 중 일부는 우스울 정도로 당연하지만 플레밍은 "이것은 지난 2년 동안 많은 환자들이 언론 보도를 보고 나에게 항생제가 효과가 있는지를 물은 질환 가운데 일부에 불과합니다."라고 신중하게 덧붙였다.

안타깝게도 오남용 문제는 여전히 의학의 위대한 10가지 발견 가운데 하나에 먹구름을 드리우고 있다. 쟁점은 항생제를 오남용할 경우 발생할 수 있는 내성 발현에 초점이 맞춰져 있다. 박테리아는 내성을 발달시킨다는 점에서 매우 영악하다. 유전적 돌연변이를 일으키거나 항생제를 무능하게 만드는 효소를 생산해 내기도 한다. 박테리아가 그런 특성을 후대에 물려주면 항생제를 복합 처방해도 효과가 없는 '슈퍼 박테리아'가 생겨난다. 그 결과 한때는 치료할 수 있던 질병이 치명적인 질병으로 바뀌기도 한다. 내성이 생기는 데는 자연적 과정도 한몫하지만 인간의 부주의한 오남용이 더욱 큰 영향을 끼친다.

오용과 태만 오래된 문제가 새로운 위험을 불러온다

경고 신호는 1940년대부터 있었다. 셀먼 왁스만에게 노벨상을 수여한 사람은 치료 과정에서 이미 한 가지 합병증이 나타나고 있으며, 그 박테리아 변종들이 발전하면 스트렙토마이신에 대해 점점 더 많은 저항을 나타낼 것이라고 했다. 내성에 대한 또 다른 경고는 1950년대와 1960년대 초에 등장했다. 일본 의사들이 스트렙토마이신, 테트라사이클린, 그리고 클로람페니콜에 대해 내성을 나타내는 세균성 이질을 보고한 것이다. 그리고 1968년, 의사들은 메티실린과 그 밖의 다른 페니실린 계통 약에 내성을 보이는 세균성 감염의 첫 유행을 보고했다. 그 이후로 그 내성균은 메티실린 저항성 포도상구균MRSA이라 불리며 전 세계의 주목을 받게 되었다.

포도상구균은 피부에 흔히 상주하며 일반적으로는 별 해를 끼치지 않는 박테리아다. 심지어 상처를 통해 피부 속으로 들어가 뾰루지나 종기 같은 국소 감염을 일으켜도 큰 문제가 되지 않는다. 하지만 면역체계가 약해진 사람들에게 침입할 경우 심장이나 혈관, 뼈로 퍼져 치명적인 영향을 끼칠 수 있다. 게다가 항생제가 박테리아를 저지하지 못할 경우 더욱 문제가 심각해진다. 불행하게도 1970년대부터 이런 상황이 벌어졌다. MRSA가 병원에 등장하더니 이것에 감염된 사람의 20~25%가 목숨을 잃은 것이다. 더욱이 10년에 걸쳐 MRSA는 병원 밖으로까지 확산되었다. 이제는 지역사회성 MRSA가 감옥과 요양소, 학교 등에도 발생하고 있다. 〈뉴잉글랜드 의학저널〉의 최근 논문에 따르면 최근에 생겨난 MRSA의 변종은 또 한 가지 중요한 항생제인 반코마이신에 대해서도 내성을 보인다. 저자들은 그것이 항생제 오남용뿐만 아니라 새로운 항생제를 만드는 드라이 파이프라인에 의해 문제가 더욱 악화된다고 한다. 인류가 박테리아에 대해 우위를 지키기 위해서는 연구자들과 관련 기관, 그리고 정부가 힘을 합쳐야 한다는 것이 그들의 주장이다.

1940년대 이래 얼마나 많은 항생제가 생산되었는지를 생각한다면 새로운 항생제의 개발을 드라이 파이프라인으로 묘사하는 것이 적절치 않아 보일 수도 있다. 하지만 밝혀진 대로 오늘날 사용되는 항생제의 대부분은 1950년대와 1960년대에 발견되었다. 그 이후로 제약회사들은 대부분 그것들에 새로운 화학적 변형을 가해 항생제를 만들어 왔다. 그러나 최근 〈생화학적 약리학Biochemical Pharmacology〉의 한 필자는 "내성균들이 점점 증가한다는 점에서 새로운 항생제 군을 찾아내는 것은 매우 중요하다. 새로운 항생제 군을 개발하고 발견하는 데 충분히 투자하지 않는다면 우리는 항생제가 발견되기 이전과 같은 상황에 처할지도 모른다."고 경고했다.

어떤 사람들은 생명공학이 혁신적인 항생제를 만들어낼 것이라고 믿고 있지만 지금까지 그런 공학기술은 제한적으로 발전을 이끌어왔을 뿐이다. 이러한 이유로 어떤 연구자들은 우리가 자연 세계, 즉 인류보다 더 오랜 기간(5억 년) 항생제를 만들어온 미생물을 더욱 면밀히 관찰해야 한다며 '항생제 이전 시대'로 되돌아갈 필요가 있다고 주장한다.

내성의 극복 과거를 통한 방법?

최근 항생제의 3분의 2가 스트렙토미세스 박테리아로부터 만들어진다는 점을 고려한다면 새로운 항생제를 개발하기 위해 천연자원에 대한 연구를 지속하는 것이 과연 의미가 있는지 의문을 가질 수 있다. 그러나 우리는 빙산의 일각도 보지 못하고 있다.

2001년 〈미생물학 아카이브Archives of Microbiology〉에 게재된 논문에서 연구자들은 놀라운 주장을 했다. 500종 또는 그 이상의 종으로 이루어진 스트렙토미세스 박테리아가 무려 29만 4,300가지의 각기 다른 항생제를 생산할 수 있다는 것이었다. 단세포로 된 생물체가 어떻게 그렇게 많은 물질을 생산할 수 있느냐고 의아해할 것이다. 그렇다면 이 작은 단세포 생물체에 담겨져 있는 유전자 엔진을 생각해 보라. 2002년 〈네이처〉의 한 논문에서 연구자들은 스트렙토미세스의 주요 종들의 전체 유전자 배열을 해독했다고 주장했다. 그들에 따르면 스트렙토미세스는 대략 7,825개의 유전자로 구성되어 있다. 이것은 박테리아에서 발견된 가장 많은 유전자 수다. 그리고 그것이 인간 유전자의 3분의 1에 해당한다는 점을 생각할 때 무시할 수 없는 발견이다. 유전적으로 풍부한 이런 특성을 생각한다면 이 초특급 미생물이 (그들 유전자를 다세포 생물의 팔, 다리, 그리고 뇌를 만들기 위한 작업에 사용하는 대신) 매우 다양하고 매우 많은 양의 항생제를 생산할 수 있다는 사실이 그다지 놀라운 것은 아닐 것이다.

1980년대 초, 인류학자들은 1600여 년 전에 죽은 고대인의 유골을 발굴했다. 그것은 놀라우리만치 잘 보존되어 있었다. 과학자들은 형광 연구를 통해 그 뼈 안에 테트라사이클린 항생제 성분이 있다는 사실을 발견했다. 그리고 그것은 그 당시 사람들이 섭취한 음식물에 들어 있던 스트렙토미세스 박테리아에 의해 생성되었을 것이라고 추측했다. 연구자들은 유해에서 보이는 매우 낮은 감염병 이환율도 음식물에 포함된 이 테트라사이클린으로 설명할 수 있다고 생각했다.

우리는 서기 79년 헤르쿨라네움에 살던 사람들에 대해 얘기하는 것이 아니다. 그보다 몇백 년 뒤인 서기 350년 나일 강 서쪽 강둑에 살던 수단계 누비안족에 대해 말하고 있다. 그들이 섭취한 테트라사이클린의 원천은 말린 산수유나 무화과가 아닌 진흙 통에 저장한 밀, 보리, 수수와 같은 곡물이었다. 과학자들은 그 진흙 저장 통이 스트렙토미세스가 번식하는 데 필요한 이상적인 환경을 제공했을 것이라고 추측한다. 고대 누비안족에게서 발견되는 테트라사이클린이 고대 헤르쿨라네움 사람들에게서 발견되는 테트라사이클린을 생산한 스트렙토미세스와 같은 종이 만들어냈는지는 분명하지 않다.

핵심은 바로 여기에 있다. 고대인들에게 항생제를 제공한 미생물, 1940년대와 1950년대 10가지가 넘는 항생제의 원천을 제공한 미생물, 오늘날 사용되고 있는 항생제의 3분의 2를 제공하고 있는 미생물, 그리고 거의 30만 가지의 항생제를 생산해낼 수 있는 그 미생물이, 항생제 내성이 점점 증가하고 치명적 감염이 닥칠지 모르는 이 시대에 우리에게 무엇을 말하고 있는가?

8장

신의 암호를 풀다

유전, 유전학 그리고 DNA의 발견

멘델이 공들여 수많은 세대에 걸쳐 수천 가지 형질을 분류하고 기록해내자 비로소 놀라운 사실이 드러났다. 잡종 2대에서 많은 형질이 계속해서 3대 1이라는 똑같은 비율로 나타났다. 즉 자주색 꽃을 가진 잡종 2대는 3, 흰색 꽃을 가진 잡종 2대는 1, 노란색 잡종 2대는 3, 녹색잡종 2대는 1, 키가 큰 잡종 2대는 3, 키가 작은 잡종 2대는 1 등으로 다수의 형질에서 동일한 비율이 나타난 것이다.

수정처럼 맑은 에게 해 위에 떠 있는 아름다운 코스 섬에 한 젊은 여인이 살고 있었다. 그녀는 아스클레피온이라 불리는 치유의 사원의 뒷문으로 은밀히 들어가 세계 최초의 의사로 유명한 히포크라테스에게 자신의 난처한 상황을 털어놓았다. 최근에 그녀는 건강한 사내 아기를 낳았는데 아기는 흰 피부의 그녀와 달리 피부가 검었다. 아기의 검은 피부는 그녀가 지난 날 아프리카 상인과 가졌던 열정적인 로맨스의 명백한 증거였다. 그 사실이 드러난다면 소문은 들불처럼 번져나가 섬 전체에 퍼질 것이고, 그녀의 남편은 격노할 것이 분명했다.

히포크라테스는 자신이 알고 있는 선에서 재빨리 그럴듯한 설명을 했다. 사실, 어떤 신체적 특성은 아버지에게서 유전될 수 있지만 그것은 '모성 각인'의 개념을 고려하지 않은 것이라는 이야기였다. 모성 각인의 관점에 따르면 아기는 엄마가 임신한 동안에 어떠한 특성을 획득할 수 있다. 히포크라테스는 임신 중에 그녀가 침실 벽에 걸려 있는 어느 에티오피아인의 초상화를 너무 많이 보아서 아기가 검은 피부라는 특성을 얻은 것이 틀림없다며 그녀를 안심시켰다.

사고 게임에서 유전자 혁명까지

문명이 태동하던 때부터 산업혁명 이후까지 많은 사람들이 상상 속에만 존재하던 유전의 비밀을 풀기 위해 노력했다. 지금도 우리는 형질이 세대를 넘어 유전되는 신비로움에 경탄한다. 사람들은 자기 자식과 형제자매를 보며 그들이 짓는 어색한 미소와 피부색, 지능, 완벽주의 또는 게으른 성향까지 그들이 지니고 있는 여러 형질이 누구에게서 온 것인지 궁금해한다.

그런데 그와 관련된 많은 것이 아직도 의문으로 남아 있다. 다음 세대에서 사라졌던 형질이 그다음 세대에 다시 나타나는 이유는 무엇인지? 부모가 자신들의 삶을 통해 획득한 기술과 지식, 그리고 상처 등의 형질이 자식에게 유전될 수 있는지? 주변 환경은 어떠한 역할을 하는지? 왜 어떤 집안은 여러 세대에 걸쳐 질병에 시달리는 반면 어떤 집안은 매우 건강하고 또 놀랄 만큼 장수를 누리는지? 그리고 아마도 가장 난해한 질문일 테지만, 우리가 언제 어떻게 죽을지 영향을 미치는 요인은 어떻게 유전되는 것인지?

20세기 이전까지 이와 관련된 모든 미스터리는 유전이 어떤 법칙들에 의해 조절되며 그것들이 어떻게 일어나느냐 라는 두 가지 질문으로 수렴되었다.

하지만 놀라운 사실은 왜 그리고 어떻게 세대를 거쳐 형질이 이어지는지 제대로 이해하지 못했음에도 불구하고, 사람들은 그 미스터리를 오랫동안 능숙하게 다루어왔다는 사실이다. 몇천 년이 지나는 동안 사막과 평원, 숲, 계곡에서 초기의 문명들은 교배를 통해 완전히 새로운 것은 아니더라도 보다 나은 형질을 만들어왔다. 쌀, 옥수수, 그리고 소와 말은 점점 더 크고 더 강하고 더 튼튼하고 더 맛있고 더 온순하고 더 생산성 있게 개량되었다. 암말과 수탕나귀는 어미보다 강하고 아비보다 영리한 노새를 낳았다. 유전이 어떻게 일어나는지 완전히 파악하지는 못했지만 인간은 유전 현상을 활용하여 문명을 발전시켰고, 소수의 유목민에서 수십억의 인구 집단으로 인류가 변모할 수 있도록 이끈 풍부하고 안정적인 식량의 원천인 농업을 발명해냈다.

고작 150년, 더 짧게는 60년 전에야 우리는 유전에 대해 제대로 알기 시작했고 완벽하지는 않아도 유전의 기본 법칙을 이해할 수 있게 되었다. 이제 우리는 유전에 관여하는 물질을 분리하고 그것을 인체에 집어넣을 수 있다. 그리고 그런 방식처럼 새로운 지식을 활용하면서 실제로 모든 의학 분야에 혁신적인 변화를 이룰 시점에 와 있다. DNA, 유전자, 그리고 염색체가 어떻게 세대를 넘어 형질을 전달할 수 있는지와 같은 유전학의 발견은 여러 방면에서 진행 중이다.

1865년 유전이 어떤 법칙에 의해 일어나는지를 밝힌 최초의 실험 이후 1900년대 초 유전자와 염색체의 발견에서 1950년대 DNA 구조의 발견에 이르기까지 많은 연구가 이루어져 왔다. 어떻게 형질이 부모에게서 자식에게 전달되는지를 이해하는 것뿐만 아니라 어떻게 아무런 형질도 없는 그토록 작은 난자 하나가 수많은 형질을 가진 100조 개의 세포를 가진 성인으로 성장할 수 있는지를 이해하는 데 무려 한 세기 반이 걸렸다.

그럼에도 유전학은 여전히 초보 수준에 머물러 있다. 유전자와 DNA의 발견이라는 놀랄 만한 성과는 상상도 못할 온갖 가능성으로 가득 찬 판도라의 상자를 열어젖힌 것에 불과하기 때문이다. 이제 유전학은 질병의 유전적 원인을 밝히는 것에서 유전자 치료까지, 그리고 그것을 넘어 개인의 독특한 유전정보를 토대로 치료를 제공하는 개인 맞춤형 의료까지 그 범위를 넓혀가고 있다.

히포크라테스가 활동하던 시대를 훌쩍 지난 서기 9세기부터 12세기 초에도 다음 세 가지 경우를 통해 의사들이 모성 각인 개념에 대해 강한 흥미를 느끼고 있는지를 알 수 있다.

- 임신 6개월의 여성이 멀리서 어느 집이 불타는 것을 보고, 그것이 자신의 집일지도 모른다는 생각에 두려움을 느꼈다. 다행히 그녀의 집은 아니었지만 남은 임신 기간 동안 위협적인 불꽃의 이미지는 지속적으로 그녀를 괴롭혔다. 몇 달 뒤 낳은 여자 아기는 묘하게도 이마에 불꽃을 닮은 빨간 표식이 있었다.
- 어느 임산부는 구개열 증상을 가진 아이를 본 뒤 자기 아기도 틀림없이 그런 모습으로 태어날 것이라는 생각에 몹시 불안했다. 그러한 불안대로 8개월 뒤 그녀는 구개열을 가진 아기를 낳았다. 이것이 이야기의 끝이 아니다. 몇 달 뒤 소문이 퍼져 임산부 몇몇이 그 아기를 보러 왔다. 그리고 구개열을 가진 아기가 셋이나 더 태어났다.

■ 임신 6개월인 여성의 집에 이웃집 소녀가 머무르게 되었다. 소녀의 어머니가 병에 걸린 까닭이다. 그 임산부는 소녀와 함께 집안일을 했는데 빨래를 하던 중 사고로 살짝 잘려나간 소녀의 왼손 중지를 보게 되었다. 얼마 뒤 그녀는 정상적인 사내아이를 낳았다. 왼손 중지가 없는 걸 제외하고는….

미신의 타파 머리 없는 아이에 대한 관심을 갖지 않게 되다

지난 150년 동안 과학이 얼마나 발전했는지 생각해 본다면 그 이전에 우리 조상들이 형질이 어떻게 유전되는지를 설명하는 과정에서 겪은 수많은 난관을 충분히 이해할 수 있을 것이다. 예를 들어 히포크라테스는 수정이 일어나는 동안 남성과 여성이 자기 몸의 모든 부위에서 미세한 입자를 만들어내며, 이런 입자들의 결합으로 부모에게서 자식으로 형질이 전해진다고 생각했다. 훗날 범생설汎生說이라고 불린 히포크라테스의 이론은 형질이 전해지는 현상을 제대로 설명하지 못했기 때문에 아리스토텔레스에 의해 곧 부정되었다. 아리스토텔레스 역시 자신만의 독특한 이론을 가지고 있었다. 그는 아기가 엄마의 월경혈月經血로부터 신체적 형질을, 아버지의 정자로부터 영혼을 물려받는다고 믿었다.

현미경이나 그 외 다른 도구들이 없었기 때문에 2천 년 이상 유전이 미스터리로 남아 있었다는 것은 놀라운 일이 아니다. 19세기까지 대다수 사람들은 히포크라테스처럼 생각했다. 즉 엄마가 임신 중에 본 것에 의해 아기의 형질이 영향을 받을 수 있다는 모성 각인의 원리를 믿었으며 특히 충격적이거나 무서웠던 장면은 더욱 그럴 것이라고 확신했다. 의학 잡지와 책에는 자신들이 임신 중에 목격한 것과 같은 문제를 가진

아기를 낳았다는 사례가 수백 건이나 실려 있다. 모성 각인에 대한 의문은 이미 1800년대에 제기되었다. 스코틀랜드의 의사이자 의학에 관한 대중적인 글을 많이 쓴 윌리엄 부캔(William Buchan, 1729~1805)은 "만약 충격적 장면이 그런 효과를 만들어 낸다면 로베스피에르의 공포 정치 기간 동안 프랑스에서는 머리 없는 아이들이 얼마나 많이 태어났겠는가?"라고 묻기도 했다.

포탄을 맞아 팔다리를 잃은 남성들은 팔다리가 없는 아기를 낳게 된다는 식의 많은 엉뚱한 미신이 1800년대 중반까지도 지속되었다. 또 다른 잘못된 상식은 '획득 형질' 또한 자식에게 전해질 수 있다는 것이었다. 1830년대 후반의 한 작가는 아주 단기간에 영어 회화를 터득한 어느 프랑스 사람은 영어를 잘한 할머니에게 그 능력을 물려받았기 때문이라고 설명했다. 그 프랑스인은 자기 할머니를 한 번도 본 적이 없는데 말이다.

또 19세기의 어떤 작가는 부모에게 물려받는 형질에 대해 아버지에게는 운동 기관을, 어머니에게는 신체 내부의 주요 장기를 받는다고 자신만만하게 설명하기도 했다. 한 가지 덧붙일 점은, 당시 널리 받아들여졌던 이런 관점은 노새의 모습에서 비롯되었다는 것이다.

각성의 시작 현미경이 새로운 시대를 여는 데 기여하다

과학의 발전이 여러 의학 분야에 혁신의 기반을 마련해 주었음에도 불구하고, 1800년대 중반까지도 유전이 어디에서 어떻게 일어나는지에 대한 과학자들의 의견은 분분했다. 유전은 여전히 자연의 변덕스러운 작용으로 인식되고 있었다.

이런 인식의 변화는 1800년대 초반, 현미경의 발전에 힘입어 일어나기 시작했다. 자카리아스 얀센(Zacharias Jansen, 1580~1638)이 최초로 조악한 현미경을 만든 지 200년이 지난 시점이었다. 기술의 발전은 결국 과학자들이 논쟁의 핵심을 제대로 파악할 수 있게 해주었다. 1831년에는 한 가지 중요한 단서가 발견되었다. 스코틀랜드의 과학자 로버트 브라운(Robert Brown, 1773~1858)이 세포에는 그가 세포핵이라고 이름 붙인 검고 작은 중심 구조가 있다는 사실을 발견한 것이다. 비록 그 세포핵이 유전에서 어떤 역할을 하는지는 수십 년 동안 알려지지 않았지만 어쨌든 브라운은 새로운 장을 마련했다.

10년 뒤 영국 의사 마틴 배리(Martin Barry, 1802~1855)가 남성의 정자가 여성의 난자 속으로 들어가 수정된다는 사실을 밝혀냄으로써 유전은 한 걸음 더 진보하게 된다. 지금 생각해 보면 어처구니없지만 불과 백 여년 전만 하더라도 수정되지 않은 난자는 작은 인간을 지니고 있으며 정자가 난자를 찔러 생명체가 탄생한다고 믿었다. 더욱이 1800년대 중반까지 대부분의 사람들은 수정이 정자와 난자가 만나는 과정이라는 사실조차 알지 못했다. 하나의 난자와 하나의 정자가 만나 아기가 만들어진다는 그 단순한 원리를 알지 못하고서는 유전에 대한 제대로 된 이해를 향해 한 걸음도 뗄 수 없었다.

마침내 1854년, 그 원리를 알았을 뿐만 아니라 한 가지 미스터리를 풀기 위해 기꺼이 10년을 바칠 한 남성이 등장했다. 그의 작업이 전원생활 속에서 이루어졌다는 것을 생각하면 매우 목가적으로 여겨질지 모르지만 사실 그의 실험은 상상할 수 없을 만큼 지루한 작업이었다. 그는 아무도 시도해 본 적 없는 무언가를 해내기 위해 만 개의 콩을 길렀고, 그 콩의 자손들의 유전 형질을 몇 세대에 걸쳐 공들여 기록했다. 그는 훗날 어느 정도 자신감이 생기자 다음과 같이 썼다.

"그렇게 엄청난 노동이 따르는 일을 하기 위해서는 정말 대단한 용기가 필요했다."

1865년, 그레고르 멘델(Gregor Mendel, 1822~1884)은 10여 년에 걸쳐 진행된 자신의 실험을 마무리함으로써 인류가 몇천 년 동안 풀지 못했던 질문에 대해 "유전은 불규칙하고 변덕스러워 보이지만 분명한 법칙을 가지고 있다."고 대답할 수 있었다. 그리고 그의 실험은 일 년 내내 싱싱한 콩으로 가득 쌓인 저장고 외에 또 다른 부가 가치를 만들어냈다. 유전학이 탄생한 것이다.

이정표 1

콩에서 법칙까지 멘델, 유전의 법칙을 발견하다

그레고르 멘델은 1822년 당시에는 오스트리아의 영토였던 체코의 모라비아 마을에서 가난한 농부의 아들로 태어났다. 멘델은 기독교 역사상 가장 성직자답지 않은 사람이었고, 과학의 역사상 가장 연구자 같지 않은 사람이었다.

젊은 시절 멘델은 뛰어난 학생이었다. 멘델의 스승 한 사람이 그를 브르노 시 근교의 아우구스티누스회 수도원에 들어가라고 권유했다. 그 당시 수도원에 들어가는 것은 가난한 사람이 학문을 계속할 수 있는 흔한 방편이었기 때문이다. 멘델은 영특했지만, 1847년 25세의 나이에 성직자로 임명될 무렵까지 성직자로서나 학자로서 부족해 보였다. 브르노의 주교에게 보낸 보고서는 멘델의 이런 점을 잘 보여준다. "멘델은 환자와 불우한 사람들 앞에서도 극도로 수줍어한다. 게다가 멘델 자신 또한 심한 병을 앓고 있다."

몇 해가 지나도 멘델은 나아지지 않았다. 지방 학교에서 임시 교사를 하다 교사 자격증을 따기 위해 시험을 치렀지만 낙방했다. 이 당혹스러운 결과를 무마하기 위해 그는 4년 동안 빈 대학으로 유학을 가 다양한 과목들을 공부했다. 그리고 1856년에 다시 시험을 치렀지만 또다시 낙방했다.

멘델은 학자로서도 성직자로서도 변변한 경력을 쌓지 못하고 다시 수도원의 조용한 삶으로 돌아갔다. 아마도 그때 그는 초라한 수도사로 그리고 임시 교사로 남은 생애를 살기로 결심했던 것 같다. 하지만 멘델의 유학이 실패했다고만은 볼 수 없다. 비록 멘델의 유학이 시험에 통과하는 데 도움을 주지는 못했지만 유학 시절 공부한 과일 재배, 식물 해부, 식물 생리, 실험 방법 등의 과목들은 그에게 더 큰 흥밋거리를 찾을 수 있도록 해주었기 때문이다. 두 번째 교사 시험에 떨어지기 2년 전인 1854년 멘델은 이미 수도원의 정원에서 자신만의 실험을 시작했다. 그는 각기 다른 다양한 종류의 콩을 재배하여 그것들의 형질을 분석하면서 더 큰 실험의 청사진을 그렸다.

유레카! 2만 개의 형질이 나타낸 비율로 두 가지 중요한 법칙을 밝히다

1856년 멘델이 본격적으로 콩 재배 실험을 시작했을 때 그가 마음속에 품고 있던 생각은 무엇일까? 한 가지 분명한 것은, 실험에 대한 아이디어가 갑자기 떠오른 것은 아니라는 사실이다. 다른 여러 지역에서

와 마찬가지로 식물이든 동물이든 다른 품종끼리 교배하는 일은 모라비아 지역의 농민들에게 오랜 관심거리였다. 그들은 관상용 꽃과 과일나무, 양모를 개량하기 위해서 꾸준히 노력해왔다. 멘델의 실험은 지역 농민들을 돕고 싶은 마음에서 비롯된 것이었지만 궁극적으로 유전에 대한 더 큰 의문에 관심을 가지고 있었다. 그러나 만약 멘델이 자신의 관심사를 누군가와 공유하려고 했다면 그들은 틀림없이 당황했을 것이다. 왜냐하면 그 당시 과학자들은 형질을 연구할 수 있는 대상이라고 생각하지 않았기 때문이다. 당시의 관점에 따르면, 식물과 동물의 형질은 세대를 지나면서 서로 섞이는 지속적인 과정에 의해 생겨나는 것으로 따로 분리할 수 없으므로 개별적으로 연구할 수 있는 것이 아니었다. 따라서 여러 세대에 걸친 콩의 형질 비교라는 멘델의 실험은 그 전에 누구도 생각해 본 적 없는 새로운 관점이었다. 다시 말해 멘델의 실험은 멘델이 독자적으로 창안한 것으로 완전한 인식의 전환을 뜻하는 것이었다.

하지만 그가 수행한 모든 실험은 사실 그 이전에 수많은 사람들이 물어온 질문에 답하는 작업이었다. 왜 할아버지의 대머리나 고모의 아름다운 목소리 같은 어떤 형질은 한 세대에서 사라졌다가 그다음 세대에 다시 나타나는 것일까? 왜 어떤 형질은 불규칙하게 나타나는 반면 어떤 형질은 뚜렷한 규칙성을 가지고 나타나는가? 이를 연구하기 위해 멘델은 두 가지 핵심적인 요소를 가진 수단, 즉 쉽게 확인할 수 있고 계산할 수 있는 특징적인 형질과 새로운 세대를 단기간 내에 생산하는 짧은 재생산 주기를 갖춘 식물이 필요했다. 멘델은 운 좋게도 그것을 수도원 뒤뜰에서 찾아냈다. 흔히 발견할 수 있는 콩과 식물인 완두였다. 1856

년 수도원의 정원에서 완두를 재배하기 시작하면서 멘델은 일곱 가지 형질에 주안점을 두었다. 꽃의 색깔(자주색과 흰색), 꽃이 나는 위치(줄기와 끝), 씨앗의 색깔(노란색과 녹색), 씨앗의 모양(둥근 것과 쭈그러진 것), 깍지의 색깔(연두색과 노란색), 깍지의 모양(볼록한 것과 쭈그러진 것), 그리고 줄기의 길이(긴 것과 짧은 것)가 그것이었다.

멘델은 8년 동안 수없이 많은 세대에 걸쳐 형질을 분류하고 계산하면서 수만 개의 콩을 재배했다. 그것은 정말이지 대단한 노력이었다. 마지막 한 해 동안에만 그는 2,500개에 달하는 제2세대 식물을 길러 냈다. 그리고 그는 모두 합쳐 2만 가지가 넘는 형질을 기록했다. 그는 1864년이 될 때까지 분석을 마무리하지 못했지만 흥미로운 사실들이 나타나기 시작했다.

멘델이 발견한 것의 진가를 맛보기 위해 그가 던진 가장 간단한 질문을 살펴보자. 왜 자주색 꽃을 가진 완두와 흰색 꽃을 가진 완두를 교배하면 다음 세대는 모두 자주색 꽃이 되는가? 또 그렇게 만들어진 자주색 꽃 완두를 서로 교배하면, 그다음 세대에서는 왜 상당수는 자주색 꽃이 피고 일부는 흰색 꽃이 피는 걸까? 달리 말하자면 이것은 모두 자주색 꽃을 가진 잡종 1대 안에 흰색 꽃을 피게 하는 '요소'가 숨어 있는 것이 아니겠느냐는 가설을 가능하게 한다. 그 같은 현상이 다른 형질에서도 나타났다. 노란색 완두콩과 녹색 완두콩을 교배했을 경우 잡종 1대 식물은 모두 노란색을 띤다. 그러나 그 노란색 잡종 1대 완두콩을 서로 교배하면 잡종 2대에서는 상당수가 노란색 완두콩이지만 일부는 녹색 완두콩이다. 흰색 꽃을 피우는 요소처럼 잡종 1대의 내부 어딘가에 녹색 완두콩을 만들어내는 요소가 숨어 있는 것이 아닐까?

멘델이 공들여 수많은 세대에 걸쳐 수천 가지 형질을 분류하고 기록해내자 비로소 놀라운 사실이 드러났다. 잡종 2대에서 많은 형질이 계속해서 3대 1이라는 똑같은 비율로 나타났다. 즉 자주색 꽃을 가진 잡종 2대는 3, 흰색 꽃을 가진 잡종 2대는 1, 노란색 잡종 2대는 3, 녹색 잡종 2대는 1, 키가 큰 잡종 2대는 3, 키가 작은 잡종 2대는 1 등으로 다수의 형질에서 동일한 비율이 나타난 것이다.

멘델에게 이것은 단순한 통계적 우연이 아니었다. 이것은 의미심장한 원리이자 근본적인 법칙을 의미했다. 어떻게 그런 유전 패턴이 발생할 수 있는지 더욱 명확하게 밝히기 위해 멘델은 유전 형질이 부모 세대에서 자식 세대로 전달되는 현상을 수학적·물리적으로 설명하기 시작했다. 그는 이 과정에서 혁신적인 시각을 제시했다. 멘델은 부모에게서 자식에게 형질이 전해지는 과정, 즉 유전에 우리가 지금 유전자라고 부르는 어떤 요소가 틀림없이 관여할 것이라고 유추했다.

이것은 단지 시작에 불과했다. 하지만 완두콩 형질에 대한 분석만으로도 멘델은 유전에 관한 가장 중요하고 근본적인 법칙 몇 가지를 꿰뚫어 보았다. 예를 들어 그는 특정한 형질에 관해 자식 세대는 부모에게서 각각 하나씩 두 개의 인자를 물려받는데, 이 두 인자는 우성일 수도 있고 열성일 수도 있다고 생각했다. 만약 부모에게 열성인자와 우성인자를 물려받는다면 자식은 우성 형질만을 나타낼 것이다. 그러나 그 열성 형질은 없어진 것이 아니라 숨어 있는 것이기 때문에 그다음 세대로 내려갈 수 있다. 꽃 색깔의 경우 만약 자식 세대가 부모의 한쪽에게서 우성인 자주색 꽃 유전자를 물려받고, 다른 쪽에서는 열성인 흰색 꽃 유전자를 물려받았다면 자주색 꽃을 피울 것이다. 그러나 열성인 흰색 꽃 유전자는 다음 세대로 전해진다. 멘델은 마침내 이것으로 어떻게 형질이 세대를 건너뛸 수 있는지를 설명해냈다.

이런저런 발견을 토대로 멘델은 유전에 관련된 '인자'가 어떻게 부모에서 자식에게로 전달되는지에 관한 두 가지 유명한 법칙을 만들어냈다.

1) 분리의 법칙

모든 유전자는 각각 부모에게서 하나씩 받아 한 쌍으로 이루어져 있는데 생식세포, 즉 난자와 정자를 생산하는 동안 유전자는 분리되어 난자와 정자는 유전자를 한 개씩만 가진다. 그리고 난자와 정자가 만나 수정을 하면, 그 수정란은 다시 한 쌍의 유전자를 가지게 된다.

2) 독립의 법칙

모든 형질은 각각 독립적으로 유전된다. 예컨대 완두콩의 경우에서 보았듯이, 흰 꽃을 피우는 유전자를 물려받았다는 것이 쭈그러진 씨앗을 갖는 것을 의미하지 않는다. 인류가 매우 다양한 형질을 나타낼 수 있는 것은 바로 이러한 유전자의 독립성 덕분이다.

멘델이 이룬 업적의 진가를 알기 위해서는 그 당시 그의 작업을 기억하는 것이 중요하다. 어느 누구도 유전과 관계있는 물리적인 실체를 관찰한 적이 없었다. DNA, 유전자 또는 염색체에 대한 이해가 전혀 없었던 시절이었다. 유전의 물질적 요소가 무엇인지 알지 못했지만 멘델은 과학의 새로운 분야를 탄생시켰다. 비록 유전자와 유전학이라는 명확한 용어는 몇십 년 뒤에야 만들어졌지만 말이다.

익숙한 주제 확신에 찼지만 죽을 때까지 인정받지 못했다

수만 개의 콩을 재배하며 그것들의 형질을 연구한 지 9년이 지난 1865년 그레고르 멘델은 〈브르노 자연사학회지〉에 자신이 관찰한 결과를 발표했다. 그리고 다음 해에 고전적인 논문 〈식물 잡종화에 관한 실험들〉을 출간했다. 그것은 과학과 의학의 역사에서 가장 위대한 업적 가운데 하나이며, 몇천 년 동안 인류가 해온 질문에 답한 것이었다.

그런 위대한 업적 앞에 사람들은 어떻게 반응했을까? 안타깝게도 하품만 할 뿐이었다.

34년 동안 멘델의 업적은 무시되거나 잊혀지거나 곡해되었다. 그렇다고 그가 노력하지 않은 것도 아니다. 멘델은 자신의 논문을 뮌헨에 거주하던 영향력 있는 식물학자 칼 내겔리(Karl Wilhelm von Nägeli, 1817~1891)에게 보냈다. 그러나 내겔리는 멘델이 수행한 작업의 진가를 알아보지 못했을 뿐만 아니라 과학의 역사에서 가장 신랄한 비판 가운데 하나로 꼽힐 만한 답장을 보냈다. 만 개가 넘는 식물 재배와 거의 10년에 가까운 연구를 토대로 작성된 논문이었음에도 불구하고 내갤리는 다음과 같이 평했다. "제가 보기에는 실험이 완성되었기는커녕 이제 시작해야 하는 단계처럼 보이는군요."

오늘날의 역사가들은 그러한 일이 발생한 것은 멘델의 동시대인들이 그가 발견한 사실의 중요성을 이해하지 못했기 때문이라고 파악한다. 당시 유전 형질은 분리될 수 없고 분석될 수 없다는 믿음과 생물의 발생과 발달에 대한 고정관념으로 인해 멘델의 실험에 귀 기울이지 않은 것이다. 멘델은 몇 해 동안 과학 연구를 지속했지만 1871년에 결국 그만두었다. 멘델은 잠시 브르노 수도원의 원장으로 일하다가 유전학

의 창시자로 훗날 유명해질 것이라는 사실을 조금도 예상하지 못한 채 1884년 눈을 감고 말았다.

그럼에도 멘델은 자신이 발견한 것들이 중요하다고 확신했는데, 한 수도원장에 따르면 멘델이 죽기 몇 달 전에 "내가 발견한 그 법칙의 가치가 인정받는 날이 올 것입니다."라고 확신에 차서 말했으며 브르노 수도원의 몇몇 수도사들에게 "나는 전 세계가 이 연구 결과를 인정하게 될 것이라고 확신한다네"라는 말을 남겼다고 한다.

30년 뒤, 세계는 마침내 그의 업적을 인정하게 되었을 뿐만 아니라 멘델이 몰랐던 다른 사실들까지 발견해냈다. 그것은 그가 이뤄낸 업적의 진가를 뒷받침하는 내용이었는데, 바로 멘델의 유전 법칙이 식물뿐만 아니라 동물과 사람에게도 적용된다는 사실이었다.

유전학이라는 학문이 탄생하면서 이제 질문은 그 유전이 일어나는 장소가 어디인지로 확장되었다.

이정표 2

기반 다지기 세포의 비밀을 찾아 세포 속 깊숙이 들어가다

그 다음 중요한 이정표는 1870년대에 나타났다. 그 무렵 멘델은 실험을 포기하려고 했다. 과학자들은 그때까지 몇 세기 동안 유전의 기초를 쌓아놓았다. 1660년대, 영국의 물리학자 로버트 후크(Robert Hooke, 1635~1703)는 조악한 현미경을 통해 코르크 마개 조각을 관찰하면서 그가 작은 상자들이라고 이름 붙인 것을 최초로 발견했다. 1800년대에 접어들어 독일 과학자들은 그 상자(세포)들을 더욱 자세하게 들여다볼 수 있게 되었고, 마침내 유전이 이루어지는 장소, 즉 세포와 세포핵을 찾아냈다.

첫 번째 중요한 발전은 1838년과 1839년에 나타났다. 독일 과학자 마티아스 슐라이든(Matthias Schleiden, 1804~1881)과 테오도어 슈반(Theodor Schwann, 1810~1882)이 개량된 현미경을 사용하여 세포가 생물체의 구조적, 기능적 단위라는 사실을 증명해낸 것이다. 그 뒤 1855년에는 독일 의사 루돌프 피르호(Rudolf Virchow, 1821~1902)가 "모든 세포는 이미 존재하는 세포에서 나온다."는 유명한 명제를 증명함으로써 세포가 아무것도 없는 데서 발생할 수 있다는 자연발생설의 신화는 사라지게 되었다. 그러한 주장과 함께 피르호는 유전이 일어나는 장소에 대한 중요한 단서를 제공하는데, 만약 모든 세포가 다른 세포에서 만들어진다면 새로운 세포를 만들기 위해서는 정보가 필요하다는 것이 바로 그것이다. 즉 유전정보가 세포의 어딘가에 들어 있어야만 한다는 것이었다. 1866년에는 독일의 생물학자 에른스트 헤켈(Ernst Haeckel, 1834~1919)이 유전 형질의 전승은 세포핵 안에 있는 어떤 물질과 관련이 있다고 주장했다. 세포핵이라는 작은 구조물의 중요성은 앞에서 보았듯이 이미 1831년 로버트 브라운이 발견했다.

1870년대 들어서며 과학자들은 세포핵에 대해 더욱 깊이 파고들게 된다. 이를 통해 그들은 세포가 분열할 때 일어나는 신비스러운 활동을 발견했다. 특히 1874년에서 1891년 사이에 독일 해부학자 발터 플레밍(Walther Flemming, 1843~1905)은 그가 체세포 분열이라고 명명한 이 활동을 상세하게 관찰했다. 1882년 플레밍은 최초로 세포가 분열하기 직전 일어나는 특별한 현상을 "핵 안에 긴 실타래 같은 구조물이 보였으며 두 개로 나뉘었다."고 정확하게 설명했다. 1888년 과학자들은 그 실타래가 유전에서 차지하는 역할에 대해 연구하기 시작했다. 독일의 해부학자 빌헬름 발다이어(Wilhelm Waldeyer, 1836~1921)는 훗날 생물학계의 위대한 작명가 가운데 한 사람으로 불리게 되는데 그가 그것의 이름을 지었다. 바로 '염색체'다.

이정표 3

DNA의 발견, 그리고 방치

19세기가 끝날 무렵 이미 유전학의 첫 번째 이정표인 멘델의 발견을 도외시한 세상은 두 번째 위대한 이정표인 DNA의 발견마저 무시하려고 했다. DNA는 유전자, 염색체, 유전 형질을 만드는 물질로 21세기의 유전학 혁명을 이끌어 갈 물질이다. 멘델과 그의 유전 법칙에 대한 냉대처럼 DNA에 대한 무관심 역시 그리 길게 지속되지 않았지만 1869년 처음 발견된 후 다음 반세기 동안 DNA는 철저히 방치되었다.

DNA의 역사는 스위스 의사 프리드리히 미셔(Friedrich Miescher, 1844~1895)가 막 의과대학을 졸업하고 자신의 진로를 결정할 무렵에 시작되었다. 미셔는 어릴 적 앓은 감염 후유증으로 생긴 청각 장애 때문에 임상의사가 되는 길을 포기하려고 했다. 그러나 부모를 설득하는 것이 어려웠다. 어려움에도 불구하고 미셔는 결국 독일 튀빙겐 대학의 연구실에 들어가게 되었다. 그곳에서 그는 유전의 비밀이 세포핵 안에서 발견될 것이라는 에른스트 헤켈의 가설을 직접 확인해 보기로 결심했다. 미셔가 보기에 헤켈의 가설은 매력적으로 보였지만 그런 매력적인 가설에 대한 미셔의 접근 방법은 결코 매력적이지 않았다. 미셔는 세포핵을 연구하는 데 가장 좋은 세포 종류를 선별하기 위해 근처 대학병원에서 막 버려진 외상용 붕대에서 흔히 고름이라고 불리는 죽은 백혈구

세포를 모으기 시작했다.

미셔는 자신이 구할 수 있는 것 가운데 가장 다루기 쉬운 표본을 가지고 연구를 시작했고, 다양한 화학물질과 기술로 백혈구 세포를 제어하여 세포핵을 둘러싸고 있는 세포질에서 작은 세포핵을 분리해내는 데 성공했다. 더 많은 실험과 테스트를 거쳐 미셔는 그것들이 이전에 알려지지 않은 물질로 구성되어 있다는 사실을 발견하고는 놀랐다. 단백질도 지방도 아닌 그 물질은 산酸이었으며, 다른 어떤 유기물질에서도 볼 수 없을 만큼 인燐의 비율이 높았다. 그것이 무엇인지 정확히 알지 못했지만 미셔는 그 물질을 '뉴클레인nuclein'이라고 불렀다. 당신이 예상하는 것처럼 뉴클레인은 우리가 오늘날 DNA라고 부르는 물질이다.

미셔는 1871년 자신의 발견을 논문으로 발표했으며, 그 뒤로 계속 다른 세포와 조직들에서 분리해낸 뉴클레인을 연구하는 데 많은 시간을 보냈다. 하지만 그것의 진정한 특성은 여전히 미스터리로 남아 있었다. 뉴클레인이 세포 기능에 결정적인 역할을 한다는 사실을 확신했음에도 불구하고 미셔는 끝내 그것이 유전에서 중요한 역할을 한다는 생각은 받아들이지 않았다. 1885년 스위스 해부학자 알버트 본 쾰리커(Albert von Kölliker, 1817~1905)는 대담하게도 뉴클레인이 유전의 물질적인 토대라고 주장했고, 1895년 고전적 저서 《유전과 발달 과정에서 세포의 역할》의 저자 에드먼드 윌슨(Edmund Beecher Wilson, 1856~1939)도 이에 동의하여 다음과 같이 썼다. "유전은 부모에게서 자식으로 전달되는 특수한 화학물질의 물리적 이동에 의해 발생한다는 놀라운 결론에 도달했다."

그러나 세상을 변화시킬 발견 앞에서 과학은 멈칫했다. 세상은 아직 DNA를 유전의 생화학적 소재로 받아들일 준비가 되어 있지 않았던 것이다. 얼마 지나지 않아서 뉴클레인은 거의 잊혀졌고 1944년까지 거의 50년 동안 과학자들은 DNA를 내버려두었다. 왜 그랬을까? 몇 가지 요인이 작용했겠지만 아마도 가장 중요한 요인은 단순히 DNA가 그러한 임무를 수행할 것 같지 않다고 생각했기 때문일 것이다. 윌슨은 1925년에 출간한 《세포》라는 책에서 1895년 DNA에 대해 내렸던 자신의 긍정적 평가를 강하게 부정하며 "뉴클레인의 획일적인 성분은 단백질의 무궁무진한 다양함과 비교하여 지나치게 평범하다. 어떻게 그리도 단순한 DNA가 놀라운 생명의 복잡성을 설명할 수 있다는 말인가?"라고 말하기도 했다.

그 질문에 대한 해답은 1940년대에 이르러서야 밝혀졌지만 미셔의 발견은 적어도 한 가지 점에서 중요한 계기가 되었다. 오랫동안 잊혀져 있던 이정표를 재발견할 수 있도록 연구의 흐름을 자극한 것이다. 그것도 한 번이 아니라 세 번이나.

이정표 4

다시 태어나다 수도원에서 발견한 유전학의 부활

긴 겨울의 끝에서 만물이 소생하는 계절 봄은 충분히 경이롭다. 하지만 1900년 초, 그레고르 멘델이 발견한 유전 법칙이 34년간의 긴 겨울잠에서 깨어난 일에 필적할 만큼 경이로운 사건은 별로 없을 것이다. 유전을 기나긴 시간 동안 무시한 데 대한 하늘의 질책이었든지 새로운 과학적 관심의 필연적 결과이었든지 간에 1900년, 한 명도 아닌 세 사람의 과학자가 각각 독립적으로 유전 법칙을 재발견하게 된다. 그리고 그 법칙이 초라한 수도원 성직자에 의해 이미 몇십 년 전에 발견되었다는 사실도 함께 밝혀졌다.

우선 네덜란드의 식물학자 휴고 드 브리스(Hugo de Vries, 1848~1935)는 자신이 수행한 식물 재배 실험에서 멘델이 입증한 것과 같은 3:1의 비율이 나타난다는 사실을 발표했다. 이어서 독일 식물학자 칼 코렌스(Carl Correns, 1864~1933)가 완두콩 연구를 통해 독립의 법칙과 분리의 법칙을 재발견했다. 마지막으로 오스트리아 식물학자 에리히 체르마크(Erich Tschermak, 1871~1962)는 1898년에 시작한 콩 재배 실험을 토대로 분리의 법칙을 발표했다. 세 연구자 모두 문헌을 찾기는 했지만 연구를 다 마친 뒤에야 멘델의 논문을 보게 되었다. 체르마크는 "놀랍게도 멘델은 이미 그와 같은 실험을 나보다 더 광범위하게 실행했고 똑같은 규칙성을 기록했다. 그리고 3:1이라는 분리비에 대해서도 이미 설명을 했다."라고 언급하기도 했다.

누가 그 재발견에 대한 공로를 차지할지에 대해 심각한 논쟁이 벌어지지는 않았지만 체르마크는 훗날 1903년 메란에서 열린 박물학자 모임에서 코렌스와 사소한 언쟁이 있었음을 인정했다. 하지만 체르마크는 세 식물학자 모두 "자신들이 1900년에 유전의 법칙을 발견한 것은 그 동안 이루어진 연구를 기반으로 상당히 수월하게 달성한 것이므로 멘델의 시대에 이루어졌던 성취와는 차원이 매우 다르다는 사실을 잘 알고 있었다."라고 덧붙여 말했다.

멘델의 유전 법칙이 20세기 벽두에 재탄생함에 따라 더욱더 많은 과학자들이 유전의 신비로운 단위에 관심을 가지기 시작했다. 비록 아무도 정확하게 그것이 무엇인지 알지 못했지만 1902년 미국 과학자 월터 서튼(Walter Sutton, 1877~1916)과 독일 과학자 테오도어 보베리(Theodor Boveri, 1862~1915)는 그것이 염색체에 있으며, 또 그 염색체는 세포 안에서 쌍으로 발견된다는 사실을 밝혔다. 그리고 마침내 1909년 덴마크의 식물학자 빌헬름 요한센(Wilhelm Johannsen, 1857~1927)은 그 단위에 붙일 이름을 생각해내게 되는데, 바로 유전자gene다.

이정표 5

최초의 유전 질환 근친결혼, 검은색 소변 그리고 친숙한 비율

아기의 기저귀에서 검은색 소변의 흔적을 발견했다면 부모는 깜짝 놀라겠지만, 영국 의사 아치발드 개로드(Archibald Garrod, 1857~1936)는 대사 작용에 문제가 생겼다는 사실을 알아차렸다. 개로드가 단순히 다른 사람의 불운에 무심했던 것은 아니었다. 그것은 알캅톤뇨증이라고 불리는 병이었다. 이 병은 소변이 공기에 노출되면 검은색으로 변하는 놀라운 증상을 보이지만 그렇게 심각한 질병은 아니고, 일만 명에 한 명꼴로 발병한다. 개로드는 1890년대 후반부터 알캅톤뇨증을 연구하면서 그 병이 한때 생각했던 것처럼 박테리아 감염에 의해 발생하는 것이 아니라 선천적 대사 장애의 한 종류라는 사실을 알게 되었다. 개로드는 그 병을 앓고 있는 아이들의 기록을 조사한 뒤에 유전과 유전자 그리고 질병에 대한 우리의 이해를 완전히 바꿀 단서를 찾아냈다.

1899년 예비 연구 결과를 처음 발표할 때만 해도 개로드가 유전자나 유전병에 대해 다른 사람들보다 더 많이 알았던 것은 아니다. 이러한 사실은 개로드가 왜 자신의 중요한 발견 가운데 한 가지를 간과했는지

설명해 준다. 알캅톤뇨증이 없는 아이들의 수와 그 병을 앓는 아이들의 수를 비교하면 우리에게 친숙한 비율이 나타난다. 3 대 1, 그렇다. 그것은 완두콩 2대에서 멘델이 증명한 비율과 같다. 유전 형질의 전달, 그리고 열성 및 우성 유전자의 역할에 대한 의미도 비슷했다. 개로드의 연구에서 우성 형질은 정상적인 소변이었고 열성 형질은 검은색 소변이었다. 그런 비율이 2대에서 나타났다. 세 아이가 정상적인 소변을 보일 때 한 아이는 검은색 소변인 알캅톤뇨를 배설했다. 비록 개로드는 그 비율을 알아차리지 못했지만 그 연구에 대해 들으려고 개로드를 찾은 영국의 박물학자 윌리엄 베이트슨(William Bateson, 1861~1926)은 금방 알아보았다. 개로드는 멘델의 법칙이 자신이 미처 생각하지 못한 새로운 단서를 제시한다는 베이트슨의 의견에 즉각 동의했다.

1902년 개로드는 새로운 관찰 결과들을 추가하면서 증상의 저변에 깔려 있는 대사성 질환과 유전자와 유전의 역할 등을 종합해 다음과 같이 정리했다. 알캅톤뇨증은 각각 부모에게서 하나씩 받은 두 개의 유전 요소에 의해 결정되며, 그중 결함이 있는 유전자가 열성이다. 또한 그는 생화학 지식을 바탕으로 어떻게 그 결함 있는 유전자가 실제로 질환을 일으킬 수 있는지에 대해 설명해냈다. 즉 정상적인 대사기능을 수행하지 못하게 하는 결함 있는 효소를 생산하기 때문에 결과적으로 검은색 소변이 만들어지는 것이 틀림없다고 생각했다. 이 설명으로 개로드는 중요한 이정표에 이르게 된다. 그는 효소 같은 단백질을 생산하는 유전자가 실제로 하는 역할에 대해 생각해냈다. 아울러 한 가지 유전자에 이상이 생기는 경우 그에 따라 결함을 가진 단백질이 생산될 수 있고 그것이 질병으로 이어질 수 있다는 사실까지도 생각해냈다.

개로드는 결함 있는 피부, 머리, 눈에 색소를 생성하지 못하는 질환인 백색증을 포함한 유전자와 효소에 의해서 발생하는 또 다른 대사성 질환들을 설명하기 위하여 노력했지만 성공하는 데는 반 세기가 걸렸다. 다른 과학자들이 마침내 개로드가 옳았음을 입증했고, 그의 기념비적 발견은 가치를 인정받았다. 오늘날 개로드는 유전자와 질병 사이의 관계를 입증한 최초의 인물로 기억되고 있다. 개로드의 작업으로부터 유전 검사와 열성 유전 그리고 근친결혼의 위험성과 같은 현대적 개념이 생겨났다.

개로드의 발견에 자극을 받은 베이트슨은 1905년 이 새로운 과학 분야에 걸맞은 이름이 없다면서 다음과 같이 자신의 생각을 토로했다.

"적절한 이름이 정말로 필요하다. 한 가지를 제안하자면 유전학genetics이 어떨까 한다."

1900년대 초, 이정표의 목록이 계속 늘어나고 있음에도 불구하고 유전학은 두 세계로 나뉘어 여전히 혼란스러웠다. 한쪽은 멘델과 그의 추종자들로, 그들은 유전의 법칙은 밝혀냈지만 유전의 물리적 요소가 무엇인지 또 그것이 어디에 작용하는지는 제대로 짚어내지 못하고 있었다. 다른 한쪽은 미셔와 그의 추종자들로서 그들은 세포 안에서 물리적인 이정표를 발견했지만 아무도 그것이 유전과 어떻게 연관되는지는 몰랐다. 1902년, 나뉘어 있던 두 세계는 앞서 언급한 미국 과학자 월터 서튼에 의해 접점을 찾게 되었다. 서튼은 유전의 단위가 염색체 위에 자리 잡고 있다고 주장했을 뿐만 아니라 염색체는 엄마와 아빠에게서 각각 하나씩 쌍으로 유전되며 그것은 "멘델 유전 법칙의 물리적 토대가 되는 것으로 여겨진다."라고 주장했다. 하지만 또 다른 미국의 과학자에 의해 이 두 세계가 하나의 유전 법칙으로 통합된 것은 1910년에 이르러서였다.

이정표 6

목걸이의 구슬처럼 유전자와 염색체 사이의 연관성

1905년 컬럼비아 대학의 생물학자 토머스 헌트 모건(Thomas Hunt Morgan, 1866~1945)은 유전에 대한 염색체의 역할에 회의적이었을 뿐만 아니라 "학계가 온통 염색체의 산에 흠뻑 취해 있다."고 불평하며 그 이론을 추종하는 컬럼비아 대학 연구자들을 비꼬았다. 염색체가 유전 형질을 지니고 있다는 생각은 모건에게 한때 모든 난자가 작은 인간을 품고 있다는 미신을 믿은 전성설과 매우 비슷하게 들렸다. 그러나 1910년 즈음 모건에게 큰 변화가 나타나는데, 그것은 그와 학생들이 유전 형질을 연구하기 위해 수백만 개의 초파리를 기르는 파리방으로 들어갔을 때 시작되었다. 놀랍게도 그가 기르던 파리 가운데 한 마리가 흰 눈을 가졌던 것이다.

정상적인 초파리가 빨간 눈이라는 점을 생각할 때 그것은 가히 놀라운 것이었다. 그러나 모건은 그 흰 눈 수컷 파리를 빨간 눈의 암컷과 교배시켜 보고는 더더욱 놀랐다. 첫 번째 발견은 그렇게 놀라운 것은 아니었다. 예상했던 대로 그 파리의 제1대는 모두 빨간 눈이었다. 반면 제2대에서는 빨간 눈 파리가 3, 흰 눈 파리가 1로 3대 1의 비율을 보였다. 모건이 유전에 대한 생각을 통째로 바꾸게 된 것은 전적으로 새로운 발견 때문이었다. 흰 눈을 가진 자손이 모두 수컷이었다는 사실이었다.

어떤 형질이 한 가지 성性에만 국한되어 유전된다는 이 새로운 사실

은 몇 해 앞선 발견 때문에 심오한 의미를 가지게 되었다. 1905년 미국 생물학자 네티 스티븐스(Nettie Stevens, 1861~1912)와 에드먼드 윌슨Edmund Wilson은 인간의 성이 X·Y염색체라 불리는 두 가지 염색체에 의해 결정된다는 사실을 발견했다. 여성은 항상 두 개의 X염색체를 가지는 반면 남성은 한 개의 X와 한 개의 Y염색체를 가진다. 모건은 흰 눈 파리가 모두 수컷이라는 사실을 확인하자 흰 눈과 관계있는 유전자가 Y염색체와 연결되어 있는 것이 분명하다고 생각했다. 이로써 그는 오랫동안 부정해 오던 장벽을 뛰어넘어 이제 유전자가 염색체의 한 부분임에 틀림없다고 생각하게 되었다.

그로부터 얼마 지나지 않은 1911년, 모건의 제자 가운데 한 명인 약관의 알프레드 스투트반트(Alfred Sturtevant, 1891~1970)가 그 유전자가 실제로 염색체 상에 직선적으로 위치할 것이라는 사실을 깨달았을 때 유전학은 새로운 이정표에 도달했다. 실험으로 수많은 밤을 지새운 뒤에 스투트반트는 세계 최초로 유전자 지도를 만들어냈다. 선형 지도 위에 5개의 유전자를 배치해 놓고는 그 유전자 사이의 거리를 계산해낸 것이었다.

1915년 모건과 그의 제자들은 기념비적인 책을 발간했다. 《멘델 유전 법칙의 기전》이라는 이름의 책을 통해 모건은 마침내 이전에 분리되어 있던 두 세계를 정식으로 연결시켰다. 즉 멘델의 유전 법칙과 세포 속의 염색체와 유전자들은 일심동체라는 사실을 입증한 것이었다. 이 발견으로 모건은 1933년 노벨생리의학상을 수상했다. 시상식에서 사회자는 유전자가 염색체 위에 목걸이의 구슬처럼 줄줄이 늘어져 있다는 것이 얼핏 보기에는 허무맹랑한 추측처럼 보이기도 한다면서 정당한 비판을 환영한다고 언급했다. 그러나 후속 연구를 통해 그가 옳았음이 입증됨으로써 오늘날 모건의 발견은 인간의 유전 질환 연구와 이해에 근본적이고 결정적인 기여로 인정되고 있다.

이정표 7

변형된 진실 DNA의 재발견과 그것의 특수한 성질

1920년대 후반까지 유전에 관한 많은 비밀이 밝혀졌다. 형질의 전달은 멘델의 법칙에 의해 설명되었으며, 그 법칙을 통해 유전자와 염색체가 연관되어 있다는 사실이 확인되었다. 그러면 이것으로 거의 모든 것이 밝혀진 것인가?

그러나 사실 유전은 두 가지 점 때문에 여전히 미스터리로 남아 있었다. 한 가지는 유전자가 DNA가 아닌 단백질로 구성되어 있다는 생각이고, 두 번째는 유전자가 무엇인가는 차치하고서라도 어떻게 유전자가 유전 형질을 만들어내는지에 대해서 아무런 단서를 찾아내지 못했기 때문이었다. 마지막 남은 이 미스터리는 1928년 영국의 미생물학자 프레드릭 그리피스(Frederick Griffith, 1879~1941)가 폐렴에 대한 백신 개발이라는 완전히 다른 문제를 연구하게 되면서 실마리가 드러났다. 그리피스는 백신을 만드는 데는 실패했지만 유전학에 관한 중요한 단서를 캐내는 데 성공했다.

그리피스는 박테리아에 의해 발생하는 폐렴의 유형을 연구하던 중 자신이 궁금해 했던 어떤 사실을 발견했다. 박테리아의 한 종류인 치명적인 S타입은 매끈한 외곽 캡슐을 지니고 있는 반면 해가 없는 R타입은 거친 외곽 캡슐을 가지고 있었다. S박테리아가 치명적인 이유는 면역 시스템에 발각되지 않고 피해 갈 수 있는 매끈한 캡슐을 지니고 있기 때문이었다. 반면에 R박테리아가 해를 끼치지 않는 이유는 매끈한 외곽 캡슐이 없기 때문에 면역 시스템에 걸려 파괴되기 때문이었다. 그리고 그리피스는 더욱 묘한 사실을 발견하게 되는데 바로 치명적인 S박테리아를 죽인 뒤 그것을 무해한 R박테리아와 섞어서 쥐에 주입할 경우 쥐가 죽는 것이었다. 수없이 많은 실험 끝에 그리피스는 R박테리아가 죽은 S박테리아에서 매끈한 보호 캡슐을 만드는 능력을 얻는다는 사실을 발견했다. 달리 말하자면 치명적인 S박테리아가 죽었음에도 불구하고 그 안의 무엇인가가 무해한 R박테리아를 치명적인 S타입으로 변형시킨다는 것이었다.

그것이 무엇이며, 또 그것이 유전 그리고 유전학과 어떤 관련이 있는지를 그리피스는 끝내 알지 못했다. 비밀이 밝혀지기 몇 해 전인 1941년, 독일군이 런던을 공습하는 기간 중 폭격을 맞고 세상을 떠났기 때문이다.

1928년, 해롭지 않은 박테리아가 어떻게 치명적인 형태로 변형될 수 있는지에 관해 설명한 그리피스의 논문이 발표되었을 당시 뉴욕에 위치한 록펠러 의학연구소의 과학자 오스왈드 에이버리(Oswald Avery, 1877~1955)는 처음에 그 결과를 인정하지 않았다. 왜 그랬을까? 사실 에이버리는 박테리아의 보호막인 외곽 캡슐을 포함하여 그리피스가 설명한 바로 그 박테리아를 15년 동안 연구해 오고 있었다. 박테리아가 한 가지 형태에서 다른 형태로 변할 수 있다는 사실은 그의 연구에 치명적이었다. 그러나 그리피스의 결과가 확증되자 에이버리는 그것을 신뢰하게 되고, 1930년대 중반 동료 콜린 맥로드(Colin MacLeod, 1909~1972)

와 함께 그 효과가 배양접시에서 재현될 수 있음을 증명했다. 이제 남은 숙제는 정확하게 무엇이 이러한 변형을 일으키는지를 밝혀내는 것이었다. 1940년대 에이버리와 맥로드는 그 답에 근접했다. 그들은 세 번째 연구자 맥클린 맥카티(Maclyn McCarty, 1911~2005)를 자신들의 연구에 합류시켰다. 하지만 그 물질을 입증하는 것은 쉬운 일이 아니었다.

1943년 연구팀은 단백질, 지방, 탄수화물, 뉴클레인, 그리고 그 밖의 물질들로 이루어진 세포의 혼합덩어리를 분리해내는 작업에 애를 쓰고 있었다. 에이버리는 자기 동생에게 "그 복잡한 혼합물에서 활성 성분을 찾으려고 한번 해봐! 정말 가슴이 아프고, 아프다 못해 속이 먹먹해지는 그런 일이라고!"라며 불평했다. 그러면서 에이버리는 우리의 관심을 유도하는 한마디를 덧붙였다. "그래도 결국 우리가 그걸 찾아낼 거야!"

그리고 정말로 그들은 찾아냈다. 1944년 2월, 에이버리와 맥로드, 맥카티는 논문을 발표했다. 그들은 실제 그 과정은 절대 단순하지 않았지만 훗날 생각하면 단순한 제거 과정을 통해 변형 원리를 입증했다. 그들이 복잡한 세포 혼합물에서 찾아낼 수 있는 모든 것을 테스트한 결과 단지 한 가지 물질만이 R박테리아를 S형태로 변형시킨다는 사실을 알아낸 것이었다. 그것은 거의 75년 전 프리드리히 미셔에 의해 처음 발견되어 오늘날 데옥시리보핵산 또는 DNA라고 부르는 물질, 즉 뉴클레인이었다. 오늘날 그 논문은 DNA가 유전의 단위임을 밝힌 최초의 논문으로 인정받고 있다. "누가 그것을 상상이나 했겠어?" 에이버리는 동생에게 이렇게 자랑했다.

사실 아무도 예측하지 못했고, 또 믿지도 않았다. 그 발견은 상식에 어긋나는 것이었기 때문이다. 많은 과학자들이 멍청하고 단백질에 비해 화학적으로 따분하기 그지없는 것으로 간주한 DNA가 어떻게 그 무궁무진해 보이는 유전 형질의 다양성을 설명할 수 있단 말인가? 많은 이들은 그 생각을 부정했지만 일부는 이에 관심을 가지게 되었다. DNA를 더 자세히 들여다 보면 유전은 어떻게 작동하는 것이냐는 오랫동안 풀리지 않았던 또 다른 질문에 답할 수 있게 될 것이다.

그 미스터리에 도움을 주는 실마리는 몇 해 앞선 1941년에 제시되었다. 미국 유전학자 조지 비들(George Beadle, 1903~1989)과 에드워드 테이텀(Edward Tatum, 1909~1975)은 유전자가 단백질로 이루어진 것이 아니며, 오히려 단백질을 만들어낸다는 이론을 제시했다. 사실 그들의 연구는 아치발드 개로드가 40년 전 검은색 소변 연구를 통해 유전자의 역할은 단백질의 한 가지인 효소를 만드는 것이라고 주장했던 것을 입증한 것이었다. 일반적으로 언급되던 한 가지 유전자가 한 가지 단백질을 만든다는 사실을 증명한 셈이기도 했다.

그러나 가장 관심을 끌 만한 단서는 1950년에 등장했다. 과학자들은 몇 해 동안 DNA는 염기라고 불리는 아데닌, 티아민, 사이토신, 구아닌 등 네 가지 성분으로 이루어져 있다고 믿었다. 사실 DNA 안에서 이 성분들이 단순히 반복되기 때문에 과학자들은 DNA를 멍청하다고 여기게 되었다. 즉 그들이 생각하기에 DNA는 유전의 역할을 담당하기에는 너무 단순했던 것이다. 그러나 에이버리, 맥로드, 맥카티의 논문이 1944년에 발표되었을 때 컬럼비아 대학의 생화학자 어윈 샤가프(Erwin Chargaff, 1905~2002)는 이렇게 생각했다. "생물학에서 한 가지 새로운 문법이 등장했다. … 새로운 언어로 쓰인 교과서가 탄생한 것이다. … 그것이 아니라면 새로운 사실을 찾아낼 수 있는 지침이 마련되었다." 그는 위험을 무릅쓰고 그 수수께끼 같은 책을 받아들였다. 샤가프는 "나는 이 새로운 교과서를 연구하기로 결심했다."라고 회고했다.

1949년 샤가프는 DNA를 분석하기 위한 선구적인 실험 기술을 도입하여 한 가지 특이한 단서를 찾아냈다. 모든 생물체는 그 네 가지 염기의 양이 각각 다르지만 한 가지 유사성을 나타냈다. 즉 그들 생물체의 DNA 안에 있는 아데닌(A)과 티아민(T)의 양은 항상 똑같으며, 사이토신(C)과 구아닌(G)의 양도 항상 같다는 사실이었다. 이 흥미로운 A와 T, 그리고 C와 G의 1대 1 관계가 무엇을 의미하는지 아직 불분명했지만 한 가지 점에서는 확실히 큰 의미를 가졌다. 그것은 모든 생물체에서 네 가지 염기가 아무런 변형 없이 그저 단조롭게 반복된다는 사실이 확인된 것이다. 그리고 이 1대 1 짝 구조의 발견으로 DNA가 그렇게 멍청하지 않다는 사실이 드러났다. 비록 샤가프는 자신이 발견한 사실의 중요성을 충분히 깨닫지 못했지만 그것은 유전은 어떻게 이루어지는지에 대한 발견이라는 다음번 이정표로 이어졌다.

이정표 8

어린이 장난감 같은 마침내 DNA와 유전의 비밀이 풀리다

1895년 빌헬름 뢴트겐은 세상을 깜짝 놀라게 했다. 뢴트겐은 자기 부인의 손뼈가 드러난, 세계 최초의 엑스선 사진을 공개함으로써 의학 분야에 혁신을 가져왔다. 55년 뒤 엑스선 사진은 다시 한 번 세상을 놀라게 하면서 의학계에 또 한 차례 혁신을 촉발시켰다. 사실 DNA의 엑스선 이미지는 인간의 손보다는 덜 드라마틱했다. 그 사진은 유전의 골격이라기보다는 연못에 던진 조약돌에서 생겨난 잔물결에 더 가까웠다. 그러나 어렵게만 보였던 DNA의 이중나선 구조가 막스 델브뤽(Max Delbrück, 1906~1981)이 구멍가게에서 살 수 있는 어린이 장난감에 비유한 빙글빙글 돌아가는 계단형 구조로 해석되자 오래된 미스터리는 사람이 다룰 수 있는 것이 되었다.

1951년 5월, 영국 카벤디쉬 연구소의 대학원생 제임스 왓슨(James Watson, 1928~)에게 매우 놀라운 일이 일어났다. 그는 이탈리아 나폴리에서 열린 콘퍼런스에 참석 중이었다. 왓슨은 런던 킹스 칼리지에 근무하는 뉴질랜드 태생의 영국 분자생물학자 모리스 윌킨스(Maurice Wilkins, 1916~2004)의 강연을 듣고 있었다. 윌킨스가 청중에게 보여준 DNA의 엑스선 이미지를 보는 순간 왓슨의 머리를 번쩍 스쳐 지나가는 무엇인가가 있었다. 비록 이미지상의 흐릿한 회색과 검은색 선 구조가 너무 거칠어서 DNA 구조는 제대로 보이지 않고, 더욱이 유전상의 역할을 파악하기에는 분명하지 않았지만 그것은 왓슨에게 DNA 분자가 어떻게 배열될 수 있을지에 대한 힌트를 제공했다. 그리고 오래 지나지 않아 왓슨은 DNA가 나선형으로 이루어져 있을 것이라는 가설을 제안했다. 하지만 킹스 칼리지의 또 다른 연구자 로잘린드 프랭클린(Rosalind Franklin, 1920~1958)이 DNA가 두 개의 다른 형태로 존재할 수 있다는 사실을 보여주는 더 정밀한 이미지를 만들어냈고 결국 정말 DNA가 한 개의 나선 구조인지에 대한 논쟁이 벌어지게 된다.

그 무렵 왓슨과 그의 동료 연구자 프란시스 크릭(Francis Crick, 1916~2004)은 약 2년 동안 그 문제를 연구하고 있었다. 다른 과학자들이 얻은 증거들을 토대로 그들은 DNA 성분들을 종이로 오려 붙이며 DNA 분자의 구조 모형을 만들었다. 1953년 초 그 구조의 수수께끼를 푸는 최초의 인물이 되기 위한 경쟁이 시작되었을 무렵 왓슨은 마침 킹스 칼리지를 방문했다. 그때 윌킨스는 왓슨에게 프랭클린이 최근에 만든 명확한 나선 구조를 나타내는 엑스선 이미지를 보여주었다. 이 새로운 정보를 가지고 카벤디쉬 연구소에 돌아온 왓슨은 크릭과 함께 DNA 모형을 재구성했다. 얼마 지나지 않아 크릭은 번뜩이는 아이디어를 내놓았고, 1953년 2월 말 모든 퍼즐 조각이 제자리를 찾았다. DNA 분자는 이른바 '등뼈'라고 불리는 끝이 없는 나선형 계단인 이중나선 구조를 이루고 있었다. 이 가운데 프리드리히 미셔가 1869년에 처음 발견했던 인燐 분자는 두 가닥의 난간을 이루면서, 샤가프가 설명했던 염기의 짝(A, T와 C, G)은 그 난간 사이를 연결하는 '발판'을 형성했다.

1953년 4월 크릭과 왓슨은 자신들이 연구한 이중나선 모델을 발표하여 놀라운 성공을 거둔다. 이중나선 모델은 DNA의 구조를 규명했을 뿐만 아니라 DNA가 어떻게 작동하는지도 설명할 수 있었기 때문이었다. 예를 들어 유전자가 정확히 무엇이냐고 묻는다면, 그 새로운 모델을 바탕으로 유전자는 이중나선 구조 안에 있는 염기 짝의 특수한 서열이라고 설명할 수 있었다. 또 DNA의 나선 구조가 매우 길다는 점을 통해 유전형질을 포함한 생물체의 원자재를 만드는 데 필요한 많은 유전자를 설명할 수 있었다. 또한 그 모델은 A, T와 C, G 서열이 어떻게 실제로 단백질을 만들 수 있는지도 설명해 주었다. 이중나선이 풀려 두 개의 염기가 결합한 지점에서 분리되면 노출된 염기는 그 세포가 새로운 단백질을 만들거나 새로운 염색체를 만드는 데 주형으로 작용할 수 있다.

비록 크릭과 왓슨은 자신들의 논문에 이러한 세부적인 내용까지 구체적으로 기술하지는 않았지만 그들은 새 모델의 의미를 이렇게 표현했다. "우리가 상정했던 염기의 짝 구조가 유전물질의 가능한 복제 기전을 제시한 것은 우리가 생각하고 있던 것을 벗어나지 않았다." 후속 논문에서 그들은 다음과 같이 덧붙였다. "그러므로 염기의 특정 서열이 유전정보를 전달하는 부호인 것처럼 보였다."

이 이야기와는 상관이 없는 비화지만, 전해지는 바에 따르면 정식으로 발표하기 몇 달 앞서 크릭은 선술집에 들어가서는 자신과 왓슨이 생명의 신비를 발견했노라고 외치며 자신들의 발견을 자랑했다고 한다.

이정표 9

위대한 재계산 인간은 얼마나 많은 염색체를 가지고 있는가?

크릭과 왓슨이 DNA의 구조를 밝혀낸 1953년 이전에도 인간 세포 안에 몇 개의 염색체가 있는지는 알려져 있었다. 월터 플레밍이 1882년 최초로 이를 언급했는데 그는 염색체는 DNA가 서로 감기고, 말리고, 싸여 있는 몇 개의 쌍으로 된 구조물이라고 말했다. 그 다음 몇십 년 동안 사람들이 염색체를 직접 관찰했지만 기술적 한계 때문에 세밀한 관찰이나 염색체 수를 세기는 쉽지 않았다. 1920년대 초에는 유전학자 토마스 페인터Thomas Painter가 앞으로 세상에 널리 받아들여질 것이라고 확신하면서 염색체의 수가 48개라고 주장했다.

이쯤에서 당신은 48이라는 숫자에 의문을 가지게 될 것이다. 30년 뒤인 1955년이 되어서야 인도네시아 태생의 과학자 조힌 치오(Joe-Hin Tjio, 1916~2001)가 인간 세포에는 46개의 염색체(23쌍)가 있다는 사실을 발견하게 된다. 1956년 발표된 그 발견은 염색체를 분리하고 그것들을 쉽게 셀 수 있도록 하는 기술 덕분에 가능했다. 그러한 기술적 발전으로 염색체의 정확한 수를 알아냈을 뿐 아니라 의학 분야에서 세포유전학의 역할이 확실하게 정립되었다. 또 그 기술은 그 뒤 지속적으로 특정 질병과 비정상 염색체 사이의 관계를 규명하는 데도 활용되었다.

이정표 10

암호를 해독하다 생명의 글자와 단어부터 문헌에 이르기까지

크릭과 왓슨은 1953년 생명에 관한 중대한 비밀을 밝혀냈지만 세포가 DNA 나선 안의 짝으로 된 염기 발판을 어떻게 단백질을 만드는 데 이용하느냐라는 또 한 가지 미스터리는 여전히 남아 있었다. 1950년대 후반 과학자들은 어떻게 RNA분자들이 세포 안에 떠돌아다니는 물질들로 단백질을 만들어내는지를 포함한 DNA와 관련된 장치의 일부를 발견했다. 그러나 유전자 암호를 밝혀내고 DNA가 단백질을 만들어내는 언어를 해독하기까지는 2년이 더 필요했다.

1961년 8월 미국의 생화학자 마샬 니렌버그(Marshall Nirenberg, 1927~2010)와 그의 동료 하인리히 마테이(J. Heinrich Matthaei, 1929~)는 DNA 언어에서 최초로 알아낸 단어를 발표했다. 그것은 단 세 문자로 구성되어 있었다. 각 문자는 특수한 명령에 의해 열거된 네 가지 염기 가운데 하나로 구성되어 있었으며 단백질을 만들어낼 수 있게 암호화되어 있었다. 1966년 니렌버그는 이른바 코돈이라 불리는 60개가 넘는 단어를 해독해 냈고, 마침내 유전자 암호는 해독되었다. 단어는 세 문자로 이루어져 있었는데 이 단어들은 각각 단백질을 구성하는 벽돌 역할을 하는 20개의 주요 아미노산을 지칭하는 것이었다. 즉 모든 생명체에서 발견되는 수많은 생물학적 물질들이 이렇게 단백질 문장에서 시작해 생명의 이야기로 만들어지는 것이다.

1961년 말 '생명의 암호'가 해독되었다는 소식은 전 세계로 퍼졌다. 대중의 반응은 예상을 훨씬 뛰어넘었다. 〈시카고 선 타임즈〉에 실린 한 기사는 "과학이 암, 노화, 근육 위축을 일으키는 DNA 배열의 고장을 고칠 수 있을 것"이라며 새로운 소식을 매우 낙관적으로 보도했다. 반면 화학 분야의 노벨상 수상자 한 사람은 그 새로운 지식이 새로운 질병을 만들어내고 또 인간 정신을 조작하는 데 사용될 수 있다고 경고했다.

당시 니렌버그는 그 모든 이야기를 듣고 있었다. 그는 1962년 프란시스 크릭에게 쓴 편지에서 그러한 기사에 대해 무덤덤하게 언급했다.

"신문들은 내 작업이 다음과 같은 결과를 초래할 수 있다고 말하더군요. 첫째, 암 그리고 그 밖의 질병들이 치료될 것이다. 둘째, 오히려 암의 원인이 되거나 인류의 종말을 가져올 것이다. 그리고 셋째, 하느님의 분자 구조에 대해 더 풍부한 지식을 가져다줄 것이다."

하지만 니렌버그는 구약성경에 빗댄 유머로 이 모든 것을 받아넘겼다.

"그래, 이 모든 것이 하루 만에 이루어진 것이지."

마침내 수천 년 동안의 추측과 오해 그리고 미신을 뛰어넘어 유전의 비밀과 유전학, 그리고 DNA의 실체가 드러났다. 여러 방면에서 우리가 상상했던 것을 뛰어넘는 획기적인 발전이 이루어졌다. 그 청사진이 우리 앞에 놓이면서 몸속에 놓여 있는 배선 장치의 분자적 세부 사항들이 속속들이 드러났다. 인류는 생명체와 자기 자신에 대한 사고방식을, 모든 것에 대한 해답이 DNA의 미세한 코일 안에 숨겨져 있다며 모든 면에서 바꾸었고 우려하는 방식 또한 바꾸었다. 나와 우리 가족의 특성, 건강과 질병의 원인들, 심지어 선과 악, 신과 우주의 궁극적 기원까지 모두 DNA 속에 들어 있다고 여기게 되었다.

여전히 우리가 그것에 대하여 완벽하게 아는 것은 아니다. 그리고 현재 우리가 알고 있듯이 DNA는 예상했던 것보다 훨씬 복잡하다는 사실이 밝혀졌다.

유전자 암호가 만물 공통어라는 발견은 명백한 사실이고, 또 그것은 우리의 사고방식을 완전히 바꾸어 놓았다. 유전자가 유전 형질, 건강, 그리고 질병에 어떻게 영향을 끼치는지를 생각할 때 한 가지 근본적인 사실은 그런 유전적 기계가 모든 생명체에 담겨 있다는 것이다. 그것의 중요성을 앞으로도 충분히 이해할 수 없을지 모르지만 그것은 어떤 면에서 생명을 통합하는 기초다.

50년 뒤 아직도 끝나지 않은 많은 이정표와 미스터리

유전자 암호가 해독되고 50년이 지난 뒤, 재미있는 일이 의학의 10대 혁신 가운데 하나인 유전학 분야에서 벌어지고 있다. 유전학이 아직 종착점에 이르지 않은 것이다. 1960년대 초 이래 새로운 발견이 파도처럼 계속 이어져 왔다. 각각의 발견은 진행 중인 혁명의 해안선을 다시 만들었다. 이제 최근에 이루어진 몇 가지 이정표를 살펴보자.

- 1969년: 최초의 개별 유전자 분리(당 대사에 도움을 주는 박테리아 DNA의 한 조각)
- 1973년: 유전공학의 탄생(개구리 DNA 조각을 그것의 복제 장소인 박테리아 세포 안에 삽입)

- 1984년: 유전자 지문의 발견(식별을 위한 DNA 서열의 사용)
- 1986년: 최초로 공인된 유전공학적으로 만들어진 백신(B형 간염)
- 1990년: 최초의 유전자 치료
- 1995년: 단세포 생물의 DNA 해독(인플루엔자 박테리아)
- 1998년: 다세포 생물의 DNA 해독(회충)
- 2000년: 인간 DNA의 해독(초안이 2003년에 완성됨)

서기 2000년, 인간 게놈 프로젝트에 참여한 연구자들은 인간 게놈의 해독 결과를 발표했다. 그것은 유전학의 새로운 시대를 여는 것으로, 생물학과 의학 분야에 광범위한 혁신을 일으킬 기반을 형성했다. 오늘날 이 프로젝트와 전 세계의 연구자들에게서 나온 연구 결과들은 유전자와 질병 사이의 새로운 연관성을 밝혀내고 있다. 또 그것은 의학적 진단과 치료에 혁명을 가져올 것으로 기대되며, 인류의 조상과 진화에 대해서도 새로운 시각을 제시하고 있다.

1865년 유전 인자가 무엇인지 상상조차 하지 못했던 그레고르 멘델은 분명히 경악할 것이다. 우리는 이제 인간이 2만 5천 개의 유전자를 가지고 있다는 사실을 알게 되었고, 흔히 실험용으로 사용하는 쥐(2만 5천 개), 겨자(2만 5천 개), 회충(1만 9천 개)을 비롯한 매우 단순한 생명체들과 유전자 수를 비교하기도 한다. 어떻게 쥐나 겨자가 인간만큼 유전자가 많을 수 있을까? 과학자들은 한 개체의 복잡성은 단순히 유전자의 수에서 비롯되는 것이 아니라 서로 다른 유전자가 상호작용하는 복잡한 방식에 의해 결정된다고 생각하게 되었다. 최근에 알려진 또 한 가지 놀라운 사실은 유전자가 인간 게놈의 2%만을 차지하고 있다는 것이다. 게놈의 나머지 성분은 아마도 구조적인 역할이나 조절자의 역할을 하는 것으로 추정된다. 그리고 새로운 발견은 새로운 미스터리를 낳았다. 우리는 여전히 인간 유전자의 50%가 무엇을 하는지 모른다. 그리고 인간은 놀라울 만큼 다양한데도 불구하고 어떻게 모든 인간의 DNA가 99.9%나 동일한지 그 이유 역시 알지 못한다.

하지만 그런 질문들에 대한 대답이 우리가 조상들로부터 물려받은 DNA를 넘어 우리를 더 넓은 세상으로 인도하리라는 점만은 분명하다. 사람들은 유전만 가지고는 우리의 독특한 형질이나 질병에 대한 공포심을 설명할 수 없다는 사실을 오래 전부터 생각해 왔다. 그리고 이제 새로운 발견들이 우리를 만들어내는 데 유전자와 환경은 어떻게 상호작용을 하느냐라는 가장 큰 미스터리 가운데 하나에 빛을 비추고 있다.

단염기 다형성 Single Necleotide Polymorphism, SNP**의 비밀 그리고 유전검사의 약속**

우리 대부분은 그것이 구체적으로 무엇이든 유전자를 이루는 화학염기가 31억 쌍이나 된다고 생각하지 못한다. 더욱이 세포 속에서 DNA를 구성하는 화학 염기를 상상하기란 대단히 어려운 일이다. 그렇다면 대신 세포 밖의 세계로 옮겨 31억 쌍의 신발을 상상해보자. 그리고 다시 그 두 배인 60억 개의 신발을 그려보자. 60억이라는 숫자는 인간 게놈 안에 있는 개별 염기의 합계다. 과학자들은 그것을 뉴클레오타이드라고 부른다. 각각의 뉴클레오타이드가 하찮게 보일 수 있겠지만 단 한 개의 뉴클레오타이드가 변화하더라도 인간 형질과 질병에 중대한 영향을 줄 수 있다. 이러한 현상을 단염기 다형성SNP이라고 부른다. 만약 수십억 개의 뉴클레오타이드 가운데 한 개의 SNP가 갖는 중요성이 의심스럽다면 겸상적혈구 빈혈이 단 한 가지 SNP로부터 발생한다는 사실을 떠올려 보라. 그리고 낭포성섬유증의 대다수는 3개의 뉴클레오타이드 결손 때문에 생긴다는 사실도 떠올려 보라. 2008년까지 연구자들은 인간 게놈에서 140만 가지의 SNP를 밝혀냈다. 그렇다면 무엇이 우리 DNA에 이런 작지만 의미가 큰 변화를 일으키는 걸까? 가능성이 높다고 생각되는 것으로는 환경성 독소, 바이러스, 방사선, DNA 복제 결함 등이 있다.

좋은 소식은 SNP를 확인하기 위한 최근의 노력을 통해 질병의 원인을 밝힐 뿐만 아니라 광범위하게 쓰일 수 있는 염색체 랜드마크를 만들 수 있다는 것이다. 2005년에 연구자들은 인간의 DNA를 분석하는 프로젝트의 첫 번째 단계를 완수했고, 50만 가지 또는 더 많은 SNP를 토대로 그런 랜드마크의 지도를 만들었다. 이 정보는 이제 작은 유전적 변이와 특수한 질병 사이의 연관성을 보여주고 있으며, 나아가 진단과 치료에 새로운 접근법을 제시하고 있다. 예를 들어 약물유전체학이 발전함에 따라 의사는 환자 개인의 유전적 구성에 기초하여 그 환자에게 맞는 치료방법을 결정하기 위해 그와 같은 정보를 사용할 수 있다. 최근의 구체적인 예로는 특정한 약에 잘 반응하는 유방암 유형을 확진하거나 쿠마딘 같은 항응고제 치료를 받는 경우에 위험한 부작용을 나타낼 수 있는 환자를 발견하기 위해서 시행하는 유전자 검사를 들 수 있을 것이다.

SNP 현상은 우리가 유전자와 환경에 각각 얼마나 영향을 받는지와 같이 오래된 질문에 대한 식견도 제시해 주고 있다. 실제로 그것은 점점 분명해지고 있는데 당뇨병이나 암, 심장병과 같은 여러 가지 흔한 질병이 유전자와 환경 양쪽의 복잡한 상호작용에 의해 발생하는 것으로 생각된다. 후성유전학이라는 비교적 새로운 분야에서 과학자들은 두 가지가 만나서 만들어내는 것일지 모르는 치명적인 상황을 관찰하고 있다. 즉, 환경성 독소 노출과 같은 외적인 요인이 어떻게 개인의 SNP에 영향을 줄 수 있는지, 그리고 질병에 대한 반응도에 어떻게 영향을 미칠 수 있는지 등을 관찰하는 것이다.

연구자들은 안타깝게도 SNP의 역할과 질병 사이의 관계를 파악하는 것이 매우 복잡한 일이라는 사실을 알아가는 중이다. HapMap 프로젝트에 관한 좋은 소식은 연구자들이 제2형(성인형) 당뇨병, 크론병, 류마티스 관절염, 고지혈증, 그리고 다발성 경화증 등을 포함하여 이미 40가지 이상의 질병의 위험도와 관련된 유전적 변이를 밝혔다는 사실이다. 나쁜 소식은 많은 질병과 형질들이 너무 많은 SNP와 연관되어 있어서 어떤 특정한 변이가 가지는 의미를 측정하기 어렵다는 점이다. 최근의 한 조사에 따르면 사람들 키 차이의 80%는 이론적으로 따졌을 때 9만3,000개나 되는 SNP의 영향을 받는다. 2009년 데이비드 B. 골드스타인David B. Goldstein은 〈뉴잉글랜드 의학저널〉에 다음과 같이 썼다. 만약 한 가지 질병에 대한 위험도가 각각 미미한 효과를 나타내는 수많은 SNP와 관련이 있다면 "그것은 어떤 지침도 제공할 수 없을 것이다. 모든 것을 지적함으로써 유전학은 아무것도 지적하지 않게 될 것이다."

많은 사람들이 최신식 유전검사를 받으려 하며 질병에 대한 위험도를 알고 싶어 하는 것에 대해 피터 크래프트Peter Kraft와 데이비드 J. 헌터David J. Hunter는 〈뉴잉글랜드 의학저널〉의 같은 호에서 각각 다음과 같이 경고했다. "우리는 여전히 대부분 검사의 발견 주기가 너무 짧아서 많은 질환의 유전적 위험도에 대해 안정적인 측정을 할 수 없다."

하지만 그들은 다음과 같이 희망적인 관측도 덧붙였다.

"빠른 발전이 이루어지는 중이다. 그리고 2, 3년 뒤 상황은 크게 달라질 수 있다." 그리고 더 좋은 검사가 가능해짐에 따라 "의사들이 환자에게 조언하는 데 도움이 될 수 있는 적절한 가이드라인이 시급히 필요하다. 그 검사 결과들을 어떻게 해석해야 하는지, 아울러 언제 실시해야 하는지와 같은 가이드라인 말이다."

우리는 알아낼 것이다 유전자 치료의 약속

어떤 사람들에게 있어 1990년은 유전학과 의학 분야에 있어 획기적인 해였다. 그 해 미국 보건연구원 소속의 프렌치 앤더슨W. French Anderson과 그의 동료들은 최초로 성공적인 유전자 치료를 시행했다. 치료 대상자는 ADA라고 불리는 효소를 생산하는 유전자의 결함으로 발생하는 면역결핍질환을 앓고 있는 소녀였다. 소녀에게 행한 치료법은 교정한 ADA 유전자를 혼합한 백혈구를 환자 몸속에 주입하는 것이었다. 치료 결과는 희망적일 것으로 예측되었으며, 그에 따라 비슷한 수백 건의 임상 시험을 하는 원동력이 되었지만 십 년 뒤에 살펴본 결과 유전자 치료가 제대로 이루어지지 않았다는 사실이 명백해졌다. 이것은 1999년에 또 다른 시련을 겪어야 했다. 18세의 제시 겔싱어Jesse Gelsinger는 생명이 위태롭지 않은 상태에서 유전자 치료를 받았지만 그 치료는 며칠 뒤 겔싱어를 죽음으로 몰고 갔다. 유전자 치료의 전망은 최악으로 치닫는 듯 보였다. 하지만 겔싱어의 상태를 보며 흔들렸던 의사는 그가 죽음을 맞이하는 순간 겔싱어의 침대 옆에서 이렇게 말했다고 한다. "잘 가라, 제시, 우리는 언젠가 알아내고야 말 거야."

10년 뒤 과학자들은 그것에 대해 알아내기 시작했다. 유전자 치료를 향한 도전이 이루어지는 동안 많은 이들은 곧 그 기술이 혈액 질환, 근 위축, 신경 위축 질환을 포함해 많은 유전 질환을 치료하는 데 사용될 수 있다고 믿었다. 두 가지 중요한 이슈가 있었는데, 하나는 교정된 유전자를 어떻게 안전하게 몸속으로 넣어줄 수 있는가 하는 것이었고, 다른 하나는 환자의 몸이 그것을 받아들여 활용할 수 있는가 하는 것이었다. 최근의 발전으로 유전적 시각 장애, 에이즈 그리고 류마티스 관절염에서 어느 정도 성공을 보이고 있다. 그리고 2009년에 연구자들은 ADA 결핍 유전자에 대한 유전자 치료를 받은 10명 가운데 8명이 지속적으로 좋은 결과를 보이고 있음을 보고했다. 도날드 B. 콘Donald B. Kohn과 파비오 칸도티Fabio Candotti는 2009년 〈뉴잉글랜드 의학저널〉 편집자란에 다음과 같이 썼다. "더 광범위한 활용을 통해 유전자 치료의 지속적인 발전 가능성은 크다. 그리고 유전자 치료가 20년 전에 했던 약속을 곧 이행할 수 있을 것이다."

달리 말해 유전학은 많은 점에서 성공을 거두어 왔고 앞으로도 그럴 것이다. 매우 많은 분야에서 이중나선이 풀리고 있고 과학, 사회, 의학의 많은 영역에 영향을 끼치는 발견들이 나타나고 있기 때문에 우리는 참고 기다릴 수 있다. 벽에 걸린 에티오피아인의 초상화를 오래 쳐다본 여성을 히포크라테스가 용서한 것처럼, 수천 개의 완두콩 형질을 오랜 인내심으로 기록하고 정리한 멘델처럼, 과거 150년 동안 수많은 연구자들의 기념비적 연구가 이루어져 온 것처럼 우리는 참을 수 있다. 그것은 기나긴 여정이었다. 지칠 법도 했지만 우리는 그 머나먼 길을 꾸준히 걸어왔다.

1800년대 초까지 많은 과학자들이 2000여 년 전의 히포크라테스처럼 모성 각인은 엄마가 형질을 자기 아기에게 어떻게 전해주는지 알려주는 합리적인 설명이라고 믿었다. 어찌 되었든 임산부가 목격한 충격적 장면은 신경계의 작은 연결망을 통해 태아에게 전해졌다. 그것은 1900년대 초에 해부학과 생리학, 유전학이 발달하며 달리 설명할 수 있게 되었고, 모성 각인 이론은 대부분 의사들에 의해 폐기되었다.

그러나 모두는 아니었다. 1900년대 초 한 임신한 여성의 아들이 짐수레에 부딪쳐 심하게 다쳤다. 그 아이는 병원으로 옮겨졌는데 그곳에서 엄마는 의사가 자기 아들의 피가 흐르는 두피를 꿰매는 끔찍한 장면을 보게 되었다. 7개월 뒤 그녀는 이상한 특성을 가진 딸을 낳았다. 그 아기는 오빠가 상처를 입은 것과 정확히 똑같은 두피 부위에 똑같은 크기만큼 머리카락이 나지 않았다.

이 이야기는 다른 50가지의 모성 각인 보고와 함께 〈과학탐구저널 Journal of Scientific Exploration〉 1992년 호에 실렸다. 저자인 버지니아 의과대학 의사 이언 스티븐슨Ian Stevenson은 유전학에 대해 전혀 언급하지 않았으며, 아무런 과학적 설명도 덧붙이지 않았다. 그리고 다음과 같이 썼다. "나는 의심하지 않는다. 많은 여성이 임신 기간 동안 끔찍한 일을 당하지만 자식에게 나쁜 영향이 미치지 않았다는 사실을."

그럼에도 자신의 분석을 토대로 스티븐슨은 다음과 같이 결론지었다. "드물긴 하지만 모성 각인은 실제로 잉태한 아기에게 영향을 미치고 결손을 초래하기도 한다."

유전자, 뉴클레오타이드, 그리고 SNP까지 등장한 이 멋진 신세계에서 신체 형질의 유전에 아무런 역할도 하지 않는 그런 미스터리를 묵살

하기란 쉬운 일이지만 DNA가 발견된 지 아직 75년밖에 되지 않았다는 사실도 덧붙여야겠다.

9장

마음을 치료하는 의학

광기, 슬픔, 그리고 공포에 대한 약의 발견

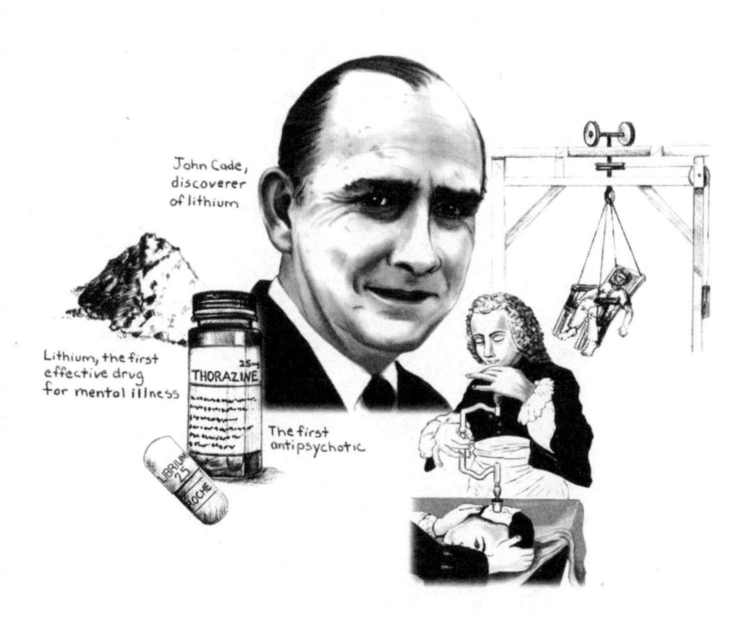

1948년 3월 29일 WB는 리튬 치료를 받은 역사상 최초의 조증 환자가 되었다. WB는 리튬을 투여 받은 뒤 즉시 차분해졌다. 그리고 몇 주 뒤 케이드는 "그 환자는 놀라울 만큼 호전되었고 이제 꽤 정상인 듯 보입니다. 이전과 달리 상냥하고 쾌활하고 조용한 사람이 되었습니다."라는 놀라운 보고를 받게 된다. 두 달 뒤 WB는 5년 만에 처음으로 병원을 떠났다. 그리고는 곧 예전 직업으로 돌아가 정상적으로 생활할 수 있게 되었다.

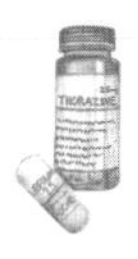

2008년 2월의 어느 추운 아침, 검은 모자에 트렌치코트를 입고 스니커즈 운동화를 신은 39세의 한 남성이 얼음비를 피해 뉴욕 센트럴파크에서 동쪽으로 몇 블록 떨어진 곳에 있는 정신과 의원으로 들어갔다.

검은색 여행 가방 두 개를 들고 계단을 올라 대기실로 들어간 그는 마치 신 내림이라도 받은 듯 제정신이 아닌 상태에서 정신과 의사 켄트 신바크의 주머니를 털 준비를 했다. 사내는 전혀 서두르지 않았다. 의사가 바쁘다는 말에 그는 가방을 옆에 두고 앉아서 30분 동안 다른 환자와 담소를 나누었다.

그 순간 무엇인가가 뒤엉키기 시작했다. 뚜렷한 이유도 없이 갑자기 자리에서 일어나 옆방인 심리치료사 캐스린 포게이의 사무실로 들어갔다. 단도 두 개와 정육용 식칼로 무장한 그는 광분하며 마구잡이로 칼을 휘둘러 댔다. 무방비 상태의 치료사는 사내에게 머리와 얼굴, 가슴을 찔렸다. 옆방에서 들리는 비명 소리에 신바크는 포게이의 사무실로 달려갔지만 포게이는 이미 피로 얼룩진 카펫 위에 차갑게 식어가고 있었다. 살인자는 끔찍한 광경을 목격하고 겁에 질려 도망가는 70세의 정신과 의사에게도 칼을 휘둘렀다. 의사는 사내가 휘두른 칼에 얼굴과 머리, 손을 찔렸다. 그는 의자로 신바크를 벽에 밀어붙여 꼼짝 못하게 하고는 의사의 지갑에서 90달러를 훔쳐 달아났다. 신바크는 다행히 목숨을 건졌지만 환자의 생명을 구하고 생활을 변화시키던 선량한 심리치료사 포게이는 결국 죽고 말았다.

며칠 뒤 경찰은 데이비드 탈로프David Tarloff를 체포하여 살인죄로 구속했다. 수사를 진행하는 과정에서 살인 사건의 기괴한 진상이 하나둘 드러나기 시작했다. 탈로프는 구속될 당시 자기 아버지에게 전화를 걸어 "아버지, 그들은 내가 어떤 여인을 죽였다고 해요. 그들은 무슨 말을 하고 있는 걸까요?"라고 말했다고 한다. 탈로프가 전화를 걸어 했던 당혹스러운 말들의 진위가 밝혀졌을 때, 사람들은 그 증거들이 탈로프의 유죄를 뜻하며 또한 그가 완전히 정신이 나간 상태였다는 사실을 알 수 있었다. 〈뉴욕 타임스〉는 연이어 속보를 내보냈다. 탈로프는 퀸즈 근처에 살았으며, 17년 전인 22세 때 정신분열증 진단을 받았는데 그 진단을 내린 의사가 바로 신바크였다는 것이다. 신바크는 탈로프는 물론 그가 내린 진단에 대해서도 전혀 기억하지 못했다. 탈로프에 따르면 살인이 있던 날 밤 그의 유일한 목적은 신바크의 지갑을 훔치는 것이었고, 안타깝게도 포게이는 그 사이에 끼어 무의미한 죽음을 맞이한 것이다.

그렇다면 왜 탈로프는 갑자기 현금이 필요했을까? 탈로프는 단지 어머니를 요양원에서 모시고 나와 그 지역을 떠나고 싶었다고 말했다. 이

점이 우리가 눈여겨볼 대목이다.

탈로프의 어머니는 근처 요양원에서 지내고 있었다. 어머니에 대한 탈로프의 관심이 건전한 걱정에서 병적인 강박으로 치달은 지는 이미 오래되었다. 그는 어머니를 집착적으로 찾아갔으며, 하루에도 몇 번씩 전화를 했다. 심지어 중환자실에 있는 어머니와 함께 병상에 누워 있는 장면이 발각되기도 했다. 그의 아버지는 탈로프가 정신적으로 문제를 보인 지 오래 되었다고 말했다. 우울증과 불안, 조증과 더불어 그는 하루에 열다섯 번 내지 스무 번씩 샤워를 했고, 하루에도 스무 번 이상의 전화를 걸어 아버지에게 불평을 늘어놓고는 곧바로 죄송하다고 말하는 등 강박장애 증상을 보여 왔다. 그중에서도 가장 충격적인 것은 탈로프가 완전히 현실감각을 잃었음을 보여주는 최근의 증상들이었다. 하느님이 신바크의 지갑을 훔치라는 지시를 내렸다는 환청 외에도 지속된 편집증과 정신착란으로 그는 법정에서 이런 말을 불쑥 내뱉었다고 한다.

"만약 여기에 소방관이나 경찰관이 오든지, 시장이 전화를 하거나 누군가가 전령을 보내더라도 그것은 모두 거짓이다. 경찰은 나를 죽이려 하고 있다."

데이비드 탈로프는 누구이며 어떻게 이 지경이 되었을까? 그를 아는 많은 사람들은 탈로프가 비교적 평범한 유년 시절을 보냈으며 정서적으로도 안정된 젊은이였다고 증언했다. 퀸즈의 한 이웃은 탈로프는 키가 크고 날씬해서 딱 붙는 청바지가 잘 어울리고, 호감 가는 외모를 지녀 늘 인기가 많았다고 기억했다. 그의 아버지 역시 탈로프가 잘생기고 총명했으며 성장 기간 동안 행복한 아이였다고 말했다. 그러나 대학에 가면서 그에게 변화가 생기기 시작했다. 그의 아버지는 어느 날 집에 돌아온 탈로프가 우울하고 가라앉아 보였으며 아무 말도 하지 않았다고 회상했다. 탈로프는 무언가를 보았으며 사람들이 자기를 싫어한다고 생각했다. 그는 두 곳의 대학에서 퇴학을 당했고, 직업을 가질 수도 없었다. 정신분열증 진단을 받은 이후 그는 17년 동안 12차례에 걸쳐 정신병원에 수용되었으며 수없이 많은 항정신병 약을 복용했다. 하지만 그가 상점에서 물건을 훔치거나 돈 때문에 다른 사람들을 종종 괴롭혔음에도 불구하고 이웃들은 그를 두려워하기보다는 불쌍하게 여겼다. 한 가게 점원은 탈로프가 자주 굶는 것처럼 보였고 바지 밑단을 끌고 다녔으며 바지 지퍼가 열려 있는 등 안쓰러워 보였다고 기억했다.

살인 사건이 벌어진 그 해, 탈로프의 정신 상태는 더욱 악화되었던 것 같다. 살인이 일어나기 8개월 전 그는 어머니가 지내고 있는 요양소에 있는 사람들을 모두 죽이겠다고 위협했고, 두 달 뒤 경찰이 제보를 받고 그의 집을 방문했을 때 난폭하게 행동하기도 했다. 그리고 살인사건이 벌어지기 2주일 전에는 요양소의 안전 요원을 공격하기도 했다. 탈로프의 정신 상태는 악화되고 있었고, 그것은 살인 사건 이후에도 계속되었다. 1년 뒤 보호감금 시설에서 재판을 기다리는 동안 그는 자신이 메시아라고 주장하며, DNA 검사를 해보면 스스로를 신이라고 믿는 옆방 수감자의 아들임이 입증될 거라고 말했다. 의사들은 탈로프는 자신에 대한 기소를 이해하지조차 못할 정도라며 안타까워했다.

오늘날의 정신병 가장 무질서하고 종잡을 수 없는 장애

광기, 정신이상, 정신병, 환각, 편집증, 망상, 불일치, 조증, 우울증, 불안, 강박, 충동, 공포증…. 정신병은 종류도 다양하고 이름도 다양하다. 그리고 데이비드 탈로프는 그 모든 증상을 다 가지고 있는 것처럼

보였다. 하지만 한편으로 그는 운이 좋은 편이었다. 의사들이 정신장애를 파악하기 위해 상충되는 논란을 몇 세기 동안 겪은 뒤여서 광기에 대해 이전보다 많은 이해를 하게 되었기 때문이다. 때문에 정신과 의사들은 탈로프에게 급성 망상형 정신분열증이라는 구체적인 진단을 내릴 수 있었다. 하지만 그런 명확한 진단도 두 가지 안타까운 사실을 숨길 수는 없었다. 탈로프가 보이는 그 증상은 다른 많은 정신장애에서도 나타난다. 또한 그는 치료에 실패했고, 결국 그로 인해 죄 없는 한 인간이 잔혹한 살인자가 되었다.

이 두 가지 사실은 정신질환이 정확히 무엇인지, 그리고 정신질환의 원인은 무엇이며 어떻게 진단하고 어떻게 분류하며 그것을 치료하는 가장 좋은 방법은 무엇인지 여전히 모른다는 정신질환에 대한 진실을 보여준다.

그렇다고 그러한 점이 몇 세기 동안 이루어져 온 수많은 발전을 수포로 돌리는 것은 아니다. 정신병은 악마가 씐 것이 아니라 자연적 원인에 기인한다는 고대의 깨달음에서부터 정신질환자들을 잔혹하게 대하지 않고 온정적으로 치료할 때 더욱 호전된다는 18세기 후반의 기념할 만한 자각에 이르기까지 정신과 영역에서는 많은 발전이 있었다. 또한 의학 역사에 혁신을 가져온 10대 업적 가운데 하나로 꼽히는 정신과 치료약의 개발에 이르는 수많은 진보가 있었다. 20세기 중반에는 광기, 슬픔, 공포를 효과적으로 치료할 수 있는 약이 처음으로 개발되기도 했다.

그러나 이러한 발전에도 정신병은 다른 질병에 비해 독특하고 풀기 어려운 과제가 남아 있다. 정신병은 다른 신체적 질환들만큼 큰 장애를 일으키며 인생 전체에 걸쳐 한 개인과 가족들의 삶을 피폐시키며 직업

능력을 상실하게 하고 때로는 자살이라는 치명적인 결과를 낳는다. 그러나 대부분의 질환이 감염과 암 또는 심장질환에 의한 혈관 손상처럼 일반적으로 특정한 원인을 가지고 단서가 되는 흔적을 남기는 반면 정신장애는 대체로 어떤 물리적인 자국을 남기지 않는다. 객관적인 표식이 없고 원인과 결과 사이의 명확한 연관성도 부족하기 때문에 정신병은 실험실 검사를 통해 진단하기도 힘들고, 한 가지 상태와 다른 상태 사이에 명확한 구분을 짓기도 어렵다. 이런 요소들 모두가 치료를 위한 연구를 좌절시키곤 했다.

이런 한계들 때문에 미국에서 정신질환 진단의 바이블로 불리는 '미국정신과의사협회 정신질환 진단 및 통계 편람 제4판DSM-IV'는 주로 기술적 증상에 기초하여 기준을 제시한다. 그러나 데이비드 탈로프나 그 밖의 많은 환자들에게서 볼 수 있듯이 기술적 증상은 주관적일 수 있고 모호하며, 어떤 한 가지 질환에만 국한되지 않는다. 이에 대해서 DSM-IV 기준 역시 다음과 같이 언급하고 있다. "어떤 정의도 한 가지 정신질환에 대해 구체적인 경계를 명확하게 제시하기 어렵다는 사실을 인정할 수밖에 없다."

적어도 정신병에 대한 일반적 정의와 정신병이 얼마나 파괴적인 것인지에 대한 합의는 있다. '정신질환 국제연대NAMI'에 따르면 정신질환은 인간의 생각과 감정, 타인과 관계를 맺는 능력, 그리고 일상생활을 파괴하는 의학적 상태다. 덧붙여 정신질환은 흔히 삶의 일상적 수요를 감당하는 인간의 능력을 감퇴시키며 나이, 인종, 종교, 또는 소득에 상관없이 발생한다. 그리고 정신질환은 개인의 나약함 때문에 발생하는 것이 아니다.

최근의 연구들을 통해 우리는 정신질환이 얼마나 흔하게 발생하고 심각한 것인지를 나타내는 놀라운 통계를 볼 수 있다. 최근 세계보건기구WHO는 세계적으로 4억 5,000만 명이 다양한 정신질환을 앓고 있으며, 해마다 거의 90만 명이 자살을 한다고 발표했다. 2008년 세계보건기구 보고서는 조기 사망 및 장애를 가지고 산 햇수로 정의되는 '질병 부담'이라 불리는 계산을 토대로 우울증을 세계에서 가장 심각한 질환 가운데 네 번째라고 보고했으며, 2030년에는 우울증이 에이즈에 이어 두 번째로 심각한 질병이 될 것이라고 예견했다.

그러나 정신질환의 심각성은 더욱 커져가는 반면 특별한 치료 방안은 없는 실정이다. 정신질환을 이해하고 치료하는 데 가장 큰 장애는 인간의 마음이 흔들릴 수 있는 경우의 수가 지나치게 많다는 점일 것이다. DSM-IV는 정신질환을 2,665가지 카테고리로 나눈다. 인간이 앓는 질환에 대한 세분화가 연구자에게는 도움이 될 수 있겠지만 별로 실용적이지는 않은 것 같다. 2001년 세계보건기구 보고서는 가장 심각한 정신질환은 10대 장애에 올라 있는 정신분열증, 양극성 장애(조울증), 우울증, 불안증 이렇게 네 가지 카테고리로 나눌 수 있다고 밝혔다. 이 네 가지 질환의 식별은 흥미롭다. 왜냐하면 알다시피 의학계의 10대 혁신 가운데 하나가 이와 같은 상태를 개선하기 위한 약의 개발이기 때문이다. 항정신병약, 항조증약, 항우울제, 항불안제 말이다.

광기의 많은 얼굴들 정신질환을 이해하기 위한 초창기의 시도들

그는 자기 옷 속으로 몸을 숨겼다. 그리고 남들이 자신이 있는 곳을 알지 못하게 누웠다. 그의 부인은 그에게 손을 뻗으며 말했다.

"당신의 가슴에서는 열정을 느낄 수 없어요. 그것은 마음의 슬픔 때문이죠."

– 고대 이집트 파피루스, 기원전 1550년 무렵

문명의 태동기부터 우리는 네 가지 주요한 정신질환에 대한 기록을 찾을 수 있다. 우울증에 대한 묘사 외에도 정신분열증 같은 광기에 대한 보고가 많은 고대 문헌에서 발견되는데, 기원전 1400년에 쓰인 힌두교의 베다 경전에는 벌거벗거나 문란하고 자기통제가 부족한 사람들을 악마의 영향을 받은 사람으로 묘사하고 있다. 지나치게 흥분되어 있는 상태에서 우울해지며 가라앉는 상태로 변하는 조울증에 대한 언급도 서기 2세기 에페드루스의 로마인 의사 소라노스Soranos의 기록에서 발견된다. 또한 기원전 4세기에는 아리스토텔레스가 심장의 두근거림, 창백함, 설사 그리고 떨림과 같은 신체적 증상을 거론하며 불안증이 신체를 쇠약하게 만드는 효과에 대해 묘사하기도 했다.

가장 오랫동안 서양에서 정신질환에 대한 지배적인 학설로 자리 잡았던 것은 기원전 4세기부터 서기 1700년대까지 영향을 끼친 히포크라테스의 4체액설로 우리 몸을 이루고 있는 점액, 황담즙, 흑담즙, 혈액 등 네 가지 체액 사이의 균형이 맞지 않을 경우 정신질환이 생길 수 있다는 것이다. 과도한 점액은 사람을 광기로 이끌 수 있고 과도한 황담즙은 조증이나 분노를, 과도한 흑담즙은 우울증을 초래할 수 있다고 생각했다. 히포크라테스는 처음에 편집증, 정신병, 공포증을 분류했지만, 후대의 의사들은 각기 자신만의 독자적인 카테고리를 생각해냈다. 예를 들면 서기 1222년 인도 의사 나자부딘 운하마드Najabuddin Unhammad는 광기와 편집증뿐만 아니라 사랑의 망상까지 포함하여 정신질환을 일곱 가지 타입으로 분류했다.

중세시대에는 놀랄 만큼 단순한 분류가 나타나기도 했는데 영국인 엠마 드 베스톤Emma de Beston의 사례를 통해 그런 모습을 살펴볼 수 있다. 그 시절 정신병은 백치와 미치광이 이렇게 단 두 가지 카테고리로 나뉘었다. 당시의 관습법에 따르면 백치는 정신적으로 불완전하게 태어났기 때문에 백치들이 상속받은 재산은 왕에게 돌아갔다. 반면 미치광이는 일생 동안 분별력을 잃어버린 사람을 뜻하는 만큼 그들의 수입은 가족에게 남겨졌다. 기록에 따르면, 1378년 5월 1일 엠마는 악령에 사로잡혀 갑자기 자신의 물건들을 내다 버리기 시작했다. 1383년 결국 그녀는 가족의 요청으로 법정에 끌려가 정신 상태를 감정 받게 되는데 재판부의 질문에 대한 그녀의 대답은 그녀가 어떤 병을 앓았는지 짐작케 한다. 그녀는 일주일이 며칠인지는 알았지만 요일 이름을 대지는 못했다. 그녀는 자신이 세 명의 남자와 결혼한 것은 알았지만 두 명의 이름밖에 대지 못했으며, 아들의 이름도 말하지 못했다. 그녀는 결국 이와 같은 급성 정신쇠약 증세로 미치광이로 판정받았다. 그것은 아마도 그녀 가족의 잇속을 충족시켰을 것이다.

16, 17세기 무렵 과학혁명의 영향이 커짐에 따라 의사들은 정신질환에 대해 더욱 면밀하게 관찰할 수 있었다. 1602년 스위스 의사 펠릭스 플래터(Felix Platter, 1536~1614)는 정신질환에 대해 언급한 최초의 의학 교과서를 출간했는데, 이 책은 그리스의 체액설과 악마의 주술 두 가지

모두가 정신병에 영향을 미친다고 기술했다. 1621년에는 영국 옥스퍼드 교구 목사이자 사서인 로버트 버튼(Robert Burton, 1577~1640)이 《우울증의 해부The Anatomy of Melancholy》를 출간했다. 우울증에 대해 포괄적으로 다룬 교과서 격인 이 책에서 버튼은 초자연적인 원인을 배격하고 다음과 같이 인간적인 관점을 강조하고 있다. "우울증은 매우 고통스럽고 흔한 질병이다. 나는 몸과 마음을 심하게 피폐시키는 병을 치료하고 예방하는 방법을 알려주는 것보다 내 시간을 더욱 요긴하게 쓸 수는 없다고 생각한다."

버튼은 우울증에 대해서 생생하게 묘사했다. "시도 때도 없이 공포와 슬픔이 일상적인 친구가 되는 만성 질환이다. 이 병은 사람을 멍하고 무겁고 게으르고 힘없게 만들며 그리하여 어떠한 일도 할 수 없는 무기력한 상태로 이르게 한다."

의사들이 다음 두 세기 동안 광기를 이해하기 위해 노력했음에도 불구하고, 초기의 이정표는 1810년이 되어서야 등장한다. 영국 의사 존 하슬럼John Haslam은 정신분열증을 앓고 있는 환자에 대해 명확하게 기술한 최초의 책을 출간했다. 그 책에 등장하는 제임스 틸리 매튜스James Tilly Matthews라는 이름의 환자는 내부의 기계가 자기 인생을 조정하고 자기를 괴롭힌다고 믿었다. 매튜스가 산업혁명 태동기에 살았던 것을 고려하면 그가 가진 망상은 흥미롭다. 하슬럼은 많은 의사들이 느끼던 혼란을 잘 요약했다. 그는 "광기의 형태와 종류가 매우 다양하다. 정확히 정의를 내리는 것이 … 나는 불가능하다고 믿는다."라고 말했다.

그러나 의사들은 포기하지 않았다. 1838년에는 프랑스의 정신과 의사 장 에티안느 도미니크 에스퀴롤(Jean Etienne Dominique Esquirol,

1772~1840)이 정신질환에 대한 최초의 현대적인 논문을 썼다. 그 논문에서 그는 환각이라는 용어를 처음 사용했으며 편집증, 강박증, 조증과 같은 분류도 창안했다.

더불어 1800년대부터 불안이라는 단어가 의학 문헌에 점점 더 자주 등장하기 시작했다. 그때까지 불안은 흔히 우울증, 광기 또는 신체 질환의 한 증상으로 여겨졌다. 사실 불안을 정신질환의 범주 어디에 두는 것이 적절한지에 대한 문제는 다음 두 세기에 걸쳐 많은 변화를 겪었다. 불안신경증은 성적 흥분이 왜곡되는 데서 생긴다는 지그문트 프로이트(Sigmund Freud, 1856~1939)의 1894년 학설에서부터 전쟁 기간에 군인들이 앓는 전쟁신경증이 불안과 관련된 심각한 정신질환이라는 20세기의 깨달음까지 여러 가지 학설이 대두되었다. 비록 미국정신과의사협회APA는 1942년에야 비로소 불안을 정신과 매뉴얼에 포함시켰지만 오늘날 DSM-IV는 그것을 공황장애, 강박, 외상후 스트레스 장애PTSD, 사회공포증, 그리고 그 밖의 다양한 공포증 등 하위 카테고리를 가지는 주요 질환으로 꼽고 있다.

1700년대에 정신과라는 전문 분야가 태어났지만 광기는 거의 19세기 내내 여전히 애매한 문제로 남아 있었다. 그 문제란 폭력적인 분노의 발작에서 경직된 자세와 긴장으로 인한 침묵, 괴이한 망상과 환각, 그리고 들뜬 상태에서 쏟아져 나오는 반복적인 수다에 이르기까지 광기와 정신이상의 증상이 매우 다양할 수 있다는 것이었다. 그러던 1890년대 말 독일의 정신과 의사 에밀 크래펠린(Emil Kraepelin, 1856~1926)이 중요한 발견을 했다. 크래펠린은 수천 명의 정신질환자들의 병이 어떻게 진행되는지를 조사한 뒤 정리하여 광기를 다음과 같이 두 가지 카테고리로 분류해냈다. 1) 조울증: 환자가 조증과 우울증을 반복적으로 겪지만 시간이 지나도 크게 나빠지지는 않는다. 2) 정신분열증: 환자가 환각, 망상, 비현실적인 생각을 할 뿐만 아니라 흔히 청장년기에 증상이 발현하여 시간이 지날수록 점점 나빠진다. 크래펠린은 두 번째 카테고리를 조발성 치매dementia praecox라고 불렀는데, 나중에 환자의 생각과 감정과 행동이 분열되는 현상을 반영하여 정신분열증이란 용어가 채택되었다.(우리나라에서는 최근 조현증調絃症이라는 새로운 병명을 사용하자는 움직임이 일고 있다)

크래펠린이 광기에 대한 두 가지 새로운 카테고리를 발견한 것은 오늘날에도 매우 주요한 이정표가 되고 있으며, 이것은 DSM-IV에도 반영되어 있다. 사실 데이비드 탈로프는 정신분열증의 교과서적인 사례다. 환각과 편집증, 망상과 앞뒤가 맞지 않는 말을 하는 등의 그의 증상은 청년기에 시작되었고 시간이 지날수록 악화되었기 때문이다. 크래펠린의 획기적인 생각은 두 가지 주요한 정신질환 사이의 모호했던 경계를 분명하게 해주었을 뿐만 아니라 정신질환을 치료하기 위한 약의 발견에도 새로운 장을 열어주었다. 그것은 이전 2500년간 사용해 왔던 공포스러운 치료법들을 고려하면 실로 놀라운 발전이었다.

사혈, 추방, 구타 광기를 다스리는 초기의 방식

"미친 사람은 힘이 세고 거칠다 … 그들은 포승과 사슬을 끊을 수 있고 문과 벽을 부술 수 있다. 많은 사람이 그들을 잡기 위해 애쓰지만 그들은 쉽게 도망친다. 그들은 치료보다는 형벌에 의해 더 빠르고 확실하게 조절된다."

– 토마스 윌리스(Thomas Willis, 1621~1675), 1684년 사후 출판된 책에서

정신질환의 치료는 그 치료를 받는 불행한 환자들보다 치료를 제공하는 사람들의 망상을 더 잘 달래준 긴 역사를 가지고 있다. 예를 들어 히포크라테스의 치료는 체액설을 신봉하는 사람들에게는 확실히 의미가 있었지만 과다한 담즙과 점액을 제거하기 위해 사혈이나 구토, 강력한 하제를 사용한 그의 처방은 환자들에게는 달갑지 않았을 것이다. 고대에는 적절한 음식, 음악, 운동과 같은 온건한 방법으로 치료를 하기도 했지만 일부의 치료법은 문자 그대로 위협적이었다. 서기 13세기 인도 의사 나자부딘 운하마드는 뱀, 사자, 코끼리, 산적으로 변장한 사람들을 이용해 환자를 치료했다.

중세에는 정신적으로 아픈 사람들을 돌보는 보호시설들이 등장했는데 경우에 따라 각기 상당히 다른 양상을 띠었다. 긍정적인 경우를 들면, 이슬람교에서는 사회가 기꺼이 정신이상자들을 돌보아야 한다고 가르쳤으며, 그 추종자들은 서기 750년 바그다드, 873년 카이로에 병원과 정신적으로 아픈 사람들을 위한 특별 구역을 만들었다. 반면 유럽에서 가장 유명하고 또 가장 악명 높은 정신병원인 런던의 베들렘Bethlem 병원은 부정적인 경우다. 그 병원은 1400년 무렵 정신질환자들을 수용하기 시작했고, 다음 세기를 거치면서 심각한 정신질환자들로 넘쳐났다. 그곳은 미치광이의 집으로 명성을 얻었고, 단어가 비슷했기 때문에 대중들은 그곳을 '혼란처bedlam'라고 불렀다. 그것은 진정한 혼란의 시작이었다.

1600년대와 1700년대에 베들렘과 같은 유럽의 정신병원에서 정신질환자들에게 가한 감금과 잘못된 치료는 놀라울 정도로 잦았다. 사회는 정신질환자들을 고칠 수 없는 야생동물로 보았고, 사슬로 묶어 주기적으로 구타를 가하는 등 잔인한 처치를 해야 한다고 생각했다. 영국 의사 토마스 윌리스는 사후 발간된 자신의 책에서 "미친 사람은 거의 지치지 않는다. 그들은 감정의 변화 없이 냉기, 열기, 단식, 구타, 외상을 견뎌낸다."라고 썼다.

윌리스의 언급은 아마도 정신분열증과 조증의 극단적인 케이스였을 테지만 대중은 이들을 멀리서 지켜보며 흥미로워했고 즐거워했다. 한때 매해 10만 명에 이르는 사람들이 미친 사람들을 가까이서 보기 위해 1페니의 입장료를 기꺼이 지불해가며 베들렘을 방문했다. 단지 환자들의 시끄러운 괴성과 폭발적인 분노 행동, 그리고 놀라운 근력을 보기 위해 말이다.

한편 정신병원 관리자들은 그들의 환자를 통제하기 위해 치료에 집중했다. 윌리스는 사혈, 구토, 강력한 하제를 가장 적절한 치료법이라 주장했지만 다른 사람들은 미친 사람을 완벽히 통제하는 가장 좋은 방법은 물고문이라고 생각했다. 마침내 그와 관련된 창조적인 치료법이 등장했다. 즉 미친 사람들을 욕조에 빠뜨리기 위해 복도 끝에 숨겨진 통로를 만들고 환자들을 물속으로 들어가게 하는, 뚜껑에 구멍을 뚫은 관을 만들어내기에 이른 것이다. 그러나 아마도 가장 끔찍한 치료법은 환자들을 돌아가면서 물에 빠뜨리는 의자였을 것이다. 조셉 메이슨 콕스Joseph Mason Cox는 1806년에 그것을 다음과 같이 묘사했다. "환자를 의자에 묶어 몇 개의 사슬에 매단다. 병원 관리자는 놀랍도록 정확하게 축을 중심으로 돌린다. 회전 속도의 증가, 빠른 반전, 그리고 급작스런 정지 등을 통해 숙련된 관리자는 간단하게 위와 장, 방광의 배설을 연속적으로 유도할 수 있었다."

정신질환자들에 대한 잘못된 치료는 18세기 내내 계속되다 19세기 직전에 중요한 이정표가 나타났다. 프랑스 의사 필립 피넬(Philippe Pinel, 1745~1826)이 정신이상에 대한 도덕적 치료를 주장하는 운동을 시작한 것이다. 1793년 피넬은 비세트레 병원 남자 정신과 병동의 책임자가 되었다. 1년 뒤 그는 정신질환에 대한 새로운 철학과 치료방법을 발전시켰다. 이것은 환자를 세밀하게 관찰하고 환자의 이야기를 토대로 그들의 질병 과정을 기록하고 정신의학적으로 온정적인 방법으로 접근하는 것이었다. 1794년 그는 유명한 저서 《광기에 대한 기억》에서 이렇게 썼다. "우리가 그 비정상에 대해 적용해야만 하는 행동의 기본 원칙 가운데 한 가지는 친절함과 엄격함을 지혜롭게 조화시키는 것이다."

피넬은 불필요하게 신체적으로 억압하는 것을 강력하게 반대했다. 이어서 1797년에는 비세트레 병원의 한 동료에 의해 비슷한 움직임이 일어났다. 피넬은 잘 알려져 있듯이 여성들을 위한 공공병원인 살페트리에 병원에서 환자들을 해방시켰다. 오늘날 피넬은 프랑스 정신의학의 창시자로 간주된다.

피넬과 그의 동료들에 의해 추진된 도덕적 치료는 1800년대 내내 영향을 미쳤지만 불행히도 그 모델은 결국 실패하고 만다. 환자가 증가함에 따라 정신병원이 커다란 창고로 변하거나 북적대는 수용소가 되었기 때문이다. 19세기 말, 다른 경향이 정신과 영역을 지배하기 시작했다. 신경해부학과 신경생리학이 발전하고 프로이트와 그의 추종자들에 의해 새로운 정신의학적 접근이 이루어졌다. 프로이트의 대화 중심 치료는 미국에 영향을 주었고 그는 현대 심리치료의 핵심적 선구자가 되었다. 하지만 심각한 정신질환에 대해서는 큰 효과가 없었고 생물학적 기반이 부족했기 때문에 프로이트의 방식은 결국 지지를 잃게 된다.

암울한 실패의 시기를 지나 1900년대 초에 이르러 의학계는 정신질환에 대한 새로운 접근을 시작할 준비를 마치고 있었다. 첫 번째 이정표는 경이로운 방법에서 괴이한 방법에 이르기까지 다양한 형태의 의학적 치료에 도달한 것이었다. 그리고 어찌되었건 그것들은 적어도 나름의 역할을 했다.

이정표 1

질병 정신질환에 대한 최초의 의학적 치료

정신이상이라는 질병은 여러 가지 다양한 원인에 의해 발생할 수 있다. 아마도 가장 비참한 원인 가운데 한 가지는 매독일 것이다. 오늘날 매독은 페니실린과 같은 항생제로 간단하게 치료할 수 있지만 1900년대 초까지만 해도 매독은 말기로 진행되는 경우가 많았다. 그 결과 뇌와 신경계를 침범하거나 다른 증상들과 더불어 정신이상을 일으키곤 했다. 오스트리아의 정신과 의사 율리우스 바그너야우레크(Julius Wagner-Jauregg, 1857~1940)는 자신이 30년 동안 생각해 온 아이디어를 가지고 매독으로 인해 발생한 정신질환의 치료법을 연구하기로 결심했다. 그의 아이디어는 다른 질병을 통해 재앙적인 질병인 매독을 치료한다는 것이었다. 여기서 말하는 다른 질병이란 다름 아닌 말라리아였다.

이전까지 그런 생각이 없었던 것은 아니다. 의사들은 오래전부터 정확한 이유는 모르지만 정신질환이 때때로 심각한 열을 앓고 난 뒤에 호전된다는 사실을 알고 있었다. 1917년에 바그너야우레크는 9명의 환자에게 증상도 가볍고 치료도 가능한 형태의 말라리아를 주입 방법으로 감염시켰다. 환자들은 곧 열병을 앓았고 바그너야우레크가 기대 이상의 만족이라고 표현한 부작용이 뒤따랐다. 9명의 환자가 가지고 있던 정신적 증상이 모두 호전된 것이다. 그중 3명은 정신병이 완치되었다. 말라리아를 이용한 치료는 계속해서 행해졌고 의사들은 치료율이 50%까지 된다고 보고했다. 바그너야우레크는 이 발견으로 1927년에 노벨 생리의학상을 수상했다. 그의 치료는 오늘날 쉽게 예방할 수 있는 특정 감염병에 의해 야기되는 정신이상에 국한되는 치료였지만 정신질환을 의학적으로 치료할 수 있음을 처음으로 보여 주었다는 점에서 시사하는 바가 크다.

발작

1927년 폴란드 의사 만프레드 사켈(Manfred Sakel, 1900~1957)은 인슐린이라는 유용한 물질이 과다할 경우 몸에 해롭기도 하고 이롭기도 하다는 사실을 발견했다. 일반적으로 우리 몸은 당을 대사하고 당뇨병을 예방하기 위해 인슐린을 필요로 한다. 사켈은 모르핀에 중독된 어느 여성 환자에게 인슐린을 과량 주입하자, 혼수상태에 빠졌다 얼마 후 호전된 상태로 깨어났다는 사실을 발견했다. 이에 착안하여 그는 비슷한 '실수'가 정신질환을 앓고 있는 환자를 도울 수 있을 거라 생각했다. 그의 생각대로 인슐린을 다량 주입받은 정신분열증 환자들은 혼수상태에 빠지거나 발작을 일으킨 뒤 정신상태가 호전되었다. 1933년 사켈은 자신의 치료법을 보고했다. 그리고 그것은 곧 정신분열증에 대한 최초의 효과적인 의학적 치료로 인정받았다. 10년에 걸쳐 인슐린 쇼크 치료는 전 세계로 퍼졌다. 그리고 그렇게 치료 받은 환자의 60% 이상이 그 방법으로 도움을 받았다고 보고되었다.

사켈이 인슐린으로 실험을 하는 동안 다른 의사들은 또 다른 방법을 시도했다. 의사들은 정신분열증을 가진 환자에게 간질이 드물다는 사실을 관찰했던 것이다. 그리고 간질 환자들의 정신이상 증상은 간질 발작 뒤에 종종 호전되기도 했다. 이것은 의도적으로 발작을 일으키면 정신분열증을 치료할 수 있지 않느냐는 새로운 시도를 낳았다. 1935년 간질과 정신분열증 두 가지 모두를 치료한 경험이 있는 헝가리 의사 라디슬라우스 폰 메두나(Ladislaus von Meduna, 1896~1964)는 정신분열증을 앓고 있던 26명의 환자에게 메트라졸이라는 약을 주입하여 간질 발작을 유도했다. 그 효과가 불안하기는 했지만 그로 인해 얻은 이익은 인상적이었다. 26명의 환자 가운데 10명이 회복되었다. 이어진 연구에서는 정신분열증을 가진 환자의 50%가 호전되었고 일부는 매우 드라마틱하게 완치되기도 했다. 폰 메두나가 1937년 자신의 치료 결과를 보고했을 때, 인슐린 치료는 이미 잘 알려져 있었다. 이제 의사들에게는 선택만이 남았다. 메트라졸은 효과가 빠르고 값도 저렴했지만 경련 발작이 매우 격렬해서 환자의 42%가 척추골절을 입을 정도였다. 반면 인슐린은 조절하기 쉽고 덜 위험했지만 효과가 나타나는 데까지 오랜 시간이 걸렸다. 무엇을 선택할 것인가? 하지만 논쟁은 필요 없게 되었다. 곧 덜 위험하고 더 효과적인 치료법이 이 두 가지 방법을 대체한 것이다.

수술

수술은 원시 시대부터 정신질환을 치료하기 위해 사용되어 온 치료법이다. 원시인들은 머릿속에 들어온 악령을 쫓아내거나 머릿속 압력을 낮추기 위해 두개골에 구멍을 내는 천두술을 행했다. 그러나 현대적 정신외과학은 1936년에야 시작되었다. 포르투갈 의사 에가스 모니스

(Egas Moniz, 1874~1955)가 얼음송곳 같은 기구를 환자의 전두엽에 삽입하여 전두엽과 뇌의 다른 부위 사이의 연결을 끊어내는 수술인 전두엽 절제술을 시행한 것이다. 이 수술은 효과를 인정받아 1935년부터 1955년 사이에 수천 명이 시술을 받았으며, 정신분열증의 표준 치료법이 되었다. 모니스는 이 업적을 인정받아 1949년 노벨상을 수상했지만 결국에는 많은 환자가 도움을 받기보다 오히려 부작용으로 비가역적인 인격 장애를 얻었다는 사실이 밝혀졌다. 1960년 이후 외과적 치료는 부작용을 줄일 수 있는 방법으로 개선되었고, 오늘날 전두엽 절제술은 심각한 정신질환의 경우에만 가끔 쓰이고 있을 뿐이다.

전기 쇼크

1930년대 말 이탈리아의 신경과 의사 우고 첼레티(Ugo Cerletti, 1877~1963)는 인슐린과 메트라졸이 정신분열증 증상을 호전시킬 수 있다는 이야기를 듣고는 다른 사람들과 마찬가지로 깊은 인상을 받았다. 그러나 위험성을 고려할 때 자신의 아이디어가 더 낫다고 생각했다. 간질 전문가인 첼레티는 전기 충격이 발작을 일으킬 수 있다는 사실을 알고 있었다. 그는 이탈리아의 정신과 의사 루치오 비니(Lucio Bini, 1908~1964)와 협력하여 간단한 조작으로 전기 충격을 가할 수 있는 도구를 개발했다. 1938년 동물 실험을 거친 뒤 그들은 망상과 지리멸렬한 사고를 보이는 부랑인에게 새로운 전기충격치료ECT를 시도했다. 그 환자는 단 한 차례 치료를 받은 뒤에 증상이 호전되었고, 11번의 치료를 거친 뒤에는 완전히 회복되었다. 그들은 후속 연구를 통해 ECT가 정신분열증을 개선시킬 수 있다는 사실을 증명했다. 그러나 정신과 의사들은 곧 그것이 우울증과 양극성 장애에 더 효과적이라는 사실을 발견해냈다. 결국 ECT는 메트라졸과 인슐린 치료를 대체하게 되었고, 정신과 영역에서 가장 선호하는 치료법이 되었다. ECT는 오남용 문제 때문에 1950년대 이후 쇠락했지만 그 치료법은 훗날 더 정교하게 발전해 오늘날 난치성 정신질환을 치료하는 데 효과적이고 안전한 방법으로 여겨지고 있다.

이렇게 1940년대에 이르기까지 전에 없던 발열요법, 발작요법, 수술요법, 전기쇼크요법이 심각한 정신질환자들의 증상을 개선하거나 완화시키기 위해 사용되었다. 확실히 신뢰할 수 있거나 고무적인 것만은 아니었지만 연구자들이 더 좋은 치료법을 찾아낼 수 있다는 확신을 갖게 하기에는 충분했다.

이정표 2

조증의 정복 리튬, 병동에서 가장 다루기 어려운 환자를 진정시키다

"그는 잠시도 쉬지 않고 잠도 자지 않는다. 그는 비이성적이며 한 가지 생각에서 다른 생각으로 건너뛰며 말한다. 그는 집중력이 부족해서 생각이 종잡을 수 없다. 또 더럽고 파괴적이며 밤낮으로 떠들어댄다. 그는 최근 며칠 동안 분명히 가족과 이웃들에게 굉장한 골칫거리였다."

– 만성 조증을 가진 환자 'WB'에 대한 증례 보고에서

한 환자의 의무 기록에서 시작해 의학 역사의 흐름을 바꾼 이 증례 보고서는 조증이 환자뿐만 아니라 정신병원 안팎의 사람들에게 얼마나 심각하고 골치 아픈 문제였는지를 잘 보여주고 있다. 이 기록이 쓰여진 당시 WB는 50대였다. WB의 정신질환 병력은 이보다 몇십 년 전으

로 거슬러 올라간다. 그것은 그가 21세이던 1916년 오스트레일리아 군대에 입대한 직후 시작되었다. 1년 뒤 그는 지속적인 흥분 증상으로 병원에 입원을 하게 되었고, 의학적으로 군대에 부적합하다는 판정을 받아 제대하게 된다. 그 후 그는 몇십 년 동안 조증과 울증으로 정신 병원에 여러 차례 입원한다. 그는 조용하고 바르게 행동했지만 때로는 짓궂고 변덕스럽고 수다스럽고 교활하기까지 한 종잡을 수 없는 행동으로 친구와 가족들을 당혹스럽게 했다. 그 중 가장 기억에 남는 에피소드는 그가 파자마만 걸친 채 정신병원을 탈출하여 영화관에 들어가 관객들 앞에서 노래를 부른 1931년의 사건일 것이다.

1948년, 50대에 접어든 WB는 오스트레일리아 멜버른에 있는 분두라 병원에 입원했다. 의료진은 그를 만성 조증으로 진단했으며 가만히 있지 못하고, 더럽고, 파괴적이고, 짓궂고, 비협조적이며 병동에서 가장 골치 아픈 환자로 간주했다. 1948년 3월, 의사 존 케이드(John Frederick Joseph Cade, 1912~1980)는 처음에는 그 약이 부작용을 일으킬 수도 있겠다고 생각해 망설였지만 조증 치료를 위한 새로운 약을 실험할 첫 번째 환자로 WB를 선택한다.

케이드는 조증이란 혈액에 들어 있는 어떤 독성 물질에 의해 야기되는 중독 상태라는 가설을 토대로 치료법을 찾고 있었다. 그리고 그 독성 물질을 소변에서 발견할 수 있을 것이라고 생각했다. 그는 조증을 가진 환자에게서 채취한 소변 샘플을 모아 동물에게 주입했다. 케이드의 예측은 옳았다. 조증 환자에게서 채취한 소변은 건강한 사람의 소변이나 다른 정신질환을 가진 환자들 것보다 독성이 더 강했다. 그는 소변에서 독성을 나타내는 물질을 찾기 시작했다. 그는 곧 요산으로 범위를 좁혔고 요산염 리튬이라는 특수한 형태의 물질을 분리하는 데 성공했다. 그는 그 물질의 효과를 차단하는 방법을 찾으면 조증을 치료할 수 있을 것이라 생각했다. 하지만 놀랍게도 그 복합물질은 그가 기대한 것과 정반대의 효과를 나타냈다. 그는 요산염 리튬이 조증을 치료하는 작용이 있을 것이라고 생각을 바꾸었다. 케이드는 더 정제된 형태인 탄산염 리튬을 만들어 그것을 기니피그에 주입했다. 기니피그에게서 진정 효과를 관찰한 케이드는 용기를 내어 환자에게 자신의 새로운 치료법을 시도했다. 탄산염 리튬의 안전성을 입증하기 위해 자신에게 직접 투약을 해본 뒤 케이드는 리튬을 병원에서 가장 고통을 겪고 있는 조증 환자에게 투여했다.

1948년 3월 29일 WB는 리튬 치료를 받은 역사상 최초의 조증 환자가 되었다. WB는 리튬을 투여 받은 뒤 즉시 차분한 증상을 보이기 시작했다. 그리고 몇 주 뒤 케이드는 "그 환자는 놀라울 만큼 호전되었고 이제 꽤 정상인 듯 보입니다. 이전과 달리 상냥하고 쾌활하고 조용한 사람이 되었습니다."라는 놀라운 보고를 받게 된다. 두 달 뒤 WB는 5년 만에 처음으로 병원을 떠났다. 그리고는 곧 예전 직업으로 돌아가 정상적으로 생활할 수 있게 되었다.

WB 외에 케이드는 조증 환자 9명, 정신분열증 환자 6명, 그리고 우울증을 가진 3명의 환자에게 각각 리튬을 투약했다. 조증을 가진 환자들에게서 리튬의 효과가 유독 탁월했다. 그는 자신의 발견을 다음 해 〈오스트레일리아 의학잡지Medical Journal of Australia〉에 보고했다. 이 보고는 다른 오스트레일리아 연구자들에게 리튬에 대한 연구 과제를 안겨주었으며, 그들은 1950년대에 선구적인 실험들을 수행했다. 리튬은 1970년까지 미국식품의약청FDA의 승인을 받지 못했지만 후속 연구들을 통해 리튬이 사망률과 자살 행동을 현저하게 낮춘다는 사실을 밝혀냈다. 게다가 한 연구는 1970년과 1991년 사이 미국에서 리튬을 사용한 결과 1,700억 달러 이상의 사회적 비용이 절감되는 효과를 가져왔다고 밝혔다.

리튬은 결코 완전한 약은 아니다. 그것은 많은 부작용을 가지고 있으며 그 가운데 어떤 것은 심각하기도 하다. 하지만 리튬은 오늘날에도 여전히 조증 치료와 몇 가지 다른 정신질환 치료에서 중요한 역할을 수행하고 있다.

호기심과 행운이 함께 작용하여 케이드는 정신질환에 최초로 효과적인 약을 개발해냈다. 그의 발견은 중요한 이정표가 되었다. 왜냐하면 리튬이 정신분열증보다 조증에 더 효과적이라는 사실은 두 질환이 다른 종류의 질환이라고 주장한 에밀 크래펠린의 이론을 확인해주기 때문이다. 그것은 정신질환에 대해 새로운 이해를 가져왔고, 다음 10년 동안 3가지 이상의 획기적 치료법들로 이어진 정신약물학 황금시대의 신호탄이 되었다.

이정표 3

정신병을 진정시키다 클로르프로마진, 환자와 정신과를 변화시키다

만약 1950년대 초 파리의 거리를 거닐다가 지오반니라는 중년 남성과 우연히 마주친다면 당신은 아마도 그가 무엇을 하는지 바로 알아차렸을 것이다. 지오반니는 여기저기를 옮겨 다니면서 자기 스스로를 놀라운 방식으로 표현하곤 했는데, 카페에서 격양된 정치 연설을 하거나 낯선 사람에게 시비를 걸거나 자유에 대한 사랑을 호소하며 머리 위에

화분을 엎고 거리를 활보하곤 했다.

1952년 파리에 있는 발 드 그레이스 육군 병원의 정신과 의사들이 입원 환자인 지오반니를 새로운 약의 실험 대상자로 선택한 것은 놀라운 일이 아니었다. 그 해 말 치료결과가 보고되었을 때, 정신과 의사 사회는 놀라움을 감추지 못했다. 일부 의사들은 믿을 수 없다는 반응을 보였다. 그러나 몇 해 뒤 클로르프로마진이라 불리는 그 약은 전 세계 수천만 환자들에게 처방될 정도로 급속히 퍼져나갔으며 정신질환 치료에 커다란 변화를 가져왔다.

의학 분야의 다른 많은 발견들처럼 클로르프로마진의 탄생은 예상하지 못한 일이었다. 클로르프로마진은 1950년 더 좋은 항히스타민을 찾고 있었던 프랑스 과학자에 의해 합성되었다. 하지만 의도했던 알레르기성 비염 치료에는 별다른 효과가 없었다. 그러나 마취 효과를 보임에 따라 마취제 용량을 줄여 주었으며, 그에 따라 환자들이 수술로 인한 고통을 더 잘 견딜 수 있게 해줄 것이라는 기대를 받았다. 1951년, 초기 연구를 통해 클로르프로마진이 마취에 유용한 약이 될 수 있을 것이라는 사실이 확인된 뒤 프랑스의 마취과 의사 앙리 마리 라보리(Henri-Marie Laborit, 1914~1995)는 그것을 발 드 그레이스 병원의 수술 환자들에게 주입했다. 이를 통해 라보리는 인상적이고 흥미로운 사실을 발견했다. 그 약은 환자들로 하여금 수술 후 더 좋은 느낌을 갖게 했을 뿐만 아니라 수술 전 긴장을 푸는 데 도움을 주는 효과까지 있었던 것이다. 라보리는 초기의 연구 논문에서 정신과 분야에서 이 복합물을 사용할 수 있을 것이라고 예견했다.

1952년 1월 라보리는 그레이스 병원 신경정신과 동료들에게 그 약을 정신과 환자들에게 실험해 보라고 권유했다. 그들은 동의했고 클로르프로마진이 두 가지 다른 약들과 함께 조증을 가진 한 환자를 빠르게 진정시킨다는 사실을 발견해냈다. 그해 말 파리에 있는 생 탄느 병원의 정신과 의사 장 들레(Jean Delay, 1907~1987)와 피에르 드니케르Pierre Deniker는 지오반니와 37명의 다른 환자들에게 클로르프로마진을 단독으로 투약했다. 결과는 놀라웠다. 변덕스럽고 통제되지 않던 지오반니가 단 하루 만에 얌전해진 것이다. 그리고 9일 뒤 그는 의료진과 농담을 하고 정상적인 대화를 할 수 있을 만큼 호전되었다. 3주가 지났을 때 그는 퇴원을 해도 될 만큼 충분히 정상적으로 보였고, 이는 다른 환자들도 마찬가지였다.

처음에는 반신반의하였지만 정신과 의사 사회는 재빨리 새로운 치료법을 받아들였다. 1952년 말 클로르프로마진은 프랑스에서 상업적으로 사용되기 시작했고, 1954년에는 소라진이란 이름으로 미국에서도 사용되었다. 1955년에는 전 세계적으로 클로르프로마진의 치료 효과가 확인되었다. 이전의 공격적이고 파괴적이고 혼란스럽고 통제되지 않았던 환자들이 며칠 만에 자기 주변에 관심을 갖고 자신들의 증상에 대해 논리적으로 말하며 차분히 지낼 수 있게 되었다. 의사들은 정신병원의 분위기가 말 그대로 하룻밤 사이에 변했다고 보고했다. 환자들은 자신들을 옥죄어 온 구속복에서뿐만 아니라 병원으로부터 자유로워졌다.

1965년에 이르면 전 세계 5천만 명 이상의 환자들이 클로르프로마진을 투약 받았다. 그리고 병원에 입원하는 기간이 짧아지고 입원 횟수가 줄어드는 등 클로르프로마진의 효과는 분명했다. 스위스 바젤의 한 정신과 병원은 1950년부터 1960년까지 정신과 환자들의 평균 입원일이

150일에서 95일로 줄어들었다고 보고했다. 20세기를 절반으로 나누어 살펴볼 때 처음 50년 동안 미국에서 정신병원에 입원한 환자 수는 15만 명에서 50만 명으로 증가했지만 1975년까지는 그 수가 20만 명으로 다시 줄어들었다.

클로르프로마진은 세계적으로 1960년대와 1970년대를 통해 가장 많이 처방된 정신과 약일 뿐만 아니라 1990년대까지도 40여 가지의 다른 정신과 약보다 더 많이 사용되었다. 하지만 클로르프로마진의 부작용 때문에 새롭고 더 좋은 정신과 약물을 개발하기 위한 노력은 지속되었다. 1960년대 초의 한 연구에 따르면 클로르프로마진이나 그 밖의 다른 정신과 약을 복용한 환자 가운데 40%가 손 떨림이나 어눌한 말투, 비자발적인 근육 수축을 포함한 여러 가지 심각한 증상 등 추체외로 부작용을 경험했다. 이러한 이유로 연구자들은 1960년대에 제2세대 정신과 약을 개발하기 시작했고, 결국 클로자핀을 만들어냈다. 1990년대 미국에서 클로자핀과 다른 제2세대 약들이 나름의 위험성을 나타냈지만 추체외로 증상은 감소했다. 제2세대 약물은 어떤 점에서도 환각이나 망상, 앞뒤가 맞지 않는 언술 등과 같은 능동적 증상을 치료하는 데 클로르프로마진 이상으로 탁월하진 않았지만 사회적 위축이나 무감각, 무기력증 같은 정신분열증의 수동적 증상을 치료하는 데는 더 효과적이었다.

오늘날 수많은 항정신병 약물이 사용되고 있지만 이 약들이 모든 환자에게 잘 듣는 것이 아니라는 점은 분명하다. 뿐만 아니라 그 약들이 정신분열증의 모든 증상에 항상 효과가 있는 것도 아니다. 그럼에도 불구하고 리튬이 발견된 지 몇 년 지나지 않아 개발된 클로르프로마진은 정신병 치료에 중요한 이정표가 되었다. 정신분열증 치료에 최초의 효과적인 약으로서 그것은 수백만 환자의 삶을 변화시켰고, 정신병과 관련된 낙인을 줄이는 데도 기여했다. 이렇듯 1950년대 중반까지 정신과 약은 양극성 장애와 정신분열증의 두 가지 주요한 정신질환에만 효과가 있었다. 우울증과 불안증 치료제는 그보다 조금 뒤에 등장할 준비를 하고 있었다.

이정표 4

웃음 되찾기 항우울제의 발견

우리 대부분은 우울증에 대해 제법 잘 알고 있다고 생각한다. 그 고통스러운 슬픔은 주기적으로 찾아들어 짧게는 몇 시간에서 길게는 며칠 동안 우리를 괴롭히곤 한다.

그러나 우울증에 대한 이러한 생각은 올바른 것이 아니다. 진정한 임상적 우울증은 단순한 좌절이라기보다 한 인간이 살아갈 능력을 잠식하는 파도와 같다.

중증 우울증은 한번 찾아들 경우 그냥 지나치는 법이 없다. 기력을 소진시키고 모든 활동에 대한 관심을 없애버리며, 수면과 식욕을 빼앗아 가고, 안개 속 시야처럼 생각을 방해한다. 또한 가치 없다는 느낌과 죄책감으로 사람을 괴롭히며, 죽음과 자살에 대한 충동으로 환자들의 마음을 잠식한다. 모든 조건이 여의치 않았던 만큼 1950년대까지 우울증을 가진 사람들은 한 가지 부담을 더 안고 있었다. 그것은 우울증이 주는 고통이 그들 자신의 잘못 때문이며, 우울증은 약으로 치료할 수 있는 것이 아니라 정신분석을 통해서나 완화될 수 있는 문제라는 편견이었다. 그러나 1950년대에 두 가지 약이 개발됨으로써 그러한 관점은 바뀌었다. 그것은 항우울제라고 불렸다. 사실 이 약들은 원래 결핵과 정신병을 치료하기 위해 개발된 것이었다.

항우울제의 역사는 실패와 함께 시작되었다. 셀만 왁스만이 세운 이정표, 즉 결핵에 대한 최초의 효과적인 항생제인 스트렙토마이신(제7장)이 개발되었지만, 일부 환자에게는 효과가 없었다. 연구자들은 다른 결핵약을 찾던 중 1952년 이프로나이아지드라는 유망한 새로운 후보자를 발견했다. 이프로나이아지드의 효과는 놀라왔다. 그해 뉴욕 스테이튼 섬에 있는 시뷰 병원의 보고서는 이 점을 잘 보여주고 있다. 의사들은 스트렙토마이신으로 치료받았음에도 불구하고 결핵으로 인해 죽어가는 어떤 환자 그룹에게 이프로나이아지드를 투약했다. 놀랍게도 새로운 약은 그들의 폐결핵을 개선시키는 것 이상의 효과를 보였다. 당시 세계의 이목을 집중시킨 논문들에 기록된 것처럼 말기 결핵 환자들은 이프로나이아지드 복용 후 활력을 되찾았다. 홀에서 춤추는 환자들을 보여주는 유명한 사진이 신문에 게재되기도 했다. 많은 정신과 의사들이 이프로나이아지드에 깊은 인상을 받아 우울증 환자들에게 투약하려고 했지만 부작용에 대한 우려 때문에 관심은 곧 수그러들었다.

항우울제라는 용어를 만든 미국 정신과 의사 막스 루리Max Lurie도 이프로나이아지드와 또 다른 항결핵약인 이소나이아지드가 우울증을 호전시킬 수 있다는 보고를 접하고는 그 약들에 관심을 가졌다. 하지만 다른 연구자들이 이프로나이아지드를 진지하게 관찰하기 시작한 것은 몇 해가 지나서였다. 결정적인 순간은 1957년 4월에 나타났다. 미국정신과의사협회 모임에서 정신과 의사 나탄 클라인(Nathan Kline,

1916~1983)이 이프로나이아지드를 자신의 우울증 환자 그룹에게 투약하여 효과를 보았다고 보고한 것이다. 그가 밝힌 치료결과는 매우 인상적이었다. 환자의 70%가 감정과 그 밖의 다른 증상에서 근본적인 개선을 보였다. 그리고 그해 후반 고무적인 후속 연구들이 발표되면서 관심은 폭발했다. 1958년 이프로나이아지드는 여전히 시장에서는 결핵 치료용으로만 판매되었지만 우울증을 가진 40만 명 이상의 환자들에게도 투약되었다.

연구자들은 곧 이프로나이아지드와 비슷한 다른 약들을 개발했지만 모두 이프로나이아지드와 비슷한 안전성 문제와 부작용을 나타냈다. 그러나 오래 지나지 않아 클로르프로마진의 영향 덕분에 연구자들은 완전히 새로운 종류의 항우울제를 발견하게 된다.

1954년 부족한 병원 예산에 시달리던 스위스의 정신과 의사 롤란드 쿤Roland Kuhn은 바젤에 있는 가이기 제약회사에 정신분열증 환자들에게 사용할 수 있는 약으로 어떤 것이 있는지를 문의했다. 가이기 회사는 쿤에게 클로르프로마진과 비슷한 구조를 가진 실험 중인 화합물을 보내주었다. 그러나 G-22355라고 불리는 그 약은 쿤의 정신과 환자들에게 도움이 되지 않았을 뿐만 아니라 몇몇 환자들은 오히려 더 혼란스러워 했고 증상이 더 악화되었다. 결국 연구는 중단되었다. 그러나 검토하는 과정에서 흥미로운 점이 발견되었다. 우울증을 호소하던 세 환자가 실제로 G-22355 투약 후에 호전되었던 것이다. 쿤은 G-22355가 항우울 효과가 있다고 생각하고 그것을 우울증을 가진 환자 37명에게 투약했다. 그러자 3주 이내에 그들의 증상 대부분이 사라졌다.

쿤이 나중에 언급했듯이 그 새로운 약의 효과는 극적이었다. "환자들은 아침에 스스로 일어났다. 그리고 매우 큰 목소리로 말했다. 얼굴 표정에도 생기가 돌았다. 그 환자들은 다시 다른 사람들과 관계를 만들어 보려고 했다. 환자들은 점점 더 행복해졌고 마침내 웃음도 되찾았다."

이미프라민이라고 불리게 된 그 약은 트리사이클릭계TCA로 알려진 항우울제의 첫 번째 약이 되었다. 이미프라민의 도입 이후 여러 가지 다른 TCA 항우울제들이 1960년대에 개발되었다. 이프로나이아지드와 같은 MAOI 계열의 항우울제는 관심을 잃어가는 반면 TCA 항우울제는 안정성 덕분에 각광 받게 되었다. 그러나 TCA 항우울제는 안정성에도 불구하고 과용하면 치명적일 뿐만 아니라 그 외에도 여러 부작용을 가지고 있었다.

항우울제 발견의 마지막 단계는 1960년대에 SSRI라는 새로운 그룹의 약의 개발로 시작되었다. 신경전달물질인 세로토닌을 방출하는 신경세포에 특수한 효과를 나타내는 SSRI는 MAOI나 TCA 항우울제보다 더 안전하고 부작용이 적을 것이라고 일찌감치 예상되고 있었지만 1974년에야 처음으로 효과적인 SSRI가 학계에 보고되었다. 그것은 레이 풀러Ray Fuller, 데이비드 웡David Wong, 그리고 엘리 릴리 제약회사 연구진에 의해 개발된 것으로 플루옥세틴이라고 불렸다. 그리고 1987년 그것은 새롭게 프로작이라는 이름으로, 미국에서 SSRI로는 처음 항우울제로 승인 받았다. TCA만큼 효과적이면서 상대적으로 부작용이 더 적고 안전한 프로작의 등장은 항우울제의 기념비적 발견 중에서도 최고의 것이다. 프로작은 1990년에 북아메리카에서 가장 많이 처방된 정신과 약이 되었다. 그리고 1994년까지 잔탁을 제외하고 전 세계에서 가장 많이 팔린 약이 되었다. 그 이후로 여러 SSRI 계열의 약들이 개발되었는데, 모두 우울증에 효과적이라는 사실이 밝혀졌다.

1950년대 이프로나이아지드와 이미프라민의 발견은 몇 가지 점에서 중요한 이정표가 되었다. 우울증에 효과적인 최초의 약이라는 점 외에 그 약들은 정서 장애에 대한 생물학적인 이해의 새로운 장을 열어주었다. 연구자들에게 이런 약물이 작용하는 미세한 수준까지 관찰하도록 도움을 주었으며, 마침내 뇌에서 분비되는 신경전달물질이 과다하거나 부족할 때 어떻게 우울증을 일으키는지에 대한 새로운 이론을 이끌어내도록 했다. 동시에 새로운 약들은 우울증이 무엇인지 그리고 그것이 어떻게 치료될 수 있는지에 관한 우리의 생각을 바꾸어 놓았다.

1950년대 말까지 대부분의 정신과 의사는 우울증이 생물학적인 질환이 아니라 단지 정신분석으로 해결할 수 있는 내면적인 인성의 충돌과 무의식적 정신장애의 심리적 표현이라는 프로이트의 이론을 신봉했다. 그리고 그에 따라 많은 정신과 의사들이 약물치료에 저항했다. 그들은 정신과 약이 환자들의 심층에 놓여 있는 문제들을 은폐한다고 생각했다. 하지만 항우울제가 개발됨으로써 정신과 의사들은 우울증을 그 기저에 놓인 화학적 불균형을 바로잡는 약으로 치료될 수 있는 생물학적 질환으로 보게 되었다.

오늘날 신경생물학의 많은 발전에도 불구하고 우울증과 항우울제에 대한 이해는 여전히 불완전한 채로 남아 있다. 우리는 아직도 항우울제가 어떻게 작용하는지, 그리고 왜 그것들이 25%의 환자에서는 전혀 효과를 나타내지 않는지에 대해 잘 모른다. 게다가 여러 연구 결과는 생물학과 심리학 사이의 경계가 분명치 않다는 것을 시사하듯 어떤 환자들에게는 정신분석 치료가 약물치료만큼 효과적일 수 있다는 점을 보여준다. 그래서 많은 임상의사들이 우울증을 치료하는 가장 좋은 방법은 항우울제와 정신분석 치료의 병용이라고 믿는다.

환자와 정신의학에 대한 영향과는 별개로 1950년대의 항우울제 발견은 일반 사회에 커다란 충격을 주었다. 이런 약들이 정서가 정상상태인 사람들에게는 아무런 효과가 없지만 우울증 증상을 보이는 환자들에게는 놀라운 효과를 나타낸다는 사실은 임상적 우울증이 환자의 도덕적 실패나 나약함 때문이 아니라 생물학적 문제 때문에 발생한다는 점을 사회가 깨닫게 해주었다. 이것은 우울증 환자에 대한 편견을 없애주었을 뿐만 아니라 우울증을 다른 의학적 질환들과 별로 다르지 않은 병으로 생각하도록 만들었다. 나아가 우리가 때때로 경험하는 '공허함'과 우울증은 다르다는 사실도 깨닫게 해주었다.

이정표 5

'엄마의 작은 도우미' 이상의 역할 불안을 치료하는 더 안전하고 좋은 방법

불안이 4가지 주요한 정신질환 가운데 상대적으로 덜 위험하다는 것은 맞는 말이다. 불안은 위기가 끝나는 순간 사라지고, 양극성 장애나 정신분열증에 비교하면 증상도 단순하다. 그리고 우리는 동서고금을 막론하고 사용해온 알코올과 아편에서부터 바비츄레이트에 이르기까지 불안에 대한 여러 가지 치료법을 알고 있다. 간단히 말해 불안 장애는 다른 주요 정신질환만큼 심각하게 여기지 않았다. 그런데 과연 그럴까?

불안 장애는 실제로는 심각한 질병이다. 첫째로 불안 장애는 가장 흔한 정신질환이다. 미국 성인의 2.5%가 양극성 장애를, 1%가 정신분열증을, 7%가 우울증을 가지고 있다. 반면 불안 장애를 가진 사람은 무려

20%에 이른다. 둘째로 불안 장애는 다른 정신질환에 버금가는 증상을 초래한다. 정신적(비논리적이고 무력하게 만드는 공포), 행동적(회피와 변덕스러운 강박), 신체적(심장 요동, 어지러움, 갈증, 오심)인 것 등 복합적인 증상을 나타낸다. 셋째로 불안 장애는 다른 정신질환만큼 미스터리하다. 장애의 지속성과 치료에 대한 저항성, 그리고 우울증을 포함해 다른 대부분의 정신질환들에서 동반될 수 있다는 점 등 불안 장애에는 아직 해결하지 못한 문제가 많이 남아 있다. 게다가 1950년대 이전 불안에 대한 모든 치료는 의존, 중독, 그리고 죽음이라는 세 가지 끔찍한 부작용을 가지고 있었다.

불안 장애를 치료하기 위한 약의 개발은 1940년대 후반에 시작되었다. 미생물학자 프랭크 버거Frank Berger는 불안을 치료하는 것이 아니라 페니실린을 보존하는 방법을 찾고 있었다. 당시 버거는 영국에서 일하고 있었는데 플로리와 체인이 페니실린을 정제했다는 소식에 고무된 상태였다.(제7장) 그가 메페네신이라는 새로운 방부제에 대해 연구하는 도중에 한 가지 흥미로운 일이 발생했다. 동물실험을 통해 독성을 테스트하는 과정에서 이 약이 진정 효과를 가지고 있다는 사실을 알아낸 것이다. 버거는 그 사실에 주목했지만 효과는 너무 빨리 사라졌다. 버거는 미국으로 직장을 옮긴 뒤에 동료들과 함께 그 약효가 더 오래 지속되도록 하는 데 주력했다. 그들은 1950년 마침내 메프로바메이트라고 하는 치료 효과가 더 오래 지속될 뿐만 아니라 8배나 강력한 새로운 약을 개발했다. 그리고 버거는 그것의 잠재적 치료 효과에 대해 낙관했다. 그것은 실제로 불안을 없애줄 뿐만 아니라 근육을 이완시켰고 가벼운 희열을 유도했으며 불안 장애 환자에게 내적 평화를 가져다주었다.

불행하게도 월레스 연구소 내 버거의 상사들은 그 발견을 별로 인정하지 않았다. 더욱이 당시에는 항불안제 시장이 존재하지 않았으며, 한 여론조사는 의사들이 그런 약을 처방하는 데 관심이 없음을 보여주었다. 그러나 버거가 홍보 모자를 쓰고 홍보용 영상물을 만들면서 상황은 바뀌었다. 그 영상물은 1) 원래의 적대적인 상태 2) 바비츄레이트에 의해 축 늘어진 상태 3) 메프로바메이트에 의해 조용하게 깨어 있는 상태라는 3가지 상황에 놓인 붉은 원숭이들을 보여주었다.

메시지는 명확했고 버거는 곧 그가 필요로 하는 사회적 지지를 얻어냈다. 1955년에 메프로바메이트는 밀타운이라는 상품명으로 세상에 소개되었다. 그리고 치료 효과에 대한 소문이 퍼지기 시작하면서 세상은 빠르게 변화했다.

사실 세상은 예상보다 훨씬 많이 준비되어 있었다. 1950년대 초에 바비츄레이트 수면제가 널리 사용되었지만 중독 위험성과 과용시의 치명적 효과로도 악명이 높았다. 아울러 당시에 일어난 사회적 변화들로 세상은 불안증 치료약의 개념을 어렵지 않게 받아들이게 되었다. 페니실린과 클로르프로마진의 개발 덕분에 제약산업에 대한 사회적 신뢰가 성장해 있었던 것이다. 그리고 핵전쟁에 대한 공포의 확산과 제2차 세계대전에 이어 나타난 경제 호황이 가져온 새로운 일의 압박 때문에 불안이 확대되고 있었다. 사회 일각에선 메프로바메이트를 '엄마의 작은 도우미'라는 냉소적인 별명으로 부르며 주부들에 대한 착취를 더 강화한다고 주장하기도 했다. 하지만 밀타운은 남녀를 불문하고 전 세계적으로 사용되었고, 1957년 한 해 미국에서만 3천 5백만 명분 이상이 팔렸다. 그리고 이것은 몇 해 동안 세계에서 가장 많이 팔린 10대 약 가운데 하나가 되었다.

의사들은 초기에 메프로바메이트가 완벽하게 안전하다고 생각했다. 하지만 곧 이것이 습관성이 될 수 있고 바비츄레이트만큼 위험하지는 않지만 과용할 경우 잠재적으로 치명적일 수 있다는 사실이 보고되었다. 이에 제약회사는 더 안전한 약을 찾기 시작했다. 그리고 그것은 오래 걸리지 않았다. 1957년 어느 날, 로슈 제약회사의 화학자 레오 스턴바흐(Leo Sternbach, 1908~2005)는 자신의 실험실을 청소하고 있었다. 그때 조수 하나가 테스트가 끝나지 않은 오래된 화합물을 발견했다. 스턴바흐는 그것을 다시 테스트해 볼 가치가 있다는 사실을 알아차렸다. 이번에도 역시 우연한 발견이 큰 성과를 이끌어냈다. 그 약은 메프로바메이트보다 부작용은 적고 효과는 더 컸다. 클로르디아제폭사이드라는 그 약은 벤조디아제핀계로 알려진 새로운 항불안제 계열의 효시가 되었다. 그것은 곧 리브리움으로 판매되다가 1963년에 디아제팜(바리움)으로 이어졌으며 알프라졸람을 포함하여 다양한 이름으로 판매되었다. 1970년대 벤조디아제핀은 메프로바메이트를 거의 대체하며 불안장애를 치료하는 데 점점 더 중요한 역할을 하기 시작했다.

오늘날, 벤조디아제핀과 더불어 MAOI, TCA계 항우울제, SSRI 항우울제를 포함하여 많은 약들이 불안 장애를 치료하는 데 효과가 있다고 밝혀졌다. 벤조디아제핀도 장기간 복용할 경우 의존성이 생기는 등 여전히 한계를 가지고 있지만 프랭크 버거가 페니실린을 보존하는 방법을 찾기 시작한 1950년대 이전의 약물들보다는 훨씬 안전하다.

일부에서는 항불안제의 광범위한 사용을 비판하지만 그것은 이 약들을 먹지 않으면 심각한 불안 장애에 시달릴 수백만 명의 사람들이 얻는 광범위한 이익을 보지 못하는 것이다. 항불안제는 초창기 정신질환의 획기적인 약들과 비슷하게 정상적인 뇌 기능과 여러 가지 불안 상태 아래서의 세포, 분자 단위의 변화에 대한 연구에 새로운 창을 열었다. 또한 이것은 정신에 관한 생물학적인 이해를 높였으며, 아울러 정신질환에 대한 낙인을 없애는 데도 기여했다.

새로운 네 가지 치료법이 기념비적 사건으로 평가받는 이유

1950년대에 이루어진 광기, 슬픔, 불안을 치료하는 약의 혁신적 발견은 정신약물학의 황금시대를 열었고 인식의 전환을 가져왔다. 다른 무엇보다도 그 새로운 약들은 측정할 수 없을 정도로 큰 고통과 손실로부터 수많은 환자를 구해냈다. 그 약들을 사용함으로써 환자들은 이성적으로 생각하고 행동하는 능력을 회복했으며, 웃음을 되찾게 되었을 뿐만 아니라 심각한 공포에서 벗어날 수 있었다. 환자들은 정상적인 인간관계를 되찾았고, 자살 충동을 이겨냄으로써 삶을 지속할 수 있었다. 오늘날 '정신질환국제연대NAMI'에서는 약물요법과 정신사회적 치료의 병용으로 심각한 정신질환을 가진 환자들의 증상이 호전될 수 있으며 삶의 질이 70%에서 90%까지 개선될 수 있다고 추정한다. 정신질환 치료를 위한 다양한 약 덕분에 수백만 명의 목숨을 구제한 만큼 많은 역사학자들이 항정신병 약물의 발견을 항생제와 백신 등 다른 의학의 혁신과 동등하게 평가하는 것은 당연하다.

그러나 가장 중요한 영향은 이 약들이 가족, 의사, 사회는 물론 환자들 스스로가 오랫동안 가지고 있던 오해와 선입견을 바꿨다는 사실이다. 1950년대 이전에 정신질환은 흔히 내적인 심리적 충돌과 갈등에서 일어난다고 여겨졌고, 생물학적 접근은 도외시한 채, 개인의 인성 파탄과 연관된 것으로 생각되었다. 특정 약이 특정한 증상을 치료한다는 사실의 발견은 정신질환의 원인이 단지 생화학적 불균형이라는 것을 의미했으며 이로 인해 비난의 화살이 나태한 환자에서 파괴된 뇌로 옮겨지게 되었다.

하지만 정신질환들을 치료하는 다양한 약이 있다고 해서 모든 의문이 풀리는 것은 아니다. 여전히 많은 미스터리가 남아 있다. 무엇이 정신질환을 일으키는지, 왜 똑같은 증상이 다른 조건들에서도 나타나는지, 왜 어떤 약은 여러 가지 정신질환에 잘 듣는지, 그리고 왜 그것들은 때때로 전혀 듣지 않는지와 같은 문제는 아직도 충분히 해명되지 않고 있다. 그래서 약리학자들은 더 나은 약을 개발하고 새로운 설명을 하기 위한 도전을 계속하고 있다. 하지만 정신병을 치료하는 데 약물요법 한 가지만으로는 충분하지 않다는 기본적인 진실은 변하지 않을 것이다.

성공의 실패 정신질환 치료에 대한 중요한 교훈

"그 환자는 놀랄 만큼 호전되었고 이제 꽤 정상인 것처럼 보입니다. 이전과 달리 상냥하고 쾌활하고 조용한 사람이 되었습니다."

– 존 케이드, 조증 환자 WB에게 최초로 리튬을 사용하고 난 뒤에

당신은 앞서 WB에 관한 인상적인 이야기에서 나왔던 이 언급을 기억할 것이다. 그는 1948년 조증을 치료할 목적으로 리튬을 투약 받았다. 그리고 그는 정신질환을 약으로 치료받아 완치된 최초의 사람이 되었다. 하지만 불행하게도 이 이야기는 사실이 아니다. 만약 WB의 남은 생애에 대해 알려지지 않았다면 그가 조증에서 회복되었다고 기억되었을 것이다. WB는 리튬으로 치료받은 뒤 극적으로 회복되었고, 그 상태는 6개월간 지속되었다. 그러나 증례 기록에 따르면 리튬을 끊은 지 얼

마 지나지 않아 문제가 발생했다. 며칠 뒤 그의 사위는 다음과 같이 썼다. "WB가 사소한 의견 차이에도 흥분하고 논쟁적이던 예전으로 돌아갔다."

그다음 2년 동안 WB에 대한 리튬 치료의 중단과 재개가 반복되었다. 그의 행동은 널뛰듯 했다. 짜증을 잘 내고, 잠이 없고, 가만있지 못하는 상태에서 한때 정상으로 회복되었다가 또다시 시끄럽고, 더럽고, 짓궂고, 파괴적으로 변했다. 결국 WB는 기념비적 치료 시작 후 2년 뒤에 발작을 일으키고는 혼수상태에 빠졌다. 그리고 비참한 며칠을 보낸 뒤 결국 사망했다. 사망의 원인은 리튬 독성과 만성 조증, 탈진, 그리고 영양 실조였다.

WB의 이야기는 왜 정신질환과 관련된 약의 혁신적 발견이 가치가 있는지, 그리고 왜 그것만으로는 충분한 효과를 거두지 못했는지를 잘 보여준다. WB의 쇠락은 그가 단순히 리튬 치료를 받는 데 실패했기 때문이 아니라 리튬의 부작용, 적절한 용량 조절의 실패, 그리고 조증 자체의 문제 때문에 생긴 복합적인 것이었다. 이런 문제들 모두 어떤 형태로든 많은 정신질환에서 흔히 나타난다. 그리고 치료가 실패하는 주요한 이유이기도 하다. 1960년대와 1970년대 효과적인 정신질환 치료제의 등장으로 많은 환자가 퇴원하여 사회로 복귀하는 과정에서 드러났듯이 정신과 약은 정신 기능을 개선시킬 수는 있지만 직업을 구하고, 주거지를 찾고, 치료를 유지하는 것 같은 일상적인 일에는 별 도움을 주지 못하는 경우가 많다.

안타깝게도 이런 이야기는 때때로 환자들과 죄 없는 주변 사람들을 해치며 지금도 반복된다.

데이비드 탈로프가 정신분열증의 악화로 심리학자 캐스린 포게이를 살해했을 때 그는 리튬, 할돌, 자이프렉사, 그리고 세로켈을 포함하여 다양한 항조증 약물과 항정신 약물의 투약과 중단을 수년간 반복해온 뒤였다. 또 열두 차례 이상 정신병 환자 시설에 입퇴원을 반복한 이후이기도 했다. 탈로프의 형은 동생이 구속된 뒤 안타까워하며 기자들에게 이렇게 말했다.

"아버지와 나, 그리고 어머니는 몇 해 동안 동생이 입원한 시설에서 잘 지낼 수 있도록 최선을 다했습니다. 그러나 병원에서는 동생을 계속 내보냈습니다. 우리는 동생을 그곳에 머물게 해달라고 계속 요구했습니다. 하지만 그들은 그렇게 하지 않았습니다."

2008년 세계보건기구는 정신질환 치료에 관한 보고서를 발간했다. 이 보고서는 정신질환을 앓고 있는 전 세계 수억 명의 사람들 가운데 소수만이 기본적인 치료를 받고 있을 뿐이라고 말한다. 또한 이 보고서는 정신질환은 약물만이 아니라 다양한 지역사회 치료 서비스와의 협력이 이루어져야 함은 물론 일차 의료에 정신 건강 서비스를 통합시켜 관리해야 가장 잘 극복할 수 있다고 충고했다. 정신병원에서 퇴원한 사람들이 병이 재발하지 않도록 치료사, 교사, 경찰, 가족, 그리고 그 밖의 다른 사람들이 합심하여 도울 수 있는 지역 서비스가 중요한 역할을 해야 한다는 것이다.

정실질환 치료는 히포크라테스가 하제와 구토제를 처방한 이래로 광인 수용소 감독관이 사슬과 구타로 광기를 통제하려 한 것과 의사들이 환자들을 말라리아와 경련 발작으로 치료하려 한 것 등 기나긴 과정을 거쳤다. 정신질환에 대한 혁신적인 약의 발견은 세상을 바꾸었지만 변하지 않는 진실도 드러냈다. 데이비드 탈로프와 WB의 이야기가 우리에게 상기시켜주듯 정신과 환자의 치료가 효과를 거두기 위해서는 환자를 지지하고 성원하는 안전망이 서로 연결되어야 한다. 약물치료, 일차 의료, 그리고 정신 건강 관리자, 지역사회, 가족, 이들 가운데 어느 하나가 빠지거나 제대로 역할을 못하는 경우 환자는 길고도 비참한 나락으로 빠져들 수 있다.

10장

전통으로의 복귀

대체의학의 재발견

오후 내내 의사들은 병실을 찾아 계속 혈액을 채취했다. 그것은 저녁 무렵 환자가 혼수상태에 빠졌다 사망할 때까지 계속되었는데, 실제로 당시 의사들은 이 질병에 깊이 매혹되어 환자를 치료해야 한다는 당연한 사실을 잊어버렸을 정도다. 몇 해 뒤 토마스는 "만약 관심 대신 17세기부터 말라리아 치료제로 사용해온 키니네로 즉시 환자를 치료했다면 그 환자는 살았을 것이다. 병동에서 말라리아를 치료하고 생명을 구할 기회는 자주 오지 않는다. 그 기회가 왔다가 사라졌다…. 하버드의 나쁜 날이었다."라고 당시를 회상했다.

사례 1 서양 의학의 나쁜 날

폐렴이 한참 극성을 부리던 1937년 겨울, 보스턴 시립병원의 한 병동은 오한과 열, 피가 섞인 기침, 그리고 가슴 통증 등 다양한 증상을 호소하는 환자들로 가득했다. 그중 한 명이 고집스럽게도 진료를 거부하고 있었다. 그는 젊은 흑인 뮤지션으로, 며칠 전 오한과 열로 입원했지만 기침을 하지는 않았다. 하버드 의과대학을 갓 졸업한 젊은 인턴은 그 환자의 병상 앞에서 폐렴 진단에 필요한 객담을 받기 위해 기다렸다. 하지만 환자는 객담을 뱉어내지 못했다. 젊은 인턴의 이름은 루이스 토마스Lewis Thomas. 인턴 생활을 시작한 지 한 달밖에 되지 않은 초보 의사로, 이런 경우에 대해 별로 생각해 본 적이 없었다. 혈액 샘플을 채취한 다음 날 아침 2층의 임상검사실에서 혈액 샘플을 관찰하던 토마스는 놀라운 발견을 하게 된다.

토마스는 즉시 검사의학과 의사들에게 자신이 발견한 것을 알렸고,

검사의학과 의사들은 임상검사실로 가 현미경으로 그 혈액 샘플을 관찰했다. 놀라운 발견에 대한 소문은 삽시간에 병원 전체에 퍼졌고, 병원 스태프와 외래 의사, 학생들은 앞을 다퉈 그 증거를 확인하기 위해 몰려들었다. 진료를 거부하던 그 환자는 폐렴이 아니라 말라리아에 걸린 것이었다.

말라리아는 치명적인 기생충성 질병으로 말라리아에 걸린 모기를 통해 사람에게 전파된다. 말라리아 원충이 몸에 들어가면 적혈구를 침범, 번식하여 적혈구를 파괴한다. 토마스가 현미경으로 발견한 것이 바로 이것이었다. 모두가 그 생경한 현상에 시선을 고정했다. 적혈구는 문자 그대로 벌어져 있었고, 일련의 작은 말라리아 원충들은 적혈구 밖으로 나와 감염시킬 다른 적혈구들을 찾고 있었다. 환자의 증상이 폐렴이 아닌 말라리아라는 사실이 밝혀진 후 또 다른 궁금증이 병원 전체를 휘감았다. 말라리아는 통상 열대나 아열대 지방에서 발생하는데, 환자는 냉대 기후에 속하는 보스턴에 거주했으며 최근에 외국으로 여행을 다녀온 적도 없다. 그런 그가 어떻게 말라리아에 감염되었을까?

궁금증은 곧 풀렸다. 그는 헤로인 중독자였다. 의사들은 말라리아에 걸린 환자가 사용한 주사기를 그가 재사용하면서 말라리아에 감염되었을 것이라 추측했다. 하지만 사람들의 관심은 수그러들지 않았다.

오후 내내 의사들은 병실을 찾아 계속 혈액을 채취했다. 그것은 저녁 무렵 환자가 혼수상태에 빠졌다 사망할 때까지 계속되었는데, 실제로 당시 의사들은 이 질병에 깊이 매혹되어 환자를 치료해야 한다는 당연한 사실을 잊어버렸을 정도다. 몇 해 뒤 토마스는《애송이 과학The Youngest

Science》이라는 책에서 "만약 관심 대신 17세기부터 말라리아 치료제로 사용해온 키니네로 즉시 환자를 치료했다면 그 환자는 살았을 것이다. 병동에서 말라리아를 치료하고 생명을 구할 기회는 자주 오지 않는다. 그 기회가 왔다가 사라졌다…. 하버드의 나쁜 날이었다."라고 당시를 회상했다.

사례 2 동양 의학의 나쁜 날

2008년, 티베트의 승려 욘텐은 명상을 위해 자리에 앉은 지 얼마 지나지 않아 쓰러졌다. 겨우 45세밖에 되지 않은 욘텐을 쓰러뜨린 것은 분노에 찬 총격이나 동료 승려들을 전기 기구로 고문한 중국 당국도 아니었고, 티베트에서 탈출하기 직전 감옥에서 당한 구타도 아니었다. 그보다 더 욘텐을 사로잡은 것은 화염에 휩싸인 수도원의 이미지였다. 몇십 년 동안 수련을 해왔지만 심호흡, 기, 명상을 포함한 그 어떤 수련법도 명상을 방해하는 화재의 이미지를 지우지 못했다. 그 이미지를 지우려고 하면 할수록 그를 사로잡은 분노는 더욱 커졌다. 욘텐의 마음속은 내적 평화가 아닌 슬픔과 죄책감, 절망 등의 감정으로 가득 차 있었다.

티벳을 떠나온 욘텐과 다른 승려들은 미국에서 안전하게 지내고 있었지만 고문과 학대의 기억으로 인해 명상과 종교적 수행이 수월하지 않았다. 그나마 한 가지 반가운 소식은 티베트의 의사들이 이러한 상태를 '생명-바람'이 불균형한 상태라고 진단한다는 사실이다.

균형이 건강에 중요한 부분을 차지하고, 불균형이 질병으로 이어진다는 것은 비단 티베트 의학만의 생각은 아니었다. 몇천 년 동안 전해

내려온 대부분의 고대 전통 의학은 인체는 외부 세계로부터 분리할 수 없으며, 보이지 않는 힘에 의해 인체와 외부 세계는 서로 연결되어 있다고 본다. 욘텐과 그의 동료 승려들에게 좋지 않은 소식은 전통 치료법의 대부분이 균형 회복에 관한 것으로, 그들에게는 어떤 것도 효과적이지 않았다는 점이다. 실제로 전통적 치료법들은 처참하게 실패했다.

명상은 문화적 경계를 넘나들며 수천 년 동안 이어진 동양의 전통 의학으로, 오늘날 미국의 3대 대체의학 요법 가운데 하나다. 티베트의 승려들에게 있어 명상은 깨달음에 이르는 수단이자 모든 고통과 통증을 치유할 수 있는 궁극적인 치료법이다. 욘텐을 비롯한 다른 많은 승려들은 티베트에서의 경험으로 정신적 외상을 입었다. 또한 그들이 일생을 통해 수련한 명상 기법은 그들을 구원하는 데 실패했을 뿐만 아니라 죄책감과 우울, 고혈압, 심장 두근거림에 이르기까지 많은 증상을 야기했다. 문제는 치료 방법 자체에 있었다. 그들이 수행한 명상법은 오직 전념하는 것이었고, 그것이 오히려 그들 스스로의 균형을 파괴시킨 것이다.

과거로부터의 교훈 동양, 다시 서양을 만나다

앞의 두 이야기는 서로 다른 문명의 스펙트럼에 서 있는 치료들이 실패한 사례다. 서구의 과학적 의학 세계에서 의사들이 질병에 매혹되어 있는 사이 젊은 뮤지션은 말라리아로 사망했다. 의사들은 환자를 치료해야 한다는 당연한 사실을 잊어버렸다. 동양의 전통의학에서 티베트 승려들은 고문과 학대의 기억에 사로잡혀 있었으며, 고통을 피하기 위해 수련한 명상법이 오히려 고통의 원인이 되었다.

이 두 가지 이야기는 문명의 기원과 상관없이 의학이 어떻게 인간을 희생시킬 수 있는지를 상징적으로 보여 준다. 그러나 그보다 더 중요한 것은 이것이 더 큰 이야기의 출발점이라는 사실이다. 즉, 몇천 년 전 같은 뿌리에서 탄생한 두 가지 전통이 시간이 지나면서 어떻게 나뉘었고 어떻게 철학과 방법상의 차이로 추잡한 싸움을 벌이게 되었으며 마침내 재회하여 의학 역사상 열 가지 혁신 가운데 하나가 되었는지에 관한 것이다.

1937년 젊은 흑인 뮤지션이 말라리아로 갑작스럽게 사망한 사건은 단순해 보이지만 이는 20세기 의학에 드리우기 시작한 불길함을 상징한다. 백신, 미생물 병인론, 마취, 엑스선 등 의학사에 혁신을 가져온 성과 덕분에 서양 세계에서 의학은 독점적 의학 체계로 자리 잡았다. 그러나 이러한 혁신은 숨겨진 문제들과 함께 찾아왔다. 새로운 기술과 폭발적인 정보에 사로잡혀 의학이 일차적으로 관심을 두어야 할 것은 질병이 아니라 환자라는 점과 치료에 앞서 돌봄을 우선해야 한다는 기본적인 길을 잃고 혼란에 휩싸인 것이다.

무엇이 그렇게 우선순위를 바꾸었을까? 20세기 현대 의학의 등장은 필연적으로 보이지만 반드시 지금과 같은 모습이어야 했던 것은 아니다. 정통의학 또는 생의학이라고 부르는 현대의 과학적 의학은 150년 전 여러 종류의 대체의학 가운데 하나였고, 당시 많은 보건의료적 접근법 가운데 하나였다. 사실 1800년대 말까지 과학적 의학은 잔인한 수술이나 사혈뿐만 아니라 하제와 구토제로 독성 수은을 사용하는 등 야만스럽고 위험한 의술로 여겨졌다. 당시에는 물 치료법(온수와 냉수를 이용해 질병을 예방하고 치료하는 방법), 톰슨주의 요법(미국 원주민들의 약초요법과 식물학 지식 등이 결합된 치료법), 그리고 자기요법(치유의 손길을 통해 환자에게 자력이나 활력 에너지를 전달하는 치료법) 등을 비롯한 여러 치료 체계들이 과학적 의학과 독점 및 적법성을 놓고 경쟁 중이었다. 몇십 년 동안 서로를 불신하고 무시하는 과정에서 오진과 의료사고가 반복되었다. 1800년대 말 서양 의학이 의료 시장을 독점하기 시작했을 때 다른 치료 모델은 점차 대중의 뇌리에서 잊혀 갔고, 자연스럽게 정통이 아닌 대체의학이 되었다.

과학적 의학이 이 초기의 전쟁에서 승리한 것은 놀라운 일이 아니다. 이른바 과학적 방법이라고 불리는 실험과 관찰이라는 방법들과 추론이 18세기와 19세기에 걸쳐 만개했다. 과학적 의학은 세계를 탐구하고 설명하는 강력하고 매력적인 방식을 발견했다. 그러나 가장 중요한 것은, 이 방법이 과학자들을 환원주의라는 새로운 길로 이끌었다는 점이다. 과학자들은 현미경, 엑스선, 그 밖의 다양한 실험기법 등 강력하고 새로운 도구들을 이용해 장기와 조직 그리고 세포의 미스터리를 더 깊이 탐구했다. 나아가 심리와 질병의 놀랄 만한 비밀을 밝혀냈다. 그리고 이러한 발견은 새로운 치료법으로 이어질 것처럼 보였다.

그러나 20세기 들어 발견 속도가 빨라지면서 의학의 추는 이동하기 시작했다. 첨단 기술과 의료직의 전문화로 의사가 환자를 바라보는 방식이 바뀌었다. 의사들은 환자를 병원에 찾아와 치료를 구하는 인간 그 자체가 아니라 신체의 특정 부위와 질병의 창고로 보기 시작했다. 1980년대 들어 의료비가 급등하는 것을 통제하기 위해 도입된 관리 의료는 환자와 의사가 만나는 시간과 기회를 더욱 줄였고, 환자를 질병에 따라 범주화함으로써 인간으로서의 존엄성을 훼손시켰다. 20세기 후반에 이르러 과학적 의학은 장기이식에서 심폐 수술, 그리고 암 치료까지 눈부신 성공을 이루었지만 그럼에도 균형을 잃기 시작했다. 이로 인해 촉발된 좌절과 반발은 너무나 강력했고, 환자들은 대체의학을 요구하기 시작했다.

이미 밝혀졌듯이 대체의학이 완전히 사라진 것은 아니었다. 20세기 들어 과학적 의학이 의료 시장을 거의 독점했음에도 불구하고 19세기에 태어난 척추지압요법, 접골요법, 동종요법 등 많은 대체의학 요법들은 살아남았고 또 진화했다. 1970년대와 1980년대 적지 않은 환자들이 이들 요법으로 주의를 돌렸고, 어떤 이들은 한의학이나 인도의 아유르베다 등에 관심을 보였다. 한의학과 아유르베다 의학 등은 총체적인 의학체계를 제시했을 뿐만 아니라 명상, 마사지, 침술 등의 특수 요법을 제공했다. 그렇게 된 계기는 간단했다. 대체의학은 서양 현대 의학이 간과했던 것을 제공한 것이다. 모든 환자는 개성을 가진 존엄한 인간이다. 그리고 어떤 때에는 자연적 치유가 극적인 효과를 보이는 수술이나 부작용 위험이 있는 약물보다 나을 수 있다. 의학의 본질이 의사와 환자 사이에서 시작한다는 점도 중요한 계기로 작용했다.

이러한 새로운 움직임에 대한 과학적 의학의 반응은 예상할 수 있는 것이었다. 의학계는 지난 150년 동안과 마찬가지로 대체의학을 무시하고 조소했다. 그러나 1990년대 후반 대체의학을 무시할 수 없게 만드는 순간이 찾아왔다. 세계적으로 유명한 의학잡지 〈뉴잉글랜드 의학저널New England Journal of Medicine〉과 〈미국의사협회지Journal of the American Medical Association〉가 "대체의학이 엄청나게 성장했을 뿐만 아니라 1998년에는 미국인들이 자신들의 주치의보다 대체의학 요법사를 더 많이 찾았다."

고 지적한 것이다.

긴급 경보 신호가 울렸고, 대체의학의 재발견이라는 의학 역사 10대 혁신 가운데 하나가 찾아왔다. 그러나 이 혁신을 언급하기 위해서는 과거로 거슬러 올라가야 한다. 사실 이것들의 뿌리는 의학 역사의 거의 모든 단계에 걸쳐 있었다. 이것은 문명의 여명기에 전통의학의 발흥, 르네상스 시대의 혁명적 변화, 1800년대 대체의학의 탄생에서 20세기 후반의 대체의학의 재발견까지 많은 것을 포함한다.

이정표 1

고대 전통의학의 탄생 보살핌이 곧 치료이던 시절

몇천 년 전 안개 속에서 문명이 시작할 무렵 전통의학도 등장했다. 처음에는 문명권 사이에 공통적인 요소라고는 거의 없었다. 그러나 지정학적, 문화적, 언어적 차이에도 불구하고 주요한 고대 의학, 즉 전통 중국 의학과 인도 아유르베다 의학, 그리고 그리스 히포크라테스 의학에는 몇 가지 주목할 만한 유사성이 나타났다. 이들 의학은 수천 년 전 전설 속에서 등장했고 기원전 600년에서 300년 무렵 고전적인 형태를 갖추게 되었다. 비슷한 점은 이것만이 아니었다. 이들 고대 의학은 의학의 가장 중요한 원칙 가운데 몇 가지를 발견했다.

전통 한의학

5천 년 전 중국에서 탄생한 '황제黃帝'는 100년이라는 긴 생애를 매우 바쁘게 살았다. 그는 중국 고대 문명을 건설했을 뿐만 아니라 중국인들에게 가옥, 선박, 수레를 만드는 법을 가르쳐주고 활과 화살, 젓가락, 도

자기, 문자, 화폐를 발명했다고 한다. 또한 그의 자녀는 25명이 넘었다. 황제는 중국 전통 한의학의 원리를 세운 것으로도 유명하다. 비록《황제내경黃帝內經》은 그가 사망한 지 2000여 년이 지난 기원전 300년 무렵에 편찬된 것으로 보이지만 침술에 대한 초기의 설명에서 생리학, 병리학, 진단 및 치료의 고전 이론에 이르기까지 모든 것이 수록되어 있어 지금도 한의학의 고전으로 남아 있다.

그중 가장 중요한 것은《황제내경》이 전통 한의학에 도교와 함께 두 가지 근본적인 원리를 도입했다는 것이다. 하나는 인체는 우주(자연)의 축소판이며 자연과 인체가 서로 연결되어 있다는 것이고, 다른 하나는 건강과 질병은 신체 내부의 힘과 외부 세계와의 조화와 균형에 의해 결정된다는 것이다.《황제내경》은 또한 전통 한의학의 핵심 개념을 설명하고 있다. 음양 이론(세계가 대립되고 상호 보완적인 두 가지 힘에 의해 형성된다는 것)과 기(경락이라는 통로를 통해 신체를 순환하는 생체 활력 에너지), 다섯 가지 요소(불, 물, 나무, 금속, 흙)와 신체 내부의 특정 장기 및 그 기능의 관계, 그리고 증상을 분석하고 질병을 분류하기 위한 8대 원칙(냉과 온, 내와 외, 과잉과 결핍, 음과 양)이 그것이다.

전통 한의학은 한약, 침술, 마사지, 태극, 기공氣功과 같은 동작 치료 등 많은 요법을 제공하는데, 거기에는 두 가지 기본 원칙이 내재되어 있다. 첫 번째로 치료는 환자를 도와 그들이 가진 기, 즉 생체 에너지의 균형을 회복시키는 것이라는 것이고, 두 번째로 의사는 상세한 관찰, 문답, 듣기, 냄새 맡기, 촉진 등 전통적인 방법으로 환자를 주의 깊게 진단하여 각각의 환자에게 맞는 치료를 수행해야 한다는 것이다.

인도 아유르베다 의학

아유르베다 의학 역시 5천 년 전으로 거슬러 올라간다. 전설에 따르면, 고대 인도에서는 역병을 막고 사람들의 생명을 구하기 위해 약초를 채집했다. 브라마Brahma 신은 다크샤Daksha에게 치료술을 전수했고, 다크샤는 인드라Indra에게, 인드라는 바라드자바Bharadvaja에게, 바라드자바는 아트레야Atreya에게 그것을 전했다. 다시 아트레야는 수제자 6명에게 이를 가르쳤고, 수제자들은 그 내용을 《아유르베다Ayurveda》로 편찬했다. 《아유르베다》에는 역병이 유행할 때 어떤 일이 일어나는지에 대해서는 적혀 있지 않다. 한편 그러한 전설과는 별도로 오늘날 학자들은 아유르베다 의학이 적어도 기원전 1000년까지 거슬러 올라간다고 생각한다. 아유르베다의 초기 형태인 아타르바베다Atharavaveda는 미신적이고 종교적인 행위로 가득 차 있다. 그러나 전통 한의학과 마찬가지로 기원전 500년에서 300년 사이에 새로운 고전적 특성이 나타났는데, 과거의 지식들과 새로운 개념을 결합시킨 것이었다. 이를 산스크리트 말 아유르(ayur, 생명)와 베다(veda, 학문)를 합쳐 아유르베다, 즉 생명의 학문이라고 불렀다.

아유르베다 의학과 전통 한의학은 몇 가지 극명한 차이가 있음에도 불구하고 기본 철학은 매우 비슷하다. 예컨대 우주의 모든 생물과 무생물은 서로 연결되어 있으며 사람이 그 속에서 균형을 잃으면 질병이 발생한다는 것이다. 동시에 아유르베다 의학은 자신만의 독특한 개념과 사상을 가지고 있었다. 사람은 각기 독특한 체질을 지니고 있는데, 그것은 세 가지 생체 에너지의 영향을 받는다는 것이었다. 설명은 복잡하지만 생체 에너지 사이에 조화와 균형이 깨지면 질병이 발생한다는 전통 한의학과 비슷한 생각을 가지고 있다. 아유르베다 의학은 다른 전통 의학과 마찬가지로 환자를 진단하는 상세하고 복잡한 방법, 그리고 환자 중심의 원칙을 가지고 있었다. 이에 따라 환자의 질병 상태를 진단한 뒤 약초나 마사지, 호흡법, 명상, 식이요법 등 환자 개개인에 맞게 다양한 치료를 했다. 아유르베다 의학만이 가지고 있는 독특한 치료 방침도 있지만 궁극적인 목표는 분명 비슷한 것이었다. 즉 환자의 신체, 마음, 정신 사이의 균형을 회복함으로써 건강을 되찾는다는 것이다.

그리스의 히포크라테스 의학

제1장에서 살펴보았듯이 히포크라테스는 의학 그 자체를 발견함으로써 의학 역사상 10대 혁신 가운데 첫 번째 것을 성취했다. 중국과 인도에서도 고전 전통의학이 발전했지만 히포크라테스와 그 추종자들이 의학이라는 전문직업 자체를 탄생시킨 것이야말로 이정표적인 업적이다. 하지만 히포크라테스 의학 또한 초기의 한의학이나 인도 의학과 많은 부분에서 비슷한 전통의학이었다. 예를 들어 히포크라테스 의학의 뿌리는 코스 섬의 아스클레피오스 치유 신전에서 의술이 행해졌던 기원전 1000년 또는 그 이전까지 거슬러 올라간다.(1장)

고대 그리스 의학이 기원전 5세기에 고전적 형태로 발전했을 무렵 히포크라테스는 중국 의학, 아유르베다 의학과 비슷한 개념들을 많이 가르쳤다. 그는 건강이 신체, 마음, 환경 사이의 상호 작용에 영향을 받는다고 보았다. 물론 히포크라테스 의학은 그 나름의 독특한 체계를 가지고 있었다. 신체가 혈액, 점액, 황담즙, 흑담즙이라는 네 가지 체액으로 구성되어 있다는 것이다. 그럼에도 히포크라테스는 다른 전통의학들과 마찬가지로 질병이 환자 체액 사이의 불균형, 또는 그것과 외부 세계와의 불균형에서 비롯된다고 가르쳤다. 그리고 치료의 목표는 건강한 균형을 회복시키는 것이었다. 히포크라테스 의학 또한 다른 고대 전통에서 볼 수 있는 식이요법, 운동, 약초 등의 치료법을 가지고 있었다. 덧붙여서 히포크라테스는 환자와 의사의 관계를 매우 강조했고, 충분한 대화와 주의 깊은 관찰, 그리고 상세한 검사가 환자의 상태와 질병의 예후를 판단하는 가장 좋은 방법이라고 보았다.

이것은《유행병 1》이라는 책에 상세하게 기록되어 있다.《유행병 1》은 의사들이 모든 사물의 보편적 본질뿐만 아니라 환자의 습관이나 생활방식, 나이, 대화, 태도, 침묵, 사고, 수면, 꿈, 탈모, 긁힌 자국, 눈물, 대변, 소변, 객담, 토사물, 땀, 오한, 기침, 재채기, 딸꾹질, 배앓이, 치질, 출혈 등에 대해 공부해야 한다고 기록하고 있다.

초기의 전통의학들은 몇 가지 명백한 차이에도 불구하고 신체, 마음, 정신, 그리고 우주 사이의 상호 관계에서 균형과 자연 치유의 중요성에 이르기까지 건강과 질병에 관한 비밀을 밝혀냈다는 점에서 거의 동일하다. 더군다나 이들 의학 모두 환자와 의사의 관계, 그리고 환자에 대한 보살핌을 강조했다. 이러한 원칙을 가진 전통 한의학과 아유르베다 의학이 그 후 2500년간이나 생존했다는 것은 놀랄 일이 아니다. 히포크라테스 의학은 서양 세계에서 2천 년 가까이 영향력을 가지고 있었지만 16세기 무렵 시작된 혁명적 변화로 다른 방향으로 발전했다. 세계와 인간을 완전히 새로운 방법으로 바라보기 시작한 것이다.

이정표 2

계몽 1200년 간 지속된 전통의 붕괴와 새로운 방향의 발전

의학 역사상 가장 큰 아이러니는 히포크라테스 뒤에 이어 나타나 천 년 이상 영향을 미친 저술을 남기고 여러 가지 발견을 한 그리스 의사가 오늘날에는 가장 큰 오류를 범한 사람으로 기억되고 있다는 점일 것이다. 르네상스 시대에 이르러 두 명의 의사에 의해 갈레노스(Galenos, 129~199)가 여러 가지 치명적인 오류를 범했다는 사실이 밝혀졌을 때 그들이 단지 오래된 잘못을 뒤엎은 것만은 아니었다. 그들은 근대의 과학적 의학이라는 신세계를 탄생시켰다.

서기 129년 페르가뭄(Pergamum, 오늘날 터키의 서부 지방)에서 태어난 갈레노스는 뛰어난 의술로 존경을 받았고, 로마 황제 마르쿠스 아우렐리우스의 주치의가 되었다. 천 년 이상 갈레노스가 명성과 영향력을 떨칠 수 있었던 것은 임상의학, 윤리학과 더불어 해부학과 생리학 분야에서 그가 남긴 수많은 발견과 저술 때문이었다. 갈레노스는 오만에 가까울 정도로 진실에 대한 열정을 가지고 있었는데 다음과 같은 말을 남겼다. "아버지는 다른 사람들의 의견이나 그들에 대한 존중은 생각하지 말고 오직 진실만을 찾으라고 가르쳤다."

갈레노스는 당시 의학의 모든 분야를 탐구했고 의술과 동물해부, 그리고 명강의로 이름을 날렸다. 그의 위대한 발견 가운데는 동맥이 공기가 아니라 혈액을 운반하며 근육은 뇌에서 나온 신경에 의해 지배된다는 것도 있었다. 하지만 불행하게도 갈레노스는 몇 가지 잘못된 신념을 가지고 있었는데, 순환계의 핵심은 심장이 아니라 간이라고 생각한 것이 그 중의 하나다. 갈레노스의 명민한 통찰들은 1200년 동안 찬탄의 대상이 되었고, 그의 오류 또한 오랫동안 지속되었다.

르네상스 시대에 이르러서야 사람들은 오랫동안 진실이라고 생각해 온 고전들에 회의를 품기 시작했다. 1500년대 니콜라우스 코페르니쿠스(Nicolaus Copernicus, 1473~1543)가 지동설을 수립한 것처럼 많은 위대한 사상가들이 당시의 세계관을 바꾸기 시작했다. 의학에서 가장 큰 변화는 두 의사의 업적에서 시작되었다. 안드레아스 베살리우스(Andreas Vesalius, 1514~1564)와 윌리엄 하비(William Harvey, 1578~1657)가 그들이다. 두 사람이 수행한 인체에 관한 획기적인 연구는 당시의 전통을 뒤집었고, 혁신적인 방향으로 의학을 이끌었다.

벨기에 출신의 의사이자 해부학자인 안드레아스 베살리우스는 1514년에 태어났다. 그는 어렸을 때부터 작은 동물을 해부하는 데 관심이 많았고 자라면서는 집 근처에 버려진 사형수 시체의 해부에 흥미를 가지게 되었다. 의학 수련을 마치고 이탈리아 파도바 대학에서 외과 및 해부학 교수로 임명되었을 때 그는 학생 때 배운 지식이 자신이 스스로 해본 해부 관찰과 잘 들어맞지 않는다는 점을 깨달았다. 베살리우스는 그 뒤 계속해서 사체를 해부했고, 강의와 시연을 통해 존경 받았다. 베살리우스가 처음 해부 시연을 보인 것은 갈레노스의 저술을 설명하기 위해서였다. 하지만 그는 곧 갈레노스에 대한 신뢰를 접었다. 인간의 턱뼈가 두 부분으로 나뉜다거나, 뇌 바닥 부분에 혈관 뭉치가 있다는 설명을 비롯해 200가지 이상의 오류를 발견한 까닭이다. 대부분의 오류는 실로 그럴 만한 것이었다. 갈레노스는 동물을 해부했고 베살리우스는 인간 사체를 해부했기 때문이다. 베살리우스는 갈레노스의 오류를 바로잡는 데 주저하지 않았다.

1543년, 29세의 나이에 베살리우스는 7권으로 이루어진 《인체 구조에 대하여De Humani Corporis Fabrica》라는 책을 출판했다. 그가 수행한 해부 작업의 결과를 모은 것이었다. 300점이 넘는 상세한 해부도가 실려 있었는데 이런 종류의 책으로는 최초였다. 그리고 이 책은 오늘날 의학뿐 아니라 인류 지성사에서 손꼽히는 명저로 인정받고 있다. 베살리우스의 작업이 오랜 기간 숭배해 온 갈레노스의 저술을 반박한 점에 불만을 품는 의사들도 많았지만 베살리우스의 작업은 전례를 찾을 수 없을 만큼 상세한 근거를 갖춘 뛰어난 것이었다. 《인체 구조에 대하여》는 갈레노스의 오류를 지적하면서 후속 세대가 잊어서는 안 되는 새로운 기준을 제시했다. 검증되지 못한 가정보다 상세한 관찰과 사실의 기록이 우선되어야 한다는 것이었다.

베살리우스가 갈레노스가 정립한 해부학에 관한 오류를 지적했다면 한 세기 뒤 영국 의사 윌리엄 하비는 생리학 분야에서 갈레노스의 중대한 잘못을 밝혀내며 자신만의 독창적인 방식으로 진실을 추구했다. 당시만 해도 학자들은 몸속에서 혈액이 흐르는 것에 대한 갈레노스의 설명에 의문을 제기하지 않았다. 예를 들어 갈레노스는 혈액이 심장 펌프에 의해 지속적으로 순환하는 것이 아니라 간에서 끊임없이 생성되어 심장의 조수潮水 작용을 통해 신체 곳곳으로 보내져 소비된다고 설명했다. 갈레노스는 또한 심장 속의 혈액이 심실 벽에 있는 구멍을 통해 이동한다고 보았다. 그러나 베살리우스를 비롯한 자신의 우상들이 관찰을 장려하던 시기에 자라난 하비는 갈레노스의 이론을 좀 더 면밀하게 탐구하고자 했다.

1616년, 수많은 동물실험을 수행한 하비는 자신의 놀라운 발견을 세상에 공표했다. “혈액은 몸속에서 순환한다. 동맥은 심장으로부터 신체의 여러 부위로 혈액을 운반하는 혈관이고 정맥은 신체 여러 부위에서 심장으로 혈액을 실어 나르는 혈관이다.”

이것은 갈레노스의 설명과는 완전히 다른 개념이었다. 하비는 비판과 의심 앞에 방황하기도 했지만 1628년 《심장과 혈액의 운동에 대하여Exercitatio Anatomica de Motu Cordis et Sanguinis in Animalibus》라는 책에 자신의 발견을 담아 출판했다. 그는 심장이 혈액을 신체 여러 부위로 내보내는 방법을 정확하게 묘사하면서 동시에 동맥과 정맥의 각기 다른 기능을 기술했다. 그리고 갈레노스의 저서를 반박하면서 “왜냐하면 심실 벽에는 구멍이 없기 때문이다.”라며 혈액이 심장 벽을 통과하지 않는다고 결론을 내렸다.

하비의 이론은 오늘날에는 단순한 개념처럼 들린다. 하지만 어떤 과학사가들은 하비의 순환 이론을 생리학과 의학에서 가장 위대한 발견으로 꼽기도 한다. 해부학에서 이룬 베살리우스의 금자탑적인 발견과 마찬가지로 하비의 발견은 단순히 생물학상의 오류를 지적한 것을 뛰어넘는 것이었다. 1200년 이상의 세월이 흐르는 동안 그 누구도 권위에 대해 질문하지도 도전하지도 않았다. 그러나 베살리우스와 하비는 과거에 누구도 감히 하지 않은 방식으로 인체를 새롭게 바라보았다. 전통은 뒤집어졌고 세계를 바라보는 새로운 문이 열렸다. 이것은 그 후 5세기 동안 겪은 변화의 출발점이 되었다.

이정표 3

과학적 의학의 탄생 치료, 보살핌을 가리기 시작하다

베살리우스와 하비의 혁명적 업적은 불과 한 세기에도 미치지 않는 짧은 기간 동안 이루어졌지만 그 뒤 과학적 의학의 탄생은 이보다 긴 과정에 걸쳐 일어났다. 그러면서도 몇 가지 전통은 생명을 유지했다. 예를 들어 1800년대까지 많은 의사들은 여전히 히포크라테스 의학을 시술하고 있었고 하제, 사혈, 구토제로 체액의 균형을 맞추고 있었다. 그런 가운데 근대 과학적 의학의 탄생에 두드러진 업적을 남긴 두 명의 핵심 인물이 나타났다. 앙브로와즈 파레(Ambroise Paré, 1510~1590)는 전통 세계와 혁신 사이에 다리를 놓았으며 르네 라엔넥(René Laennec, 1781~1826)은 1816년 단순한 도구 한 가지를 발명했다. 하지만 이 도구는 의학 역사상 위대한 발견 가운데 하나로 칭송받는 동시에 서양 의학을 바람직하지 않은 방향으로 전환시키는 음침한 주문의 구실도 했다.

앙브로와즈 파레는 프랑스 군대의 외과의였다. 그가 1500년대 중반 전통과 결별하면서 일궈낸 작업은 그에게 '근대 외과의 아버지'라는 칭호를 안겨 주었다. 과거의 수술은 도살과 같은 것으로 여겨지거나 단순한 수련을 받은 이발사나 수술의사가 하는 업무로 여겨졌는데 파레는 이를 전문적인 기술로 바꾸었다. 파레의 업적을 감안할 때 근대 외과의 아버지란 영예를 충분히 누릴 만하지만 그가 일궈낸 성취를 자세히 들여다보면 파레는 전통과 혁신 모두 존중했음을 알 수 있다. 파레의 가장 유명한 발견은 1537년에 이루어졌다. 그는 전쟁터에서 수술의로 복무하고 있었는데 전통적으로 총상 치료에 사용해 오던 기름이 떨어졌다. 당시에는 총상을 입으면 독성이 퍼진다고 생각해 독사에 물렸을 때처럼 펄펄 끓는 기름으로 치료했다. 그 기름이 떨어지자 파레는 임시변

통으로 달걀노른자와 장미유, 테리빈유를 섞어 혼합물을 만들었다. 다행히도 새로운 혼합물은 병사들의 고통을 덜어주었으며 치료 효과도 훨씬 좋았다. 그는 나중에 다음과 같이 썼다. "나는 총상을 입은 병사들을 끓는 기름물로 잔인하게 지지지 않아도 된다는 점에 위안을 받았다."

그러나 파레는 혁신뿐만 아니라 전통도 존중했다. 또 다른 치료에서 파레는 절단이 필요한 병사들의 상처를 뜨거운 인두로 지지는 대신 혈관을 묶어 출혈을 멎게하는 고대의 결찰술을 사용했다. 이 또한 출혈을 멈추고 치유를 돕는 데 더 좋은 방법임이 밝혀졌다.

그밖에도 팔다리 절단수술을 받은 사람들을 위해 나무다리를 고안하는 등 파레의 방식들은 전통과 혁신을 조합한 것이었으며, 마침내 그에게 온화한 외과 의사라는 칭호를 안겨 주었다. 파레는 겸손한 인품으로도 유명하다. 이 격언은 2천 년 전 히포크라테스의 가르침을 되살려 준다.

"나는 환자를 치료했을 뿐 하느님이 그를 낫도록 했다."

서양 의학이 전통과 근대의 두 세계에 걸쳐 있던 시절인 1500년대에 파레가 성취한 것들이 전통적 측면을 대표한다면 2세기 남짓 뒤 프랑스 의사 르네 라엔넥이 발명한 청진기는 근대로의 전환을 상징한다. 라엔넥이 의술을 행하던 1800년대 초, 의사들은 환자의 폐음肺音과 심음心音을 듣고 질병의 징후를 판단하기 위해 귀를 환자의 가슴에 대거나 가슴에 손수건을 얹고 귀를 댔다. 1816년 어느 날 라엔넥은 심한 심장 질환으로 고통받는 젊고 살진 여성을 검사하고 있었다. 그러나 여성의 가슴에 귀를 대는 것은 말처럼 쉽지 않았다. 그때 퍼뜩 좋은 생각이 떠올랐다. 라엔넥은 아이들이 공원에서 노는 모습을 기억해냈다. 아이들은 긴 막대 끝에 귀를 대고는 가볍게 두드리면서 서로에게 신호를 보내고 있었다. 막대가 소리를 어떻게 증폭하고 전파시키는지 떠올린 라엔넥은 아이디어를 냈다. 그는 24장의 종이뭉치를 실린더처럼 말아 한쪽 끝은 자신의 귀에 다른 끝은 환자의 가슴에 올리고 심음을 듣기 시작했다. 라엔넥은 나중에 다음과 같이 기록했다. "당시까지 청진했던 방법보다 훨씬 더 분명하고 또렷하게 심음을 들을 수 있는 방법을 발견했는데 조금도 놀라거나 기쁘지 않았다."

라엔넥은 보다 안정적인 형태의 청진기를 고안했고, 이를 계기로 많은 중요한 발견을 했다. 단지 새로운 도구가 심음을 증폭시킬 수 있다는 사실뿐만 아니라 심음이 어떻게 정상적인 심장 기능과 심장 질병에 중요한 단서를 제공하는지도 발견했다. 3년 뒤 그는 자신의 발견을 담아 〈간접 청진 또는 심장과 폐 질환의 진단에 대한 논문〉을 출간했다. 그러나 뛰어난 발견과 임상적 관찰에도 불구하고 라엔넥의 청진기는 몇십 년 동안 비판과 야유의 대상이 되었다. 1885년 말까지도 한 의대 교수의 언급이 널리 회자되었다. "들을 귀가 있는 의사라면 청진기가 아닌 귀를 사용하라."

미국흉부외과학회의 창설자인 루이스 코너Lewis A. Conner 역시 청진기보다 가슴에 손수건을 얹고 귀를 대는 것을 선호했다.

그럼에도 불구하고 청진기는 많은 의사들에게 환영 받았고, 오늘날 근대 의학 탄생에 좋든 나쁘든 대표적인 상징물로 여겨진다. 좋은 점은 과학적 의학을 진전시킨 최초의 기술로 실제로 청진기는 오늘날에도 진단학적으로 값진 정보를 수집하는 데 널리 이용되고 있다는 것이다. 나쁜 점은 청진기는 의사가 환자의 가슴에 직접 귀를 대고 들음으로써 환자와 의사가 느꼈던 친밀감에서 멀어지게 했다는 것이다. 그 후 다른 혁신들과 마찬가지로 청진기는 의사와 환자 사이에 작지만 차가운 벽을 쌓았다.

근대 의학의 성립은 청진기의 발명 이래 200년 동안 여러 가지 진전을 통해 이루어졌다. 이에 대해서는 앞에서 다룬 바 있다. 어쨌든 청진기의 출현은 환자와 의사 관계의 전환, 의사가 환자를 치료하는 방식의 변화를 가져왔다. 마침내 환자가 이러한 전환에 저항하기 시작했을 때 고대로부터 내려온 전통의학만이 아닌 한 세기 또는 그 이전에 조금 앞서 탄생한 대체의학도 유용하게 쓰이게 되었다.

이정표 4

대체의학의 탄생 치유의 손길에 대한 동경과 영웅적 의학에 대한 경멸

과학적 의학이 대체의학에 퍼부은 비난과 경멸에 대해 너무 부정적으로만 생각해서는 안 된다. 대체의학 역시 부분적으로는 과학적 의학을 비난하고 경멸했기 때문이다. 1800년대 초반 과학적 의학의 상황을 생각해 보면 이해할 수 있다. 앞에서 언급했듯이 과학적 의학은 여러 치료 체계 가운데 하나였다. 또한 당시까지 성공을 거둔 것이 별로 없었고 따라서 환자에게 제공할 수 있는 것도 얼마 되지 않았다. 오히려 과학적 의학은 다른 치료 체계의 시술자들에게 많은 비난거리를 제공하고 있었다. 사혈, 독성을 띤 하제, 감염으로 인해 사망하는 경우가 많던 수술 등 환자를 구하기 위한 과학적 의학의 시도들은 종종 냉소적인 의미로 영웅적 의학이라 불렸다. 과학적 의학에 대한 경멸을 가장 잘 표현한 사람은 아마도 동종요법의 창시자인 사뮤엘 하네만(Samuel

Hahnemann, 1755~1843)일 것이다. 그는 영웅적 의학을 "치유라고는 찾아보기 어려운 쓸데없는 기술이고, 전쟁보다 사람들의 생명을 단축시키며, 수백만 명의 환자들을 원래보다 더욱 골병들고 가엾게 만든다."고 맹렬히 비난했다.

하네만이 치유라고는 찾아보기 어렵다고 한 것은 고전적인 전통의학들처럼 1800년대에 생겨난 많은 대체요법들이 불가사의한 치유력, 자연 치유 그리고 치유자와 환자의 가치에 대한 믿음을 공유하고 있었기 때문이다. 이러한 것들은 과학적 의학이 수술과 약물로 질병을 공격하는 모습과는 맞지 않는 것이었다. 19세기에 새로 생겨난 많은 치유 체계 가운데 특히 두 가지, 동종요법과 척추지압요법은 이들 치유 체계가 기본적으로 매우 동일한 철학을 갖고 있는 동시에 그 치료법들이 얼마나 다양할 수 있는지를 잘 보여준다.

동종요법

많은 사람들이 1700년대 후반 사뮤엘 하네만이 새롭고 완전히 반反직관적인 의학 이론을 발견했을 때 근대적인 대체의학이 시작했다고 생각했다. 독일 의사 하네만은 약초학 책을 번역하던 중 한 문구에 꽂혔다. 책의 원저자는 기나 껍질에서 뽑아낸 키니네가 그 쓴맛 때문에 말라리아를 치료할 수 있다고 했다. 하지만 하네만에게 이것은 말도 안 되는 주장이었다. 이 주장을 염두에 두고 하네만은 기나 껍질의 용량을 바꿔가면서 복용해 보고는 자신에게 나타나는 효과를 체험했다. 그는 나중에 기나 껍질 자체가 말라리아와 같은 증상을 일으킨다는 사실을 발견하는 성과를 이뤄냈다. 말라리아에 대한 키니네의 치료 효과는 쓴맛에서 오는 것이 아니라 말라리아와 비슷한 증상을 일으키는 효과 때문이라고 하네만은 생각했다. 만약 이것이 옳다면 어떤 질병의 증상과 얼마나 비슷한 증상을 일으키느냐에 따라 여러 치료제가 개발될 수 있었다. 지원자들을 상대로 다양한 실험을 거친 하네만은 자신의 가설이 옳다고 결론 내렸다. 하네만은 이것을 동종의 원칙 또는 이열치열 요법like cures like이라 불렀다.

하네만은 실험을 계속하여 동종요법에 대한 이론을 개발했다. 동종요법이라는 단어는 그리스 말 omios(비슷하다)와 pathos(느낌)를 합친 것이다. 그는 서로 다른 두 가지 핵심 사상을 결합했다. 그중 첫 번째이자 가장 반직관적이고 비합리적인 사상은 동종요법 처방이 정의상 원하지 않는 증상을 일으키지만 그 독성은 처방약을 계속 희석시키면 약화되어 결국 증상을 일으키지 않는다는 것이었다. 그리고 처방약이 너무 많이 희석되어 체내에 거의 남지 않더라도 희석 과정에서 처방 용액을 흔들면 생기生氣가 추출되기 때문에 치료 활력화potenization라는 과정을 통해 치료 효과는 오히려 증진된다는 것이었다. 두 번째 핵심 사상은 동종요법 가운데 구체적으로 어떤 방법을 사용할지 선택하는 것은 환자 개개인에게 나타나는 증상의 총체적인 특성에 따라 결정해야 한다는 것이었다. 따라서 환자의 병력과 개인적 특성을 상세하게 이해하는 것이 무엇보다 중요했다.

이들 개념에서 동종요법이 고대 전통의학의 내재된 가치를 공유하고 있다는 사실을 알 수 있다. 먼저 치료 물질의 생기적 에너지는 신체 내 생기적 에너지와 외부 세계와의 상호 연결에 관한 고대의 관점을 반영하는 것이다. 둘째, 환자 증상의 총체적 특성을 이해할 것을 강조한 점은 치유자와 환자 사이의 관계의 중요성을 반영하는 것이었다. 예를 들어 환자의 증상을 알기 위해 시술자는 환자와 오랜 시간을 면담해야 하고, 환자의 증상만이 아닌 그것이 시간과 계절, 날씨, 기분, 행동 등에 어떻게 영향 받는지도 알아야 했다. 일단 정보를 수집한 뒤에 시술자는 한 가지 또는 여러 가지 동종요법을 선택하는데 그 방법이 2,000가지가 넘었다. 마지막으로 동종요법은 식물, 동물, 광물 등 자연으로부터 치료제를 추출했고, 그중 유효한 성분은 소량이라는 점에서 전통의학과 비슷했다.

당연히 과학적 의학은 동종요법 이론을 부정했다. 많이 희석된 물질이 치료 효과가 있다는 개념을 무시했고, 설령 효과가 있을지라도 그것은 위약僞藥 효과라고 치부했다. 그러나 수많은 모순적인 증거들에도 불구하고 최근 잘 설계된 연구들은 동종요법이 인플루엔자나 알레르기, 설사 등 몇몇 경우에 효과가 있다는 사실을 보여준다. 더욱이 오늘날의 과학자들은 어떻게 동종요법이 효과를 나타내는지를 설명하는 탐구를 계속하고 있으며, 물질과 희석된 용액 사이의 복잡한 상호 작용이 분자 수준의 기억을 만들어내 결국 치료 효과를 나타낼 수 있다는 연구도 나오고 있다. 어찌 되었든 동종요법은 19세기 이래 과학적 의학과의 격렬한 전투에도 불구하고 200년 넘게 살아남았으며, 미국에서는 10대 대체의학 요법 가운데 하나로 자리 잡았다.

척추지압요법Chiropractic

척추지압요법은 어긋난 관절들을 맞춤으로써 여러 가지 병을 치료하는 의학이다. 이 요법은 히포크라테스 시대까지 거슬러 올라가는 흥미진진한 역사를 가지고 있다. 히포크라테스는 환자를 사다리에 묶어 지붕 높이에서 떨어뜨리는 척추 만곡증 치료에 대해 기술한 바 있다. 근대의 척추지압요법은 좀 더 복잡해졌지만 그렇다고 예전의 특성을 잃어버린 것은 아니다. 근대적 척추지압요법은 1890년대 말 다니엘 데이비드 파머(Daniel David Palmer, 1845~1913)에 의해 개발되었다. 초등학교 학력의 파머는 한때는 자기磁氣요법사로 일하기도 했는데 "모든 질병의 95%가 척추가 어긋나서 생긴다."고 주장했다.

파머는 1895년 척추지압요법을 발견하기 이전 자기장 치유자로 오랫동안 일했고, 나중에는 자신의 치유 능력을 근대적 생물학에 결합시켰다. 그는 질병의 핵심 양상은 염증이며 자신의 손으로 자신의 생기적 자기 에너지를 염증이 생긴 부위에 흐르게 하면 환자를 치료할 수 있다고 확신했다. 파머가 실제로 시술하는 모습을 지켜본 어느 동종요법 의사는 다음과 같이 기록했다. "그는 자신의 자기를 띤 손가락을 환자의 병든 장기에 얹음으로써 환자, 절름발이, 마비 환자들을 치료했다. 파머는 질병이 생긴 장기를 찾아내 그 장기들을 치료했다."

1895년 파머는 새로운 개념을 받아들임으로써 근대적 척추지압요법을 발견하기에 이르렀다. 그는 장기와 조직이 제자리에서 벗어나면 서로 마찰하게 되고 이 마찰로 인해 염증이 발생하며 질병이 생긴다는 이론을 만들어냈다. 파머는 자신의 이 이론을 통해 손으로 그 어긋난 장기들을 정상 위치로 되돌려 놓으면 마찰이 멈추고 염증이 가라앉아 질병이 치유된다고 생각했다.

1895년 9월 18일, 파머는 자신의 건물 문지기에게 새로운 기술을 시도했다. 하비 릴라드Harvey Lillard는 등이 비틀어지고 난 뒤 청력을 잃었다.

진찰을 통해 파머는 릴라드의 척추 하나가 어긋나 있다는 사실을 발견했다. 파머가 척추뼈를 가지런하게 놓는 순간 모두가 놀라 자빠질 일이 일어났다. 릴라드는 나중에 다음과 같이 적었다. "나는 17년 동안 듣지 못한 채 살아왔다. 많은 의사들을 만났지만 별다른 효과를 보지 못했기 때문에 평생을 그렇게 살 것이라 생각했다.… 파머 씨는 내 척추를 치료했고 두 번의 치료 후에 나는 들을 수 있게 되었다. 이것이 8개월 전의 일로, 지금도 나는 여전히 잘 들을 수 있다."

파머는 얼마 뒤 심장 질환을 앓고 있는 환자를 치료하는 데 성공했다. 실험을 거듭한 끝에 파머는 자신의 새로운 치료법을 '척추지압요법'이라 명명하고 1년이 지나지 않아 그것을 가르치는 학교를 열었다.

파머의 기술은 신체 내 전치轉置된 모든 조직에 적용되는 것이었지만 1903년 그는, 호스 위의 발 이론에 근거하여 관절, 특히 척추에만 집중했다. 이 이론에 따르면 척추가 잘못 정렬되면 척추에 있는 신경 뿌리를 건드릴 수 있고 신경이 다양한 장기에 보내는 파동의 전파를 차단하여 염증과 질병이 생길 수 있다는 것이었다. 그러므로 이론적으로 신경의 지배를 받는 신체 부위라면 척추를 지압하여 어긋난 척추를 재정렬하고 신경에 가해지는 압력을 제거함으로써 그 부위의 염증과 질병을 치료할 수 있다는 것이었다.

오늘날 많은 척추지압요법사들은 파머의 본래 명제인 한 가지 원인, 한 가지 치료법을 넘어 다양한 치료를 시도하고 있지만 파머의 관점은 오랫동안 척추지압 이론의 핵심이 되고 있다. 그리고 그것은 과학적 의학이 척추지압요법사라는 직업을 인정하지 않는 가장 중요한 이유가 되고 있다. 척추가 어긋남으로써 신경을 자극하고 또 질병을 유발한다는 주장에 대한 과학적 증거는 없지만 1994년 미국보건의료정책연구국이 소집한 근거 중심 의학 패널들은 척추 지압이 요통 치료에 효과가 있음을 발견했다. 또 다른 연구에서는 특정 조건에서 척추지압요법이 치료에 효과가 있음을 보여주고 있다. 그 결과 척추지압요법은 주류 의학에서 빠르게 받아들여지고 있다. 그리고 척추지압요법은 2007년 미국에서 대체 요법 가운데 4번째로 많이 쓰였다. 이것은 척추지압요법이 효과적일 뿐 아니라 전통에 뿌리를 두고 있기 때문이다. 파머는 자신이 몸속에 내재된 치유 지능을 두드린다고 확신했다. 그리고 척추지압요법이야말로 의사와 환자간의 궁극적인 치유를 실현한다고 믿었다.

동종요법과 척추지압요법 외에도 1800년대에는 자연요법(자연의 치유력과 자연 치유에 초점을 둔다)과 접골요법(자연 치유와 근골격계의 조정을 강조하고 오늘날에는 과학적 의학과 맞먹을 정도의 체계를 갖추었다) 등 많은 대체의학 요법이 탄생했고, 오늘날까지 살아남았다. 그 요법들 간에 적지 않은 차이가 있지만 이들 모두 완전히 사라지거나 무시할 수 없는 가치를 가지고 있다. 불행하게도 이들 모두 한 가지 점을 공유하고 있는데, 과학적 의학과의 길고도 쓰라린 전투가 바로 그것이다.

이정표 5

몸을 둘러싼 전쟁 돌팔이 짓을 정복하기 위한 맹목적인 전투

과학적 의학은 자신의 가치와 권력에 위협이 되는 것을 헐뜯고 배척하는 데 거침이 없었다. 과학적 의학이 위대한 업적을 이뤄내기 수십 년 전인 1842년, 하버드 의과대학의 올리버 웬델 홈즈(Oliver Wendell Holmes, 1809~1894)는 대체의학과의 전투에서 장갑을 벗어 던졌다. 과

학적 의학에 대한 하네만의 초기 비판에 대해 홈즈는 동종요법이 망측스러운 재간, 겉만 번지르르한 것, 정신박약적인 맹신, 그리고 교활한 거짓말이 한데 섞인 덩어리라고 주장했다. 그런데 역설적으로, 과학적 의학은 존 스노우와 이그나즈 젬멜바이즈의 미생물 병인론에서 밝혀진 증거들에 대해서도 악의적으로 무시했다.(제2장, 제3장) 그럼에도 불구하고 홈즈의 고민은 이해할 만한 것이었다. 체계가 잡혀 있지 않던 당시 의료 환경에서 과학적 의학이 다른 의학 체계와 마찬가지로 살아남을 수 있을 것인지 염려하고 있었던 것이다.

1800년 당시 미국 전체에서 교육을 받은 의사가 200명에 불과했다는 사실을 감안할 때 그 뒤 2세기 동안 근대 의학이 이룬 발전은 매우 놀라운 일이다. 1830년에 이 숫자는 수천 명으로 증가했지만 대부분의 환자들은 식물요법사나 접종자, 산파, 접골사, 그리고 다양한 강장제와 약을 파는 약종상 등 이른바 전문가들에게 치료를 받았다. 또한 정신없는 의료계의 질서를 세우기 위해 종종 이들을 세 가지로 분류하기도 했다. 정규 시술자는 정통의학을 시술하는 과학적이거나 정통적인 의사들을 지칭했다. 비정규 시술자는 동종요법 등의 비정통적인 의술을 행하는 의사들을 가리켰다. 그리고 그 밖의 사람들은 돌팔이나 협잡꾼으로 분류되었다. 그렇다고 하더라도 1840년대까지는 누구라도 원하기만 하면 의사 행세를 할 수 있었다. 이 놀라운 사실을 알게 된 정규 시술자들은 1846년 힘을 모아 역사적이고도 장기간 영향을 발휘할 금자탑을 마련했다. 주州의사협회 대표들이 필라델피아에 모여 전국의사협회를 결성한 것이다. 이 단체는 곧 미국의사협회AMA, American Medical Association로 개칭됐고, 지금도 미국에서 가장 강력한 로비력을 발휘하고 있다.

미국의사협회는 처음부터 의학 교육 수준의 향상, 제대로 훈련받지 못한 정통 의사들의 축출, 의학 지식의 발전 등 여러 가지 목표를 가지고 있었다. 1800년대 말, 이들은 입법부에 대한 로비를 통해 모든 주에서 의사자격면허를 확립하게 하는 데 성공했다. 1900년대 초, 미국의사협회는 의학교육 수준과 질의 저하를 염려하여 에이브라함 플렉스너(Abraham Flexner, 1866~1959)에게 이에 관한 조사를 위임했다. 그 결과로 1910년에 나온 〈플렉스너 보고서Flexner report〉는 당시 의학 교육에 매우 비판적이었다. 그에 따른 후속 조치로 이들은 의과대학을 변화시켰을 뿐만 아니라 오늘날에도 적용되는 기준을 만들었다. 그 기준에는 의과대학 학생들은 2년 동안 기초 의학을 공부한 뒤 2년 동안의 임상 훈련을 받아야 한다는 것 등이 포함되어 있었다.

그러나 미국의사협회는 자체 수준을 향상시키는 것 이상으로 비정규 시술자와의 전투에도 공을 들였다. 즉 미국의사협회와 차이가 나는 비과학적인 방법과 철학을 지닌 대체의학 시술자들을 의료계에서 추방하기로 한 것이다. 노력은 매우 성공적이었고 그에 따라 많은 비주류 대체 요법들이 1800년대를 지나면서 하강곡선을 그렸다. 그런데 당황스럽게도 동종요법처럼 눈에 거슬리는 대체요법들이 새로운 추종자를 형성해 가고 있었다. 1876년 미국의사협회는 자신과 다른 가치체계를 지닌 사람들을 압박하기 위한 새로운 전략을 전개했다. 동종요법 시술자와 협력하는 것은 비윤리적이라는 방침을 통과시킨 것이다.

미국의사협회의 전투와 거부 전략은 20세기에 접어들면서 더욱 치열해졌다. 1950년대 말까지만 해도 접골요법사들을 여전히 돌팔이라 생각했고, 1960년대에는 척추지압요법사를 압박하는 돌팔이대책위원회를 설치했다. 돌팔이대책위원회는 자신들의 목표를 우선 척추지압요법을 견제하고 궁극적으로는 제거하는 것이라고 밝혔다. 그러나 미국의사협회가 1960년대 말 부끄러움을 무릅쓰고 척추지압요법에 호의적인 연구를 억제하고 척추지압요법을 비과학적이고 주술적이며, 서양의 과학적 의학과 맞지 않는 철학을 가진 것으로 비방하는 캠페인을 시작했을 때 미국의사협회의 전략은 밑바닥에 이르렀다. 그러한 전략에도 불구하고 1974년 척추지압요법사들은 모든 주에서 합법적인 지위를 획득했다. 그리고 1987년, 미국 최고법원은 미국의사협회가 척추지압요법사를 제거하는 과정에서 독과점방지법을 위반했다는 하급 법원의 판결에 손을 들어 주었다. 당시 한 연방대법관은 과학적 의학이 대체의학에게 준 뼈아픈 충격을 요약하며 다음과 같이 결론 내렸다.

"척추지압요법사에게 행한 명예 훼손은 회복되지 않았다."

비록 전투와 그에 따른 피해가 있었지만 과학적 의학의 엄격한 기준이 적용됨에 따라 19세기와 20세기에 걸쳐 수많은 생명을 구한 성과들을 과소평가해서는 안 된다. 더군다나 이러한 진전들이 항상 환자 치유를 대가로 얻어진 것도 아니었다. 1920년대와 1930년대까지도 많은 정통 의사들은 시술에서 환자를 보살피는 것을 중심에 두었다. 그러나 1930년대와 1940년대를 거치면서 우선순위가 명백하게 바뀌었다. 과학적 의학은 환자가 자신에 대한 치료에 관여할 수 없게 만들었고 동시에 의학은 환자에게서 계속 멀어지게 되었다. 20세기 마지막 몇십 년 동안, 다시 조류가 바뀌어 환자들은 새로운 대체의학을 찾음으로써 자신들의 통제력을 되찾고자 했다.

이정표 6

유행에 대한 처방 대체의학의 재발견

과학적 의학이 가장 신뢰하는 잡지에서 두 차례 충격을 가했고, 마침내 경고음이 울렸다. 첫 번째 충격은 데이비드 아이젠버그David M. Eisenberg와 그의 동료들이 수행하여 1993년 〈뉴잉글랜드 의학 저널New England Journal of Medicine〉에 게재한 연구 결과였다. 1990년 전국 조사에 따르면 응답자들의 34%가 과거 최소한 한 가지 비정통적인 치료를 받은 바 있다고 한다. 더욱 충격적인 것은 전국 수준에서 대체의학 시술자를 방문한 횟수가 모든 1차 의료인을 방문한 횟수보다 많다는 것이었다. 두 번째 충격은 5년 뒤 〈미국의사협회지Journal of the American Medical Association〉에 게재된 후속 연구였다. 첫 연구 이후 대체의학은 실질적으로 증가했고, 42%의 응답자가 1997년 최소한 한 가지 이상의 대체의학 요법을 사용해 보았다고 응답했다.

전환점에 이른 것이었다. 논문이 제시하는 근거들을 보았을 때 다시 돌아갈 방법은 없었다. 1998년 저자들은 "우리 조사는 대체의학 활용과 그 소비가 극적으로 증가해 왔음을 보여 준다."고 언급하면서 보다 철저하게 사전 대책을 강구하고 더 많은 연구, 더 나은 교과 과정, 자격 부여, 의뢰 가이드라인 등을 주문하는 결론을 내렸다. 과학적 의학은 오랫동안 거부해 온 진실을 마침내 인정하고 그들을 가족으로 받아들였다. 자신들이 그동안 고수해 온 전략을 포기한 것이다.

나중에 밝혀졌지만, 변화는 이미 시작된 상태였다. 같은 해, 의회는 공식적으로 전국대체보완의학센터를 설립했다. 이 기구는 오랫동안 분리된 두 개의 의학 세계를 연결하는 획기적인 기구였다. 전국대체보완

의학센터는 미국국립보건원 내 27개의 기관과 센터 가운데 하나로 보완대체의학CAM, complementary and alternative medicine을 엄격한 과학적 기준으로 연구하는 것이 목표였다. 이 기구의 1년 예산은 1998년 1,950만 달러에서 2009년 1억 2,550만 달러로 6배 가까이 늘었으며, 전 세계 1,200개 이상의 프로젝트를 지원했다.

처음부터 전국대체보완의학센터는 전 세계에서 활용되고 있는 대체의학 요법들을 정의하고 설명하고 합법화하고 종종 잘못된 것을 폭로해 왔다. 예를 들어 전국대체보완의학센터는 보완대체의학을 일련의 다양한 의학과 보건의료 체계 및 시술, 생산물로서 보통 정통의학의 일부로 여겨지지 않는 것으로 폭넓게 정의했다. 또한 전국대체보완의학센터는 정통의학과 함께 쓰이는 보완의학요법(수술 후 불편한 느낌을 완화시키기 위한 아로마 요법 같은 것)과 정통의학 대신 쓰이는 대체의학요법(방사선 치료나 화학 치료 대신 특수한 식이요법으로 암을 치료하는 것)을 구분했다.

모든 종류의 보완대체의학을 분류하고 구분하는 것은 어렵지만 전국대체보완의학센터는 보완대체의학을 정신-신체요법, 생물학-기반요법, 신체-기반조작요법, 그리고 에너지요법이라는 네 가지의 주요한 카테고리로 분류하고 있다. 그리고 총체적 의학 체계라는 더 넓은 카테고리 속에 서양 문명에서 나온 것(동종요법과 자연요법 의학)과 서양 이외 문명에서 나온 것(전통 한의학과 아유르베다 의학)을 포함하고 있다. 전국대체보완의학센터는 개개의 특수 요법과 최근 연구 결과에 대한 정보도 제공하고 있다. 예를 들어 2008년 전국대체보완의학센터는 전국건강면접조사NHIS 결과를 발표했다. 이 결과에 따르면 2007

보완대체의학 시술자 방문 횟수 베스트 15(2007년)

치료법	일반적 정의	방문 횟수
척추지압요법 접골요법	척추지압요법 : 신체 구조와 기능 사이의 관계와 이것이 건강에 미치는 영향에 기반을 둔 치료 접골요법 : 근골격계 계통에 생기는 질병에 초점을 둔 정통의학의 한 형태	18,740,000
마사지	근육과 결합조직을 자극하여 기능을 증진시키고 휴식과 안녕을 줌	18,068,000
운동	신체 한 부위 또는 여러 부위의 운동에 초점을 둔 치료법 (펠덴크라이스, 알렉산더 요법, 필라테스 등)	3,146,000
침술	전통 한의학의 한 요법: 신체 부위를 침 등으로 자극하고 손이나 전기 자극으로 촉진함	3,141,000
근육 이완 요법	명상과 영상 심리 요법, 바이오피드백, 심호흡 등	3,131,000
자연산 약	광물이나 비타민이 아닌 자연 추출물을 일컬음	1,488,000
에너지	치료 생체 에너지 장을 이용하는 치료법 : 레이키, 기공, 수정, 자기장, 치료적 터치	1,216,000
동종요법	병의 증상을 유발하고 종국에는 치료한다고 믿는 물질을 고도로 희석시킨 용액으로 치료하는 의학 체계	862,000
전통 치유자	서구 문명 내부 또는 외부에서 발전한 전통 치유 체계 (예: 쿠란데로, 샤먼, 아메리카 원주민 의료)	812,000
자연 치유요법	신체의 자연 치유력을 지지하는 의료 체계를 조합하여 다양한 요법을 시술 (예: 영양, 생활 스타일, 약용식물, 운동)	729,000
최면술	환자를 수면과 비슷한 최면 상태로 이끌어 즉각 암시를 받아들일 수 있게 만드는 마음-신체 요법	561,000
바이오피드백	비자발적인 신체운동(예: 심장 박동)을 지각할 수 있게 만들어서 의식적인 정신 제어로 바꾸게 만드는 심신 요법	362,000
식이 기반 요법	채식, 자연식, 앳킨스, 프리티킨, 오니쉬, 사우스비치 다이어트 등을 포함하는 생물학 기반 치료	270,000
아유르베다 의학	인도에서 발전한 의학 체계 : 신체, 마음, 정신 사이의 연결을 강조하고 식이와 약초 치료를 함	214,000
중금속 제거 요법	화학 요법을 사용하여 신체 내 중금속을 제거하는 생물학 기반 치료	111,000
		총 38,146,000*

* 조사 응답자들이 두 가지 이상을 선택할 수 있으므로 총 방문 수는 개별 치료 방문 수의 합을 넘는다.
* 출처 : CDC/NCHS, 전국건강면접조사, 2007년(전국대체보완의학센터, 2008년)
* 전국건강면접조사 연구에 따르면 환자들은 척추지압요법이나 접골요법 시술자와 마사지 요법사를 가장 많이 찾았는데 총 방문 횟수가 3,600만 건 이상이다.

년 적지 않은 미국인(성인 38%, 아동 12%)이 보완대체의학을 이용했다. 이 연구는 아래 그림에서 보는 바와 같이 자연산 약, 심호흡, 명상, 척추지압과 접골요법, 마사지 등이 5대 보완대체의학 요법이라는 사실을 발견했다.

그러나 2007년 전국건강면접조사 연구에서 가장 흥미로운 결과는 환자들이 보완대체의학 시술자들을 찾는 원인과 이유에 관한 것이다. 요통(17.1%), 경부통(5.9%), 관절통(5.2%), 관절염(3.5%), 불안(2.8%) 등 5대 원인 모두 만성 질환이었다. 이것은 왜 대체의학의 재발견이 의학의 10대 혁신 가운데 하나가 되었는지를 분명하게 보여 준다. 세분화 · 전문화되고 신체를 계속 미세하게 나누는 현대 서양 의학은 종종 만성 질병이나 전신적 통증으로 고통받는 환자들을 성공적으로 치료해내지 못한다. 대체의학은 전신적인 균형에 중심을 두거나 보다 자연적인 치료법을 사용하거나 또는 전통적인 치유자-환자 관계를 활용하는 등의 이유로 많은 환자들의 요구에 적절하게 대처하고 있는 것이다.

경청 전환을 촉발한 예상하지 못한 현상

1800년대 초부터 대체의학과 과학적 의학은 철학, 가치, 방법을 둘러싸고 주도권 다툼을 벌였다. 한쪽은 전통과 자연 치유, 보다 긴밀한 환자와 의사 관계의 방향으로 환자들을 끌어들였고 다른 한쪽은 테크놀로지, 검사, 힘들지만 효과적인 치료라는 매력으로 잡아당겼다. 그러나 20세기 마지막 몇십 년에 이르러 과학적 의학의 발언권이 가장 커졌다고 여겨진 순간 예상하지 못한 현상이 새로운 전환을 촉발시켰다. 각각은 상대방의 이야기를 들어주기 시작했다. 많은 대체의학 종사자들은 미국의사협회가 150년 전에 깨달았듯이 자신들의 신용과 성공이 양질의 연구, 높은 교육과 시술 수준에 달려 있음을 깨닫기 시작했다. 예를 들어 척추지압요법은 현재 4년 동안의 수련과 표준화된 시험 및 면허를 각 주마다 요구하고 있다. 그리고 최근 쇄도하는 연구들은 과거보다 더욱 철저하게 치료방법과 그 효과를 평가하고 있다.

동시에 과학적 의학은 환자의 태도 변화와 새로운 소비자 중심 보건의료 체계에 대해 마음과 귀를 열고 있다. 의사들은 환자들이 보건의료와 관련된 결정에 스스로 참여할 것을 요구한다는 점을 받아들이기 시작했다. 정통적인 치료가 실패하는 경우 대체의학을 이용한다는 사실도 수용하게 되었다. 이러한 변화의 기저에 깔려 있는 다른 요인들로는 사회가 문화적 · 인종적 · 종교적 다양성을 보다 널리 수용하게 된 점, 그리고 의료기술이 환자와의 관계를 어떻게 훼손시켰는지를 의사들이 알게 된 점 등이 있다.

의술은 놀랄 만큼 짧은 기간 동안 괄목할 정도로 바뀌었고 환자와 의사, 병원에 커다란 영향을 미쳤다. 아마도 가장 중요한 것은 많은 이들이 주장하듯 이러한 변화가 단순한 보조적인 변화가 아니라는 점이다.

부분의 합보다 큰 것 새로운 통합의학

대체의학이 재발견된 것은 철조망을 사이에 두고 악수를 나눈 것 이상이었다. 많은 보건의료 시술자들은 이것이 새로운 종류의 의학, 즉 통합의학을 생성할 수 있는 기회라고 여겼다. 통합의학은 두 세계의 좋은 요소들을 결합시키고 각각의 단점을 뛰어넘는 것이다. 통합의학은 모든 생활 방식의 측면에서 개인을 전체(신체, 마음, 정신)로 간주하는 치유 중심의 의학이며, 환자와 의사 사이의 치료적 관계를 중시하고 정통 의학과 대체의학을 포함한 모든 적용 가능한 치료법들을 활용하는 것으로 정의된다. 이 정의는 애리조나 의과대학에서 1997년에 시작한 새로운 통합의학 프로그램에서 의사 앤드류 웨일Andrew Weil이 내린 정의다. 미국 최초의 통합의학 펠로우십 프로그램으로서 그 목표를 의사들에게 건강과 치유의 과학과 서양 의술에 속하지 않는 요법들을 교육하는 것으로 삼았다고 밝히고 있다. 개설 이후 많은 펠로우십 프로그램들이 이에 결합했으며 현재 30개 이상의 의과대학이 참여하여 통합의학을 지향하는 과학적 건강센터 컨소시엄을 구성하고 있다.

그러나 통합의학은 약속에도 불구하고 대체요법을 과학적 의학과 같은 수준으로 높이는 것을 포함한 많은 도전에 직면해 있다. 무작위 위약 대조 임상시험을 통한 효과 판단이라는 근거 중심 의학의 기준에 해답이 있을 것으로 보이지만 이러한 연구를 수행하는 데는 어려움이 따른다. 예를 들어 많은 대체 요법들은 그 속성상 개별적이거나 경험적인 것이기 때문에 치료 효과를 객관적으로 측정하기 어려워서 아예 그러한 연구를 수행하기 힘들거나 불가능하게 만든다. 하지만 많은 대체 요법들이 전국대체보완의학센터나 그 밖의 다른 기관의 지원을 통해 엄격한 과학적 검증을 거치고 있다. 동시에 통합의학 옹호자들은 그들의 목표가 과학적 의학 및 대체의학 양쪽에서 사용 가능한 모든 치료 방법을 활용하면서 동시에 각각의 단점을 다루는 것이라고 강조한다.

대체의학과 과학적 의학 간의 성공적인 파트너십은 이미 마련되었다. 2008년 〈종양학의 최신 경향Current Oncology〉에 실린 한 논문은 통합 종양학을 다음 세대 암 치료방법으로 제시하면서 암 환자와 가족들을 지지하고 삶의 질을 개선하는 것, 정통 치료로 인한 통증을 완화하고 정통 치료를 진전시키는 것 등을 목표로 삼았다. 그리고 저자들은 한 가지 예로 가능한 근거들을 주의 깊게 검토한 뒤 통합종양학회가 잘 조절되지 않는 암 관련 통증에 침술을 보완 치료방법으로 사용하는 것을 지지했다고 밝혔다.

많은 대체의학 요법들이 과학적 의학을 대체하거나 보완하여 안전하고 효과적으로 사용될 수 있을지 아직 확실하지는 않다. 그러나 교과서 〈통합의학Integrative Medicine〉은 통합적 접근법이 신체의 자연 치유 반응에 대한 방해를 제거하는 등 많은 이익을 제공한다고 말한다. 값비싼 침습적 처치를 하기 전에 덜 침습적인 치료를 하는 것, 그리고 마음 · 신체 · 정신 · 지역사회를 함께 참여시켜 치유를 촉진하는 것, 일회성 방문이 아닌 지속적인 치유 관계에 기반하여 치료하는 것, 그리고 환자들에게 자신의 치료에 대해 보다 많은 통제력을 부여하는 것 등이 통합적 접근법의 좋은 예다. 2001년 〈영국의사협회지British Medical Journal〉의 편집자는 다음과 같이 말했다. "통합의학은 단지 의사들에게 현대 약 대신 약초를 사용하라고 가르치는 것이 아니다. 이는 사회적, 경제적 권력관계에 의해 무너졌던 의학의 핵심적인 가치를 회복시키는 문제다. 통합의학은 좋은 의학이며 … 이의 성공은 통합이라는 형용사가 아예 빠지는 날 비로소 이루어질 것이다."

동양 의학의 보다 좋은 날 균형의 회복

"환자가 어떤 종류의 질병을 가지고 있는지를 아는 것보다 더 중요한 것은 어떤 종류의 환자가 병에 걸렸는지를 아는 것이다."

— 윌리엄 오슬러(Sir William Osler, 1849~1919), 캐나다 의사, 근대 의학의 아버지

욘텐과 동료 승려들이 미국에 온 지 얼마 되지 않아 티베트에서 겪은 충격적인 경험과 기억으로 인해 많은 증상이 발생했고 그들의 명상 능력이 방해받았다는 사실을 기억할 것이다. 전통적인 티베트 치유자들은 이 문제를 생명-바람의 불균형이라고 진단했지만 미국에서 이들은 보스턴 난민 건강 및 인권 센터에서 추가적인 도움을 얻기 위해 자문을 받았다. 센터의 심리학자들은 티베트 치유자들의 생명-바람 진단에 반대하지는 않았지만 거기에 외상후 스트레스 증후군이라는 자기들의 진단을 덧붙였다. 그리고 통합의학의 원칙 아래 의사들은 승려들과 함께 전통의학과 정통의학을 결합시킨 치료법을 개발했다. 승려들은 통합되고 보다 균형 잡힌 접근 덕분에 증상이 호전되었고 호흡, 운동, 약초, 주문, 명상뿐만 아니라 서양식 심리치료요법과 항우울제를 처방받았다.

대체요법의 재발견과 통합의학의 등장은 매력적이다. 의학이 수천 년 동안 익힌 가장 훌륭한 점을 체화하는 것이기 때문이다. 중국, 인도, 그리스의 다양한 문화적 기원에서 르네상스 시대의 전통과의 결별, 최초의 청진기가 된 돌돌 만 종이에서 두 세기에 걸친 과학적 의학과 대체의학 사이의 반목이 여기에 체화되어 있다. 오늘날 의학은 생명을 구하는 첨단 기술과 약물, 그리고 마음, 신체, 정신, 그리고 환자-의사 관계를 존중하는 전통적 가치를 통해 의학의 잠재력을 최고로 발휘할

수 있다는 사실을 깨닫기 시작했다. 히포크라테스 시대 또는 그보다 천 년 이전부터 치유자들은 치료가 항상 가능한 것이 아니라는 사실을 알고 있었다. 하지만 보살핌에 따라서 치유는 언제든지 가능하다는 사실 또한 잘 알고 있었다.

에필로그

"발견에서 가장 큰 장애물은 무지가 아니라 지식에 대한 환상이다."

– 미국 역사학자 다니엘 부어스틴(Daniel J. Boorstin, 1914~2004)

"엉뚱한 생각, 이것은 기존 지식의 변종이다."

– 왕립학회가 에드워드 제너의 백신 발견 인정을 거부하면서

10가지 의학의 위대한 혁신은 기존의 지식이 위험하다는 사실을 반복적으로 보여주었다. 그러한 지식은 우리가 찾는 다양한 발견들로부터 우리를 눈멀게 했으며 다른 이의 눈을 멀게 만드는 전통 때문에 부식된다. 그리고 우리가 다양한 지식을 축적했다고 하더라도 그와는 상관없이 단순한 우연으로 그동안 쌓아왔던 지식이 무너지기도 한다. 어떻든지 이 책 속의 인물들은 이러한 도전을 이끌어 1) 의학의 발명 2) 위생 3) 세균 이론 4) 마취 5) 엑스선 6) 백신 7) 항생제 8) 유전학과 DNA 9) 정신질환 약물 10) 대체의학이라는 10가지 혁신을 이루어냈다. 이러한 여정을 돌이켜 보는 과정을 통해 이정표를 세우고 혁신을 찾으려는 사람들에게 네 가지 교훈을 줄 수 있을 것이다.

교훈 1 독특하고도 명백한 것에 주의를 기울여라

1800년대 초 르네 라엔넥은 공원을 지나다가 두 어린이가 긴 막대에 귀를 대고 서로 신호를 보내는 모습을 보았다. 얼마 지나지 않은 어느 날 라엔넥은 한 여성 환자를 진료하다 그 기억을 떠올려 종이를 돌돌 말아 최초의 청진기를 발명했다. 이는 근대 의학 발전에 영향을 미친 기념비적 사건이었다.(제10장)

1830년대 초 존 스노우는 콜레라로 고통받는 광원들을 돕기 위해 탄광으로 갔다. 그는 거기서 두 가지 특이한 점에 주목했다. 1) 광원들은 매우 깊은 지하에 있기 때문에 질병을 유발할 만한 '미아즈마'에 노출되지 않았다. 2) 광원들은 대소변을 보는 곳 가까이에서 식사를 했다. 이 때의 경험은 15년 뒤 콜레라가 오염된 물에 의해 전파된다는 혁명적인 이론에 영감을 주었고, 세균 이론 발견의 핵심으로 이어졌다.(제2장)

1910년 생물학자 토마스 헌트 모간은 붉은 눈을 가진 수백만 마리의 초파리들이 번식하는 중에 흰 눈 초파리가 생겨나는 것을 관찰했다. 이 관찰 이후 모간과 그의 제자들은 유전의 기본 단위인 유전자가 염색체 위에 있다는 기념비적 발견을 하게 된다.(제8장)

교훈 2 의심과 조롱에도 불구하고 신념을 고수하라

1700년대 말 에드워드 제너는 상대적으로 위험하지 않은 우두를 접종함으로써 치명적인 두창 감염으로부터 사람들을 보호할 수 있다는 사실을 발견했다. 과학적·도덕적·종교적인 이유로 반대가 거셌음에도 불구하고 제너는 연구를 지속했다. 몇 해 뒤 그의 백신은 전 세계 수많

은 사람들의 생명을 구했다.(제6장)

이그나즈 젬멜바이스는 1847년 의사들의 불결한 손이 치명적인 감염을 전파한다는 사실을 이론화했다. 그는 손 세척 절차를 수립했고 이로써 수많은 사람들의 생명을 구했다. 의사 사회는 손 세척이 질병 전파를 막을 수 있다는 젬멜바이스의 확신을 비웃었지만 젬멜바이스는 자신의 주장을 고수했고, 현재 이것은 세균 이론의 발견에 핵심적인 기여를 한 것으로 인정받고 있다.(제3장)

1865년, 10년 간 수만 개의 콩을 재배하고 일련의 실험을 거듭한 그레고르 멘델은 최초로 유전학이라는 새로운 영역과 유전 법칙을 발견했다. 비록 생물학자들은 30년 간이나 그의 발견을 무시하고 폄하했지만 멘델은 죽는 순간까지 이 법칙들의 유용성이 알려질 날이 올 것이라고 믿었다. 멘델은 옳았고 오늘날 그는 유전학의 아버지로 추앙받고 있다.(제8장)

교훈 3 행운을 아우를 수 있는 좋은 감각을 지녀라

1928년, 긴 휴가를 마치고 실험실로 돌아온 알렉산더 플레밍은 배양된 박테리아 배지에 곰팡이가 번식하면서 자신의 실험 하나를 망쳤다는 사실을 발견했다. 플레밍은 행운과 그가 의도하지 않은 몇 가지 우연의 일치 덕분에 최초의 항생제인 페니실린을 발견하게 되었다.(제7장)

1948년 존 케이드는 조울증을 앓고 있는 환자들을 연구하면서 환자들의 괴이한 행동을 설명할 수 있는 독성 물질을 소변에서 발견할 수

있지 않을까 기대했다. 그러나 조증을 유발하는 물질을 발견하는 대신 그는 그것을 치료할 수 있는 화학물질을 우연히 발견하게 되었고, 예상하지 않은 행운을 계속 탐구한 끝에 조증에 효과적인 최초의 약물인 리튬 탄산염을 개발하게 되었다.(제9장)

1950년대 초 제임스 왓슨과 프란시스 크릭은 DNA의 구조를 밝히기 위해 분투하는 많은 과학자들과 경쟁하고 있었다. 1953년 초 크릭은 경쟁자 로잘린드 프랭클린이 찍은 엑스선 이미지를 볼 수 있는 행운을 얻게 되었고, 거기서 영감을 얻어 DNA의 미스터리를 풀 수 있게 되었다.(제8장)

교훈 4 눈 먼 권위와 전통을 제압하라

기원전 400년, 질병이 악령이 아닌 자연적인 원인에 의해 발생한다는 히포크라테스의 주장은 엄청난 비난을 받았다. 하지만 어찌됐든 그의 용기 있는 주장은 적어도 600년간 지속되어 온 미신에 대한 신념을 깼다. 꿋꿋한 신념과 기념비적 통찰 덕분에 히포크라테스는 오늘날 의학의 아버지로 추앙받는다.(제1장)

16, 17세기 르네상스 시대에 인체 해부도를 그린 안드레아스 베살리우스와 혈액 순환에 관해 뛰어난 발견을 한 윌리엄 하비의 업적은 과학적 의학의 신세계를 탄생시켰다. 1,200년 넘게 의심할 여지 없는 권위로 인정받아온 고전적인 갈레노스의 이론에 맞선 그들의 의지도 기억되어야 할 것이다.(제10장)

전통의학과 대체의학은 비독성적인 요법과 몸속 균형의 회복, 그리고 환자와 의사 관계에 초점을 맞춘 치유 수단을 지켜왔다. 두 세기 동안 서양의 과학적 의학의 비판과 탄압을 견뎌낸 대체의학은 1990년대 후반 환자들의 요구로 다시 떠오르고 있다. 오늘날 이들 혁신은 두 세계의 장점을 모두 제공하는 새로운 통합의학 또는 전체 의학의 일부가 되었다.(제10장)

신종 플루H1N1의 발발 교훈을 배웠는가?

2009년 봄, 전염성이 매우 높은 유행병이 전 세계에 전파됐다. 그것은 H1N1 인플루엔자 바이러스가 아니라 그에 따른 엉뚱한 행동이 유행병처럼 번진 것이었다. 세계적으로 공포라는 유행병을 나은 사회적 변화를 생각해 보라.

유행의 첫 징후 가운데 하나는 선반에서 손 세척통이 사라진 대신 지갑이나 호주머니, 아이들의 책가방 등에 등장했다는 것이다. 운송 업계는 버스 운전사와 항공기 승무원들에게 모든 표면을 소독제로 소독하고, 승객들에게 현재의 기분을 묻고, 열이 나는 사람은 승차와 승선을 금지하도록 했다. 가을에는 종교계가 나서서 새로운 의례를 채택했다. 가톨릭 신부들은 성찬식에서 포도주를 나누어 마시는 관례를 중단하고, 공중 화장실의 비누 분사기처럼 성수를 분사하는 전자 기계를 설치했다.

2009년 말까지 새로 나타난 행동의 유행병으로는 새로운 재채기 방법(팔을 접고 그 안에 재채기하는 것)과 운동 후 상대방과 인사를 나누는 방법(악수 대신 팔꿈치를 부딪치는 것)도 있었다.

질문은 다음과 같은 것이다. 신종 플루에 대한 전 세계적인 반응은 무엇을 의미하는가? 특히 위생이나 세균 이론, 백신, 그리고 그 밖의 많은 혁신적 발견 이후 세상은 얼마나 변화한 것일까? 이그나즈 젬멜바이스가 160년 전 손 세척으로 병원 감염과 사망이 크게 감소한다고 입증한 이후에도 바뀐 것이 거의 없다고 주장하는 것은 쉽다. 예를 들어 미국에서는 매년 거의 10만 명이 병원에서 얻은 감염으로 사망하지만 여전히 의사 2명 가운데 1명은 손 세척 가이드라인을 따르지 않는다. 공공 준수 사항은 더욱 나빠서 한 연구에 따르면 남성의 34%만이 화장실을 사용한 뒤 손을 씻는다고 한다.

게다가 많은 사람들은 백신에 관하여 상반된 감정을 가지고 있다. 일부 의사들이 지적하듯 신종 플루 유행은 공포의 악순환이라고 할 대중들의 반응을 보여 준다. 신종 플루가 처음 발생했을 때 사람들은 의사들의 진료실에 몰려가 백신을 달라고 외쳤다. 새로운 흑사병에 대한 두려움이었다. 6개월이 지나 초기의 공포가 사그라지면서 사람들은 다시 신종 플루 백신이 해로울지도 모른다는 또 다른 공포에 사로잡혔다. 많은 보고서가 신종 플루 백신의 안전성을 보고했음에도 말이다.

그럼에도 불구하고 의학 사상 가장 위대한 혁신들이 수많은 생명을 구하고 우리의 세계관을 변화시켰다는 점은 의심할 여지가 없다. 무지, 부주의, 불합리한 공포는 인간에게 일종의 풍토병과 같을지라도 의학적 진전은 우리가 진보하는 데 도움을 주었다.

이 책에 기술된 10대 발견이 주는 교훈은, 이들 발견이 몸속 어느 곳에서든 건강과 질병에 영향을 미친다는 것이다. 그것의 발견과 성공 여부는 인간의 마음이라는 영역에 미치는 영향에 좌우될 것이다.

인덱스

ㄹ

ㅁ

ㅇ

ㅈ

ㅊ

ㅋ

ㅌ

ㅍ

ㅎ

123

ABC

콜레라는 어떻게 문명을 구했나

초판 1쇄 | 2012년 10월 15일 발행
초판 5쇄 | 2019년 10월 10일 발행

지은이 | 존 퀘이조
옮긴이 | 황상익 최은경 최규진

펴낸이 | 김현종
펴낸곳 | (주)메디치미디어
등록일 | 2008년 8월 20일 제300-2008-76호
주소 | 서울시 종로구 사직로 9길 22 2층(필운동 32-1)
전화 | 02-735-3315(편집) 02-735-3308(마케팅)
팩스 | 02-735-3309
전자우편·원고투고 | medici@medicimedia.co.kr
페이스북 | medicimedia
홈페이지 | www.medicimedia.co.kr

기획편집 | 신원제 이경민 유온누리
디자인 | 곽은선
마케팅 홍보 | 고광일 김신정
경영지원 | 조현주 김다나

인쇄 | 한영문화사

ISBN 978-89-94612-29-4 03400